数据库课程设计与开发实操

刘福江 张传维 等 编著

科 学 出 版 社
北 京

内 容 简 介

本书主要以初学者为主要读者对象，注重实际操作部分，对理论知识进行精简介绍。在上机部分，主要注重数据库基础知识的实际操作，以便进行后面数据库实际案例的设计。本书的精华部分就是将 Java、PHP 语言和 MySQL、SQL Server 数据库相结合，并给出实际应用实例。

本书共四篇十章，七个基础实验。第一篇为数据库基础知识，主要包括数据库基础操作和数据库中易混淆的概念。第二篇为系统开发工具与环境配置，包括数据库管理系统、Web 服务器、应用开发语言、MySQL 图形化管理工具和常用开发框架。第三篇为数据库设计与开发实操，主要包括数据库设计概述、数据库设计基本步骤和数据库设计实例。第四篇为数据库实验指导，包含七个数据库基础实验：数据库定义与基础操作、权限与安全、完整性语言、存储过程、触发器、性能优化和数据库备份与恢复。书中所举实例，都是编者从多年积累的教学经验中精选出来的，具有很强的实用性和可操作性。

另外，扫描封底二维码，点击“多媒体”，可下载与本书案例相关的源文件，便于学生和数据库研发人员高效、直观地学习。

图书在版编目(CIP)数据

数据库课程设计与开发实操 / 刘福江等著．—北京：科学出版社，2017.5

ISBN 978-7-03-052798-1

Ⅰ. ①数…　Ⅱ. ①刘…　Ⅲ. ①数据库系统-课程设计-教材　Ⅳ. ①TP311.13-41

中国版本图书馆 CIP 数据核字（2017）第 107265 号

责任编辑：焦　健　韩　鹏　王晓丽 / 责任校对：张小霞

责任印制：赵　博 / 封面设计：铭轩堂

科学出版社 出版

北京东黄城根北街 16 号

邮政编码：100717

http://www.sciencep.com

北京厚诚则铭印刷科技有限公司印刷

科学出版社发行　各地新华书店经销

*

2017 年 5 月第　一　版　开本：787×1092　1/16

2025 年 3 月第九次印刷　印张：14 1/4

字数：338 000

定价：78.00 元

（如有印装质量问题，我社负责调换）

作 者 名 单

刘福江　张传维　孙　斌　扈　震

杨　林　林伟华　郭　艳　万　林

储　菁　李珊珊　刘　振　等

前　　言

数据库

数据库技术作为数据管理的最有效手段，极大地促进了计算机应用的发展，已经成为信息基础设施的核心技术和重要基础。

目前市场上关于数据库的书籍数不胜数，有的书籍过分强调设计，甚至对需求分析还没介绍清楚，就开始直接进入设计阶段。有的书籍过分强调实际操作，设计部分一笔带过，只强调代码的编写。对于初学者，很难找到符合自身学习情况和节奏的教材；并且环境搭建、配置也是学习数据库的重要环节。因此，为了避免读者盲目地去学习数据库设计，本书权衡了设计与实操的轻重，在两者之间达成平衡。另外，您可通过扫描封底二维码下载本书的数据库设计所有需要使用的软件及插件。本书的最终目标是帮助读者，使其能够独立完成一个项目，形成一个完整系统的思路，并掌握 Web 端到接口，再到数据库连接的一套完整的操作。

方法

通过上机实验，帮助读者迅速掌握 SQL 语法，巩固理论知识。因此，要学好这门课程，需要通过上机实验来辅助学习，促进对理论知识的掌握，最终真正达到学为所用的目的。希望读者充分利用实验条件，认真完成实验，从实验中得到应有的锻炼和培养。

本书

本书选择的实验环境是 SQL Server 2008 R2、MySQL、PHP、Java、SQLite，涵盖了七个实验共 24 个课时的实验内容，具体分为：数据库定义与基础操作、权限与安全、完整性语言、存储过程、触发器、性能优化和数据库备份与恢复。实验项目包含对数据库原理的理解和运用，融合了实际的数据库编程技术，达到了理论与实践相结合、基础理解实验与综合设计实验相结合的不同层次的要求。

1. 从基础到实战，一步一个脚印

本书设计为：基础知识+基础实验+案例设计，既符合循序渐进的学习规律，又力求贴近项目实战等实际应用。基础知识是必备内容，读者可以在基础实验中进一步巩固基础知识。在案例设计中，使用 Java、PHP 和 MySQL、SQLite 当前较热门的语言和数据库，让内容更加贴近实际应用，让读者在学习基础知识的同时，动手进行项目的开发，对数据库设计有一个全面的认识。

2. 易学易用

颠覆传统的“看”书观念，变成一本能“操作”的书。本书从数据库上机的基础性操作，再到实际应用的设计，循序渐进，易学易用，帮助读者很好地掌握数据库设计。

3. 贴心周到

本书提供了案例相关源码、环境配置说明，以及数据库设计所需要的软件，读者可通过扫描封底二维码，点击“多媒体”下载。同时，为了进一步方便交流学习，读者可直接发送邮件到邮箱：databaselearning@ 163. com。

致读者

亲爱的读者，感谢您在茫茫书海中选择了本书，希望它能架起你我之间学习、友谊的桥梁。编者从事数据库教学十余年，发现目前市场上图书缺少对于深奥的理论知识的充分解释，对于实际操作的解释也不够到位。因此，编者基于目前市场上的情况，紧跟数据库发展的趋势，特地编写本书。

希望本书能够帮助您解决学习或设计数据库时遇到的一些问题。由于编者水平有限，书中难免有不足之处，敬请批评指正。

作　者

2017 年 4 月

目　　录

前言

第一篇　数据库基础知识

第二篇　系统开发工具与环境配置

第三篇　数据库设计与开发实操

第四篇　数据库实验指导

第一篇　数据库基础知识

第 1 章　数据库基础操作

目前，互联网日趋流行，前端和后台数据库交互日显重要。对于数据库设计的初学者，一个扎实的基础，对于以后的学习显得尤为重要。无论数据库发展到什么阶段，其操作的话题始终都围绕数据库的“增删改查”。本章将对数据库的核心操作“增删改查”进行简单而精炼的介绍，为后面的实际操作打下坚实的基础。

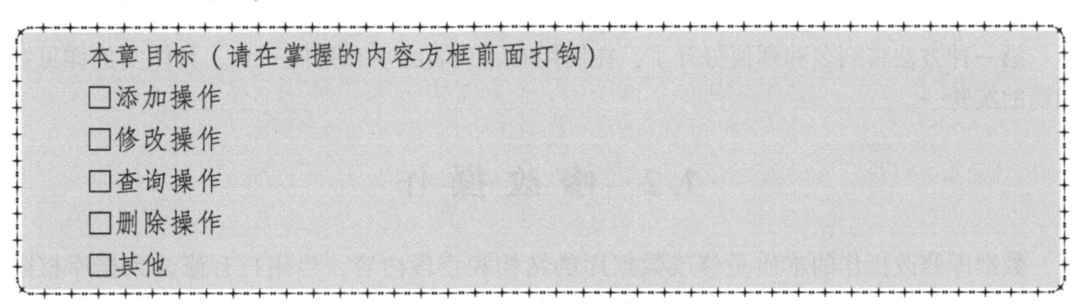

本章目标（请在掌握的内容方框前面打钩）

□添加操作

□修改操作

□查询操作

□删除操作

□其他

1.1　添加操作

数据库添加操作有四种：新建数据库、数据库中新建表、数据库表中添加数据。

1.1.1　新建数据库

新建数据库，语法如下：

```
create database db_name;
```

例如，`create database aaa;`

这里新建了一个名叫 aaa 的数据库，用户之后可以对 aaa 数据库做新建表的操作。具体事例详见第四篇的实验一。

1.1.2　数据库中新建表

在已有数据库新建表，语法如下：

```
create table table_name(
column_name1 colume_type1,
column_name2 colume_type2
);
```

例如，
```
create table Test(
      id int(50)
      );
```

注意：新建表时至少要包含一个字段，否则会出错。

这里向aaa数据库中添加了Test表，用户之后可以对Test表做添加、修改字段的操作。具体事例详见第四篇的实验一。

1.1.3 数据库表中添加数据

数据库中的insert语句语法如下：

```
insert into table_name values(colume_value1,columen_value2,…);
```

进行特定列数据的添加还有另外一种形式：

```
insert into table_name set column_name1 = value1,column_name2 = value2,…;
```

第一种方法将列名和列值分开了，在使用时，列名必须和列值一致。具体实例详见第四篇的实验一。

1.2 修改操作

数据库修改操作的本质是修改数据库的结构和字段内容，当用户有修改数据库权限时，就能对数据库进行“写”操作，通过修改数据库，从而达到满足用户需求的目的。

1. 修改所有数据表中的数据

```
update table_name set column_name='colume_value';  //字符串加单引号''
```

例如，`update Test set name ='张三';`

该SQL语句的作用是将Test表中名为name的列名全部改为“张三”。

2. 带条件的修改

```
update table_name set colume_name = 'colume_value ' where condition;  //非数字加单引号''
```

例如，`update Test set name= '李四 'where id = 1;`

该SQL语句的作用是仅将Test表中id号为“1”的name改为“李四”，而其他的name不变。具体事例详见第四篇的实验一。

注意：我们在更新数据时，一定要用where条件，否则数据会被破坏。

1.3 查询操作

数据库查询操作的本质是“看”，通过查询语句查看数据库的结构、包含的表、每个表的作用等。

1.3.1 数据库/表信息查询

在实际操作时，有时候需要查询整个数据库（表）信息，防止因已存在相同数据库名

(表名) 而导致建库 (建表) 失败。另外，查询整个数据库和表信息能够帮助读者对整个系统有整体性的了解，对以后的开发工作有很大帮助。具体实例详见第四篇的实验一。

1. 查看数据库信息

```
show databases;
```

2. 查看表信息

```
show table_name;
```

3. 查看表的结构

```
desc table_name;
```

1.3.2　单表查询

1. 查询指定字段

在系统设计中，当进行系统修改时，有时候需要找到数据库中对应的数据表的内容，然后进行相对应的修改操作。这时就需要进行单表查询操作。语法如下：

```
select column_name from table_name;
```

例如，`select id,name from Test;`

查询考试表中的编号和考试科目名称。

2. 使用 order by 对查询结果进行排序

语法如下：

```
select *  from table_name order by column_name desc/asc;
```

例如，`select *  from Test order by score desc;`

查询考试信息表中的成绩信息，并以成绩按降序排列。

3. 查询表中某列并修改该列的名称

语法如下：

```
select column_name as 'column_value 'from table_name;
```

例如，`select name as‘考试科目’from Test;`

查询 Test 表的 name 字段并将其改为“考试科目”，注意：原表中并未改变。

4. 单表中单一条件查询数据

语法如下：

```
select column_name from table_name where condition;//condition 是限制条件
```

例如，`select name from Test where expense>50;`

查询考试科目信息表中考试费用大于 50 的考试科目。具体事例详见第四篇的实验一。

1.3.3 分组查询

在进行系统设计时，有时候需要查询表中特定字段的特定信息，然后取别名，有时还要进行排序操作，这时就需要进行分组查询。

1. 使用 having 的单列分组查询

分组后条件的筛选必须使用 having 子句。

例如，`select id as '考试编号',name as '考试科目',avg(score)as '平均成绩' from Test having avg(score)>60;`

查询 Test 表中成绩大于 60 的考试编号和考试科目信息。

2. 使用 order by 的多列分组查询

注意：order by 必须放在所有句子的后面。

例如，`select sno,score from Test where cno='c3' order by score desc;`

查询选修 c3 号课程的学生学号及其成绩信息，并以分数按降序排列。具体事例详见第四篇的实验一。

1.3.4 连接查询

1. 外连接

外连接包括左外连接和右外连接两种。

1）左外连接（left outer join）

左外连接的结果集包括 left outer 子句中指定左表的所有行，而不只是连接列所匹配的行。如果左表的某行在右表中没有匹配行，则在相关联的右表结果集中所有的选择列均为空值。语法如下：

```
select * from table1 left outer join table2 where table1.id=table2.id;
```

2）右外连接（right outer join）

右外连接是左外连接的反向连接，返回右表的所有行。如果右表的某行在左表中没有匹配行，则左表将返回空值。语法如下：

```
select * from table1 right outer join table2 where table1.id=table2.id;
```

2. 内连接

内连接是比较运算符(包括=、>、<、<>、>=、<=、!>和!<)进行表间的比较操作，查询与连接条件相匹配的数据。根据比较运算符的不同，内连接分为等值连接和非等值连接两种。

下面以等值连接为例。

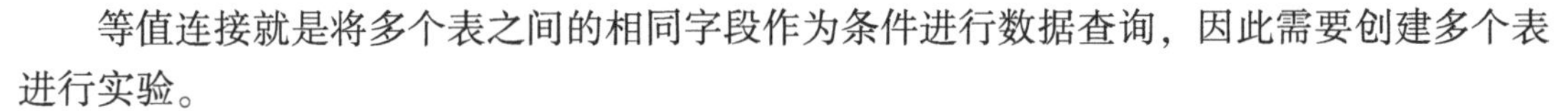

等值连接就是将多个表之间的相同字段作为条件进行数据查询，因此需要创建多个表进行实验。

语法如下：

```
select *  from table1 inner join table2 where table1.id = table2.id;
```

其中主要的比较运算符有：= 、> 、<、>= 、<= 、! =(或<>)等。当连接运算符为=时，称为等值连接，否则称为非等值连接。

1.3.5　视图查询

在 SQL 中，视图查询是基于 SQL 语句的结果集的可视化的表。它可以从某个查询内部、某个存储过程内部，或者从另一个视图内部来进行查询。通过向视图添加函数、join 等，可以向用户精确地提交我们希望提交的数据。

创建视图查询的语法如下：

```
create view view_name as select column_name from table_name where condition;
```

1.4　删 除 操 作

删除操作的本质是对数据库中的索引、表、字段以及数据库的删除，分为物理删除和逻辑删除。逻辑删除是名义上的删除，而物理删除是真正的删除。逻辑删除就是对要删除的数据打上一个删除标记，在逻辑上是数据被删除，但数据本身依然存在；而物理删除是把数据从存储结构中彻底删除。因此，数据库中删除操作有多种，分别有 delete、drop 和 truncate。

1. delete、drop 和 truncate 删除操作的相同点

（1） truncate 和不带 where 子句的 delete 以及 drop 都会删除表内的数据。

（2） drop、truncate 都是数据定义语言（DDL）语句，执行后会自动提交。

2. delete、drop 和 truncate 删除操作的不同点

（1） drop：管理表的操作，主要用来删除表、索引、字段数据库，可以释放空间。

（2） delete：单纯地删除数据表的数据，可以有 where 条件，删除内容但不删除定义，且不释放空间。

（3） truncate：直接清空数据表，将其全部删除，比 delete 稍快，删除内容、释放空间但不删除定义。

3. 具体实例

删除 user 表中 name 等于“Mike”的前 6 条记录，可以使用如下的 delete 语句。

```
delete from user where name = ' Mike'  limit 6;
```

删除 user 数据表，均可以使用 drop 和 truncate。

注意：一般使用 truncate 删除数据表后，不可恢复，慎用。

```
drop user;
truncate user;
```

1.5 其　　他

1.5.1 数据完整性

1. 实体完整性

实体完整性是指主属性值不能为 null 且不能有相同值，是定义表中每行数据唯一性的标识（如我们的身份证号码，可以唯一标识一个人），一般用主键（primary key）、唯一索引（unique）关键字或属性（identity）等去实现。

2. 参照完整性

参照完整性是对关系数据库中建立关联关系的数据表间数据参照引用的约束，也就是对外键的约束。准确地说，参照完整性是指关系中的外键必须是另一个关系的主键有效值，或者是 null。参照完整性维护表间数据的有效性和完整性，通常通过建立外键联系另一个表主键的实现，也可以用触发器来维护参照完整性。

3. 用户自定义完整性

用户自定义完整性是指针对某一具体关系数据库的约束条件，它反映某一具体应用所涉及的数据必须满足的语义要求。为了方便操作，用户自定义完整性是设计人员根据特定要求而自定义的，只能填写规定的内容。例如，某个属性必须取唯一值，某个非主属性也不能取空值，某个属性的取值范围在 0 ~ 100 等，某个字段规定性别只能是“男”或“女”，电话号码只能是 0 ~ 9 的数字等。

1.5.2 触发器

触发器（trigger）是一种特殊的存储过程，它不能被显式地调用，而是在往表中插入（insert）记录、更新（update）记录或者删除（delete）记录时被自动激活。因此，触发器可以用来实现对表实施复杂的完整性约束。

本书主要介绍了 MySQL 中两种常用的触发器：before 和 after，具体用法详见第四篇的实验五。

1.5.3 存储过程

存储过程（stored procedure）是一组存储在大型数据库系统中，为了完成特定功能

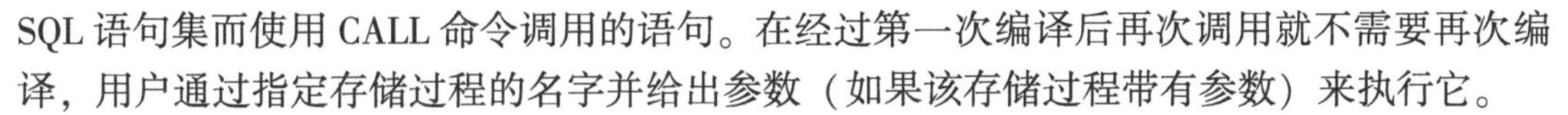

SQL 语句集而使用 CALL 命令调用的语句。在经过第一次编译后再次调用就不需要再次编译，用户通过指定存储过程的名字并给出参数（如果该存储过程带有参数）来执行它。

简单来说，存储过程只在创造时进行编译，在实际应用中可以重复利用，能够减少数据库开发人员的作业量，安全性高，可设定指定用户对于指定存储过程的使用权。

1.5.4　数据库恢复

尽管数据库系统中采取了各种保护措施来保护数据库的安全性，防止数据库被破坏，并且保证并发事务的正确执行，然而计算机硬件的故障、软件的错误、操作员的失误以及恶意的破坏仍是不可避免的。这些故障轻则造成事务非正常中断，影响数据库中数据的正确性，重则破坏数据库，使数据库中全部或部分数据丢失。因此，数据库管理系统必须具有把数据库从错误状态恢复到某一时刻的正确状态的功能，即数据库恢复。

1.5.5　并发控制

数据库的重要特征是能够为多个用户提供数据共享，通常有许多事务在同时运行的情况，称为数据库的并发过程。若对并发操作不加以控制，则可能会存取和存储不正确的数据，破坏数据库的一致性。因此，数据库管理系统必须提供并发控制来协调并发用户与并发操作以保证并发事务的隔离性和一致性。

例如，对于春运刷票期间访问量特别大的 12306 网站，如果不进行并发控制，则网站会瘫痪，因此数据库管理系统必须提供并发控制机制。

注意：并发和并行是有区别的，读者需要将其区分开，不要造成概念上的混淆。具体详见 2.7 节。

第2章　数据库中易混淆的概念

在学习数据库的过程中，会遇到很多概念性的问题，有的只有一字之差，含义却相差甚远。只有对数据库概念性问题（尤其是易混淆的数据库概念）清晰明了，才能更好地掌握后面的操作部分。数据库中产生的易混淆的概念主要与数据库的发展历史相关，如属性与字段就是在数据库不同发展过程中的不同名称。另外，它还与专业和非专业相关，如信息专业称一个事物为实体，对这个事物的描述为它的属性；而计算机专业将一个可唯一区分实体的组合称为一条记录。

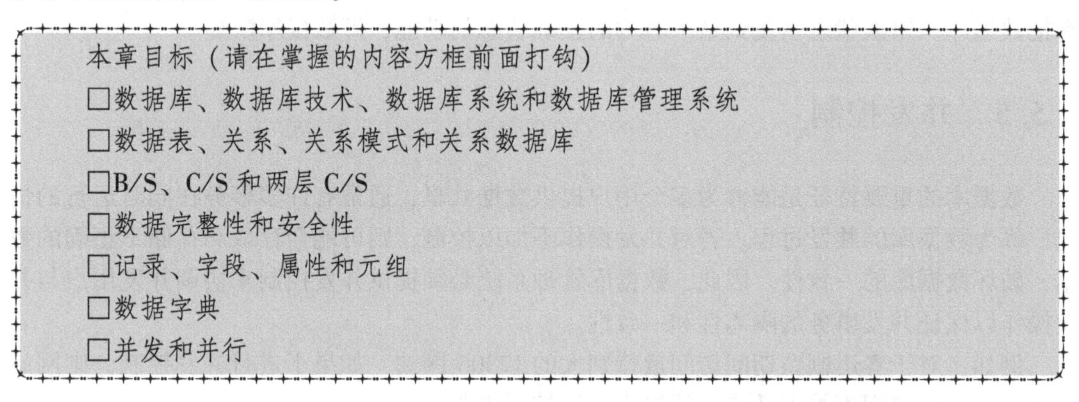

本章目标（请在掌握的内容方框前面打钩）

□数据库、数据库技术、数据库系统和数据库管理系统

□数据表、关系、关系模式和关系数据库

□B/S、C/S 和两层 C/S

□数据完整性和安全性

□记录、字段、属性和元组

□数据字典

□并发和并行

2.1　DB、DBS、DBMS 和数据库技术

数据库[1]（database，DB）：DB 是统一管理的相关数据的集合，能为各种用户共享，具有最小冗余度、数据间联系密切、有较高的数据独立的特性。

数据库系统（database system，DBS）：DBS 是能够实现有组织地、动态地存储大量关联数据的计算机软件、硬件和数据资源组成的系统，即采用了数据库技术的计算机系统。

数据库管理系统[2]（database management system，DBMS）：DBMS 是位于用户与操作系统之间的一层数据管理软件，为用户或应用程序提供访问 DB 的方法，包括 DB 的建立、查询、更新等。DBMS 是数据库系统的基础和核心，它基于数据模型来表现，可分为层次型、网状型、关系型和面向对象型 DBMS。

数据库技术：是研究数据库的结构、存储、设计、管理和应用的一门软件科学，是现代信息科学与技术的重要组成部分，是计算机数据处理与信息管理系统的核心。数据库技术研究和解决了计算机信息处理过程中大量数据怎样有效地组织和存储的问题。其目标是在数据库系统中减少数据存储冗余、实现数据共享、保障数据安全以及高效地检索数据和处理数据。

2.2 关系、关系模式和关系数据库

关系[3]：关系是动态的，就是一张二维表的具体内容，即除了标题行以外的其他数据行。因为表数据经常被修改、插入、删除，所以不同时刻的关系可能不一样。其实，关系就是数学中的集合，每一行就是集合中的一个元素。

关系模式：关系模式是型，是静态的。例如，我们看到的一张二维表的表头，即由哪些列构成，每个列的名称、类型、长度等。

关系数据库：若干表的集合，它们之间是互相关联的一个有机整体，甚至还可以包括索引等附属物。而关系数据库系统还包括 DBMS 等，就是数据 + 数据管理程序，有时还可以包括硬件。

2.3 C/S、B/S 和两层 C/S

C/S 结构，即 Client/Server（客户机/服务器）结构。从 APP 来看，就是 C/Database Server，即各个客户端直接访问数据库。它是大家熟知的软件系统体系结构，通过将任务合理分配到 Client 端和 Server 端，降低了系统的通信开销，充分利用了两端硬件环境的优势。早期的软件系统多以 C/S 作为首选设计标准。

B/S 结构，即 Browser/Server（浏览器/服务器）结构，从 APP 来看，就是 B/Application Server，即浏览器访问应用服务器，而不是直接访问数据库。它是随着 Internet 技术的兴起，对 C/S 结构的一种变化或者改进。在这种结构下，用户界面通过访问浏览器来实现，一部分事务逻辑在前端实现，但其主要事务逻辑在服务器端实现。它主要是利用不断成熟的浏览器技术，结合浏览器的多种脚本语言（VBScript、JavaScrip 和 ActiveX）技术，通过常用浏览器就实现了原来需要复杂专用软件才能实现的强大功能，并节约了开发成本的一种软件系统构造技术。

两层 C/S，即人们所说的“胖客户端”模式。在实际的系统设计中，该类结构主要是指前台客户端 + 后台数据库管理系统，如图 2.1 所示。

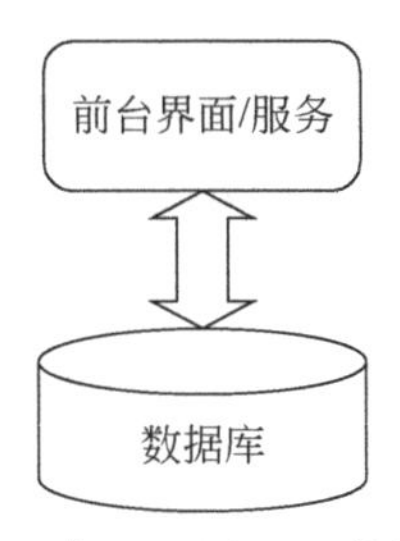

图 2.1　典型两层 C/S 软件结构

2.4 数据完整性和安全性

数据完整性和安全性[4]是两个不同的概念，但是有一定的联系。数据完整性是为了防止数据库中存在不符合语义的数据，也就是防止数据库中存在不正确的数据。数据安全性是保护数据库防止恶意的破坏和非法的存取。因此，完整性检查和控制的防范对象是不合语义的、不正确的数据，防止它们进入数据库。安全性控制的防范对象是非法用户和非法操作，防止它们对数据库数据的非法存取。

2.5 记录、字段、属性和元组

数据库表中的每一列是数据库中的一个属性，称为字段，而每一行则是数据库的一个关系，称为元组。一张数据表分为行和列，一行就是一条记录。一条记录可能有很多个字段，即各个属性。记录、字段、属性和元组关系图，如图 2.2 所示。

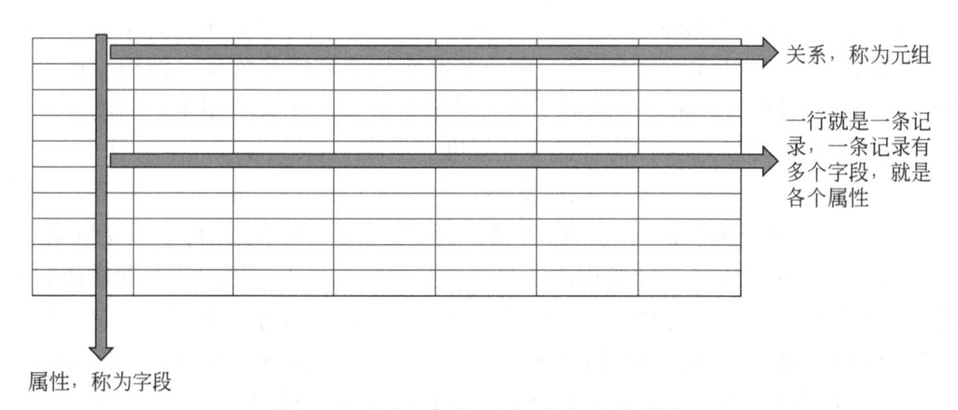

图 2.2　记录、字段、属性和元组关系图

2.6 数据字典

数据字典[5-7]是系统中各类数据描述的集合，其内容通常包括数据项、数据结构、数据流、数据存储和处理过程五个部分。其中数据项是数据的最小组成单位，若干个数据项可以组成一个数据结构，数据流是数据结构在系统内传输的路径，数据存储是数据结构停留或保存的地方，也是数据流的来源和去向之一，处理过程的具体处理逻辑一般用判定表和判定树来描述。数据字典通过对数据项和数据结构的定义来描述数据流与数据存储的逻辑内容。

数据字典是关于数据库中数据的描述，在需求分析阶段建立，是下一步进行概念设计的基础，并在数据库设计过程中不断修改、充实、完善。换言之，数据流图上所有成分的定义和解释的文字集合就是数据字典，在数据字典中建立一组严密一致的定义有助于改进分析员和用户之间的通信。

2.7 并发和并行

并发和并行[4]是既相似又有区别的两个概念，并行是指两个或者多个事件在同一时刻发生；而并发是指两个或多个事件在同一时间间隔内发生。并发性又称共行性，是指能处理多个同时性活动的能力，所有的并发处理都至少有排队等候、唤醒、执行三个步骤。

并发是在同一个 CPU 上同时（不是真正的同时，而是看来是同时，因为 CPU 要在多个程序间切换）运行多个程序。

并行是每个 CPU 运行一个程序。

简单举例来说，并发，就像一个人（CPU）喂两个孩子（程序），轮换着每人喂一口，表面上两个孩子都在吃饭，实质是有一个孩子需要排队等待。并行，就是两个人喂两个孩子，两个孩子也同时在吃饭。

第二篇　系统开发工具与环境配置

第3章　数据库管理系统

目前市场上主要流行的有三大数据库管理系统，分别是 MySQL、SQL Server 和 Oracle。MySQL 是开源、免费、体积小且能够并发执行的数据库，主要用于网站设计和小型软件的数据库管理。一般来说，MySQL 能够满足很多应用开发，PHP+MySQL 被誉为完美结合。SQL Server 是微软推出的数据库，容易上手但不是开源的，一般用于 .NET 程序设计。Oracle 是大型的数据库，体积大，可支持多个实例同时运行，功能非常强大。

本章主要介绍两大常用关系型管理系统：MySQL 和 SQL Server。其中 MySQL 操作简单，容易上手，免费使用，相对其他数据库有特色又实用的语法多一些，是一种小而实用的数据库。MySQL 的缺点在于难以担当大系统的数据仓库，运行速度慢，不够稳定，有掉线的情况。SQL Server 是微软公司开发的中型数据库，安全性、可视化等功能非常强大，同时有微软的强大技术支持，所以价格比较昂贵，适合应用于中型系统。因此，在进行数据库设计之前，要综合考虑数据库管理系统的优缺点。

本章目标（请在掌握的内容方框前面打钩）

□下载合适版本的 MySQL、安装 MySQL

□下载合适版本的 SQLServer、安装 SQL Server

3.1　MySQL 安装

3.1.1　MySQL 软件获取

目前市场上流行较多的版本如下。

MySQLCommunity：社区版，免费。本章将对该版本的安装进行讲解。

MySQL Enterprise Edition：企业版，收费。可免费试用 30 天，网上提供技术支持。

MySQL Cluster：MySQL 的数据库集群。

在服务器中输入：http：//dev. MySQL. com/downloads/MySQL，找到合适的版本，单击“Download”进行下载，如图 3. 1 所示。

3.1.2　MySQL 软件安装

（1）打开下载的文件，出现身份验证，勾选“I accept the license terms”，如图 3. 2 所示。

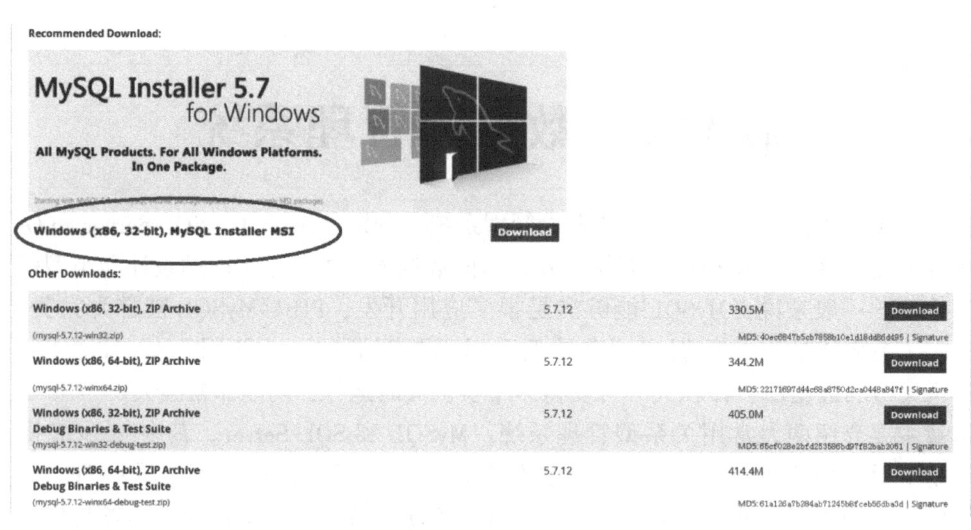

图 3.1　MySQL 下载

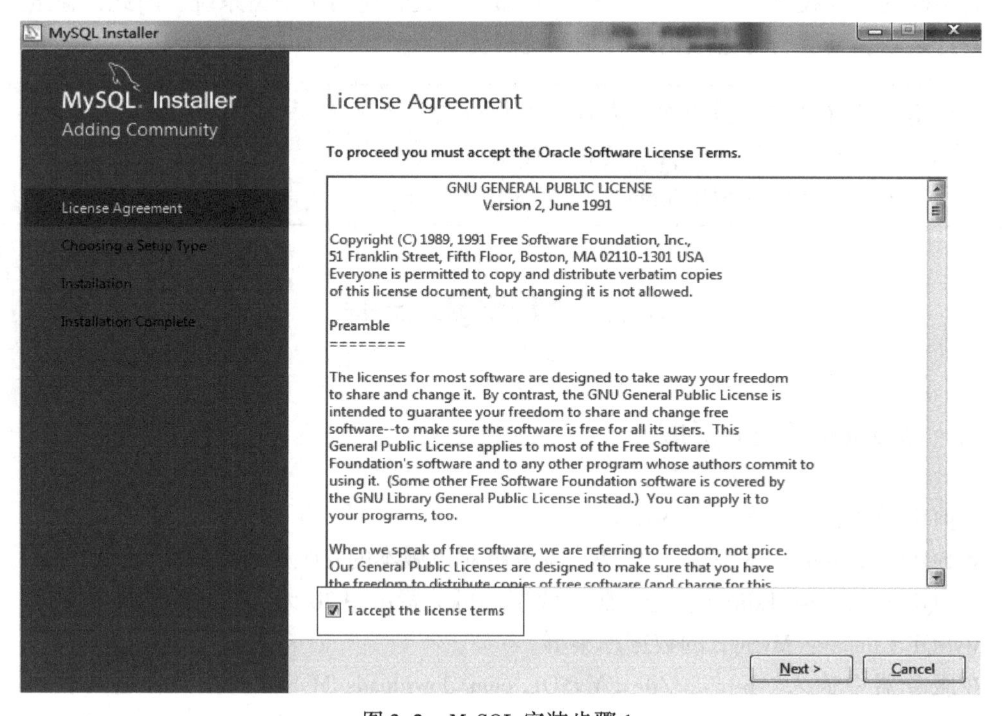

图 3.2　MySQL 安装步骤 1

（2）单击“Next”出现选择安装类型，这里我们选择“Developer Default”，如图 3.3 所示。

（3）单击“Next”检查安装要求，如图 3.4 所示。

（4）单击“Next”进行安装，如图 3.5 所示。

（5）单击“Execute”执行安装操作，如图 3.6 所示。

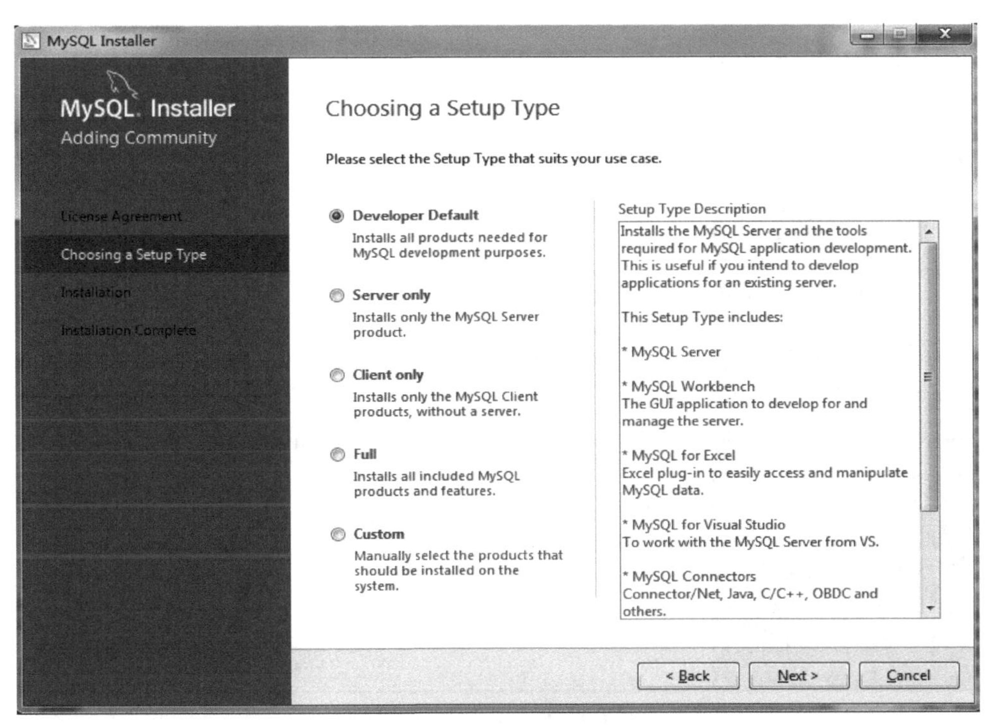

图 3.3　MySQL 安装步骤 2

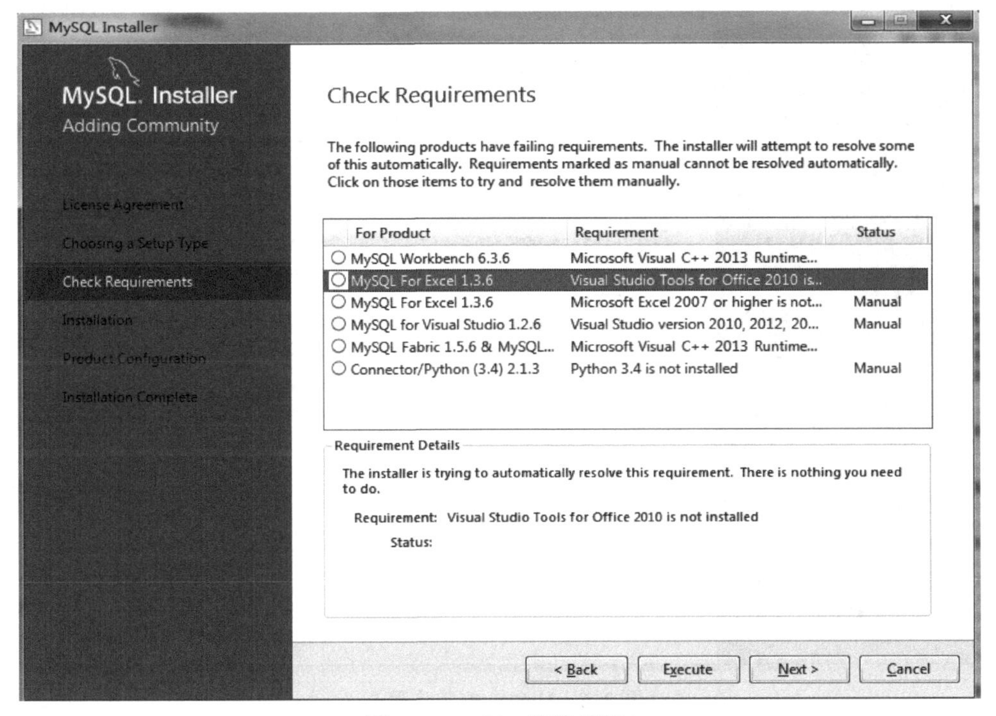

图 3.4　MySQL 安装步骤 3

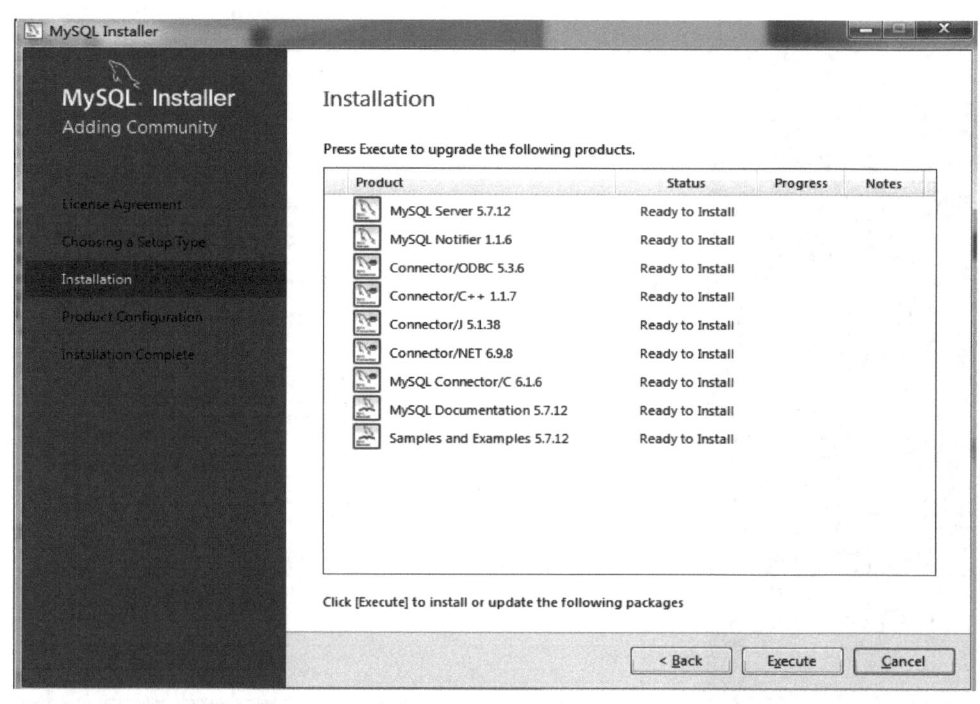

图 3.5　MySQL 安装步骤 4

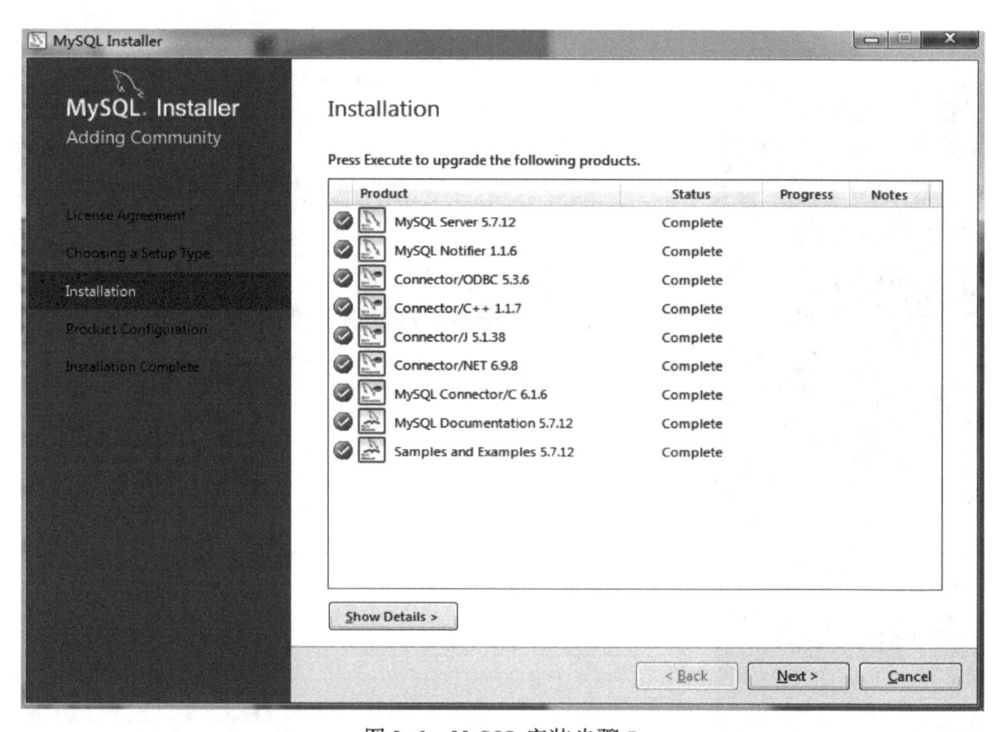

图 3.6　MySQL 安装步骤 5

（6）单击“Next”出现账户和角色的时候，设置root账号的密码。注意：这里的root密码需记住，之后登录MySQL要用到root账号；如不设置，原始密码是：123456，如图3.7所示。

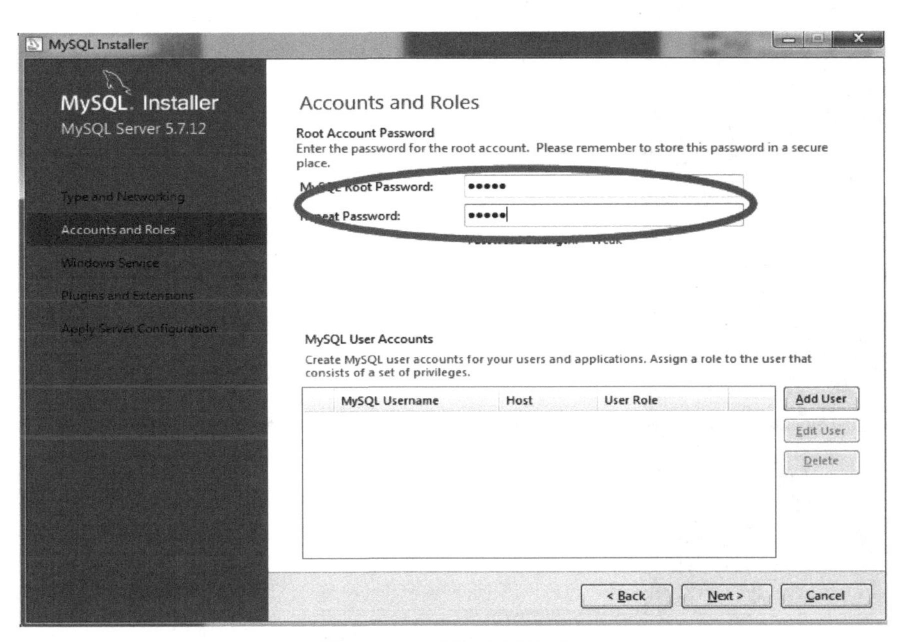

图3.7　MySQL安装步骤6

（7）一直单击“Next”直到跳转到“Product Configuration”，如图3.8所示。

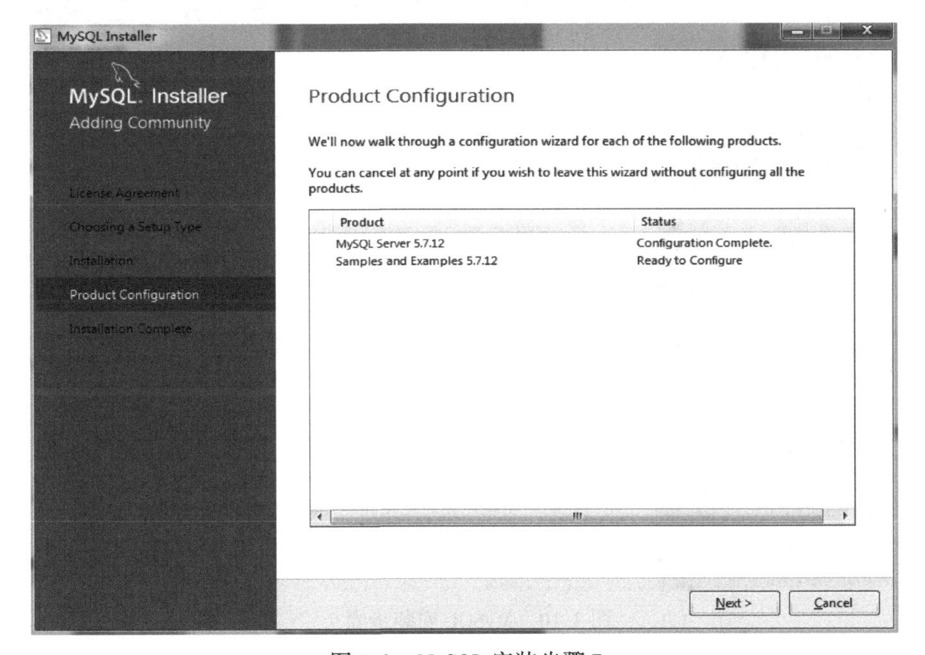

图3.8　MySQL安装步骤7

（8）单击"Next"，进行连接测试，单击"Check"进行测试。显示"Connection successful"即连接成功，单击"Next"继续，如图3.9所示。

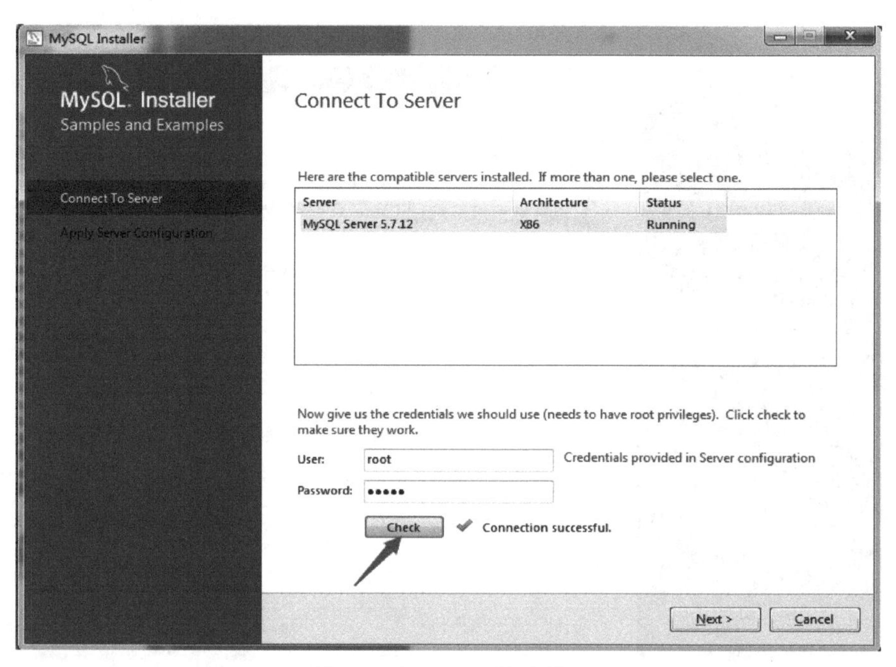

图3.9　MySQL安装步骤8

（9）执行安装服务，如图3.10所示。

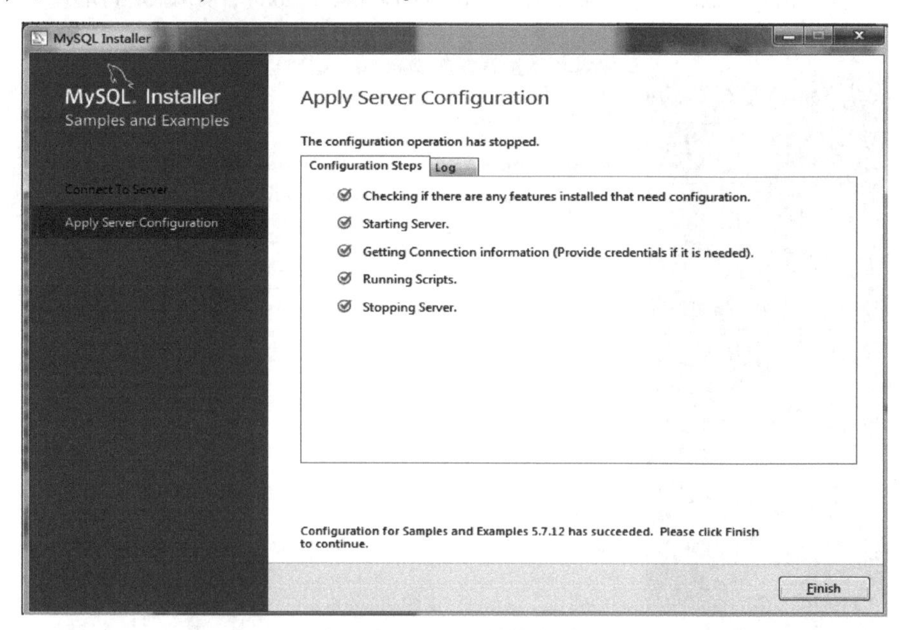

图3.10　MySQL安装步骤9

（10）单点“Finish”安装完成，如图 3.11 所示。

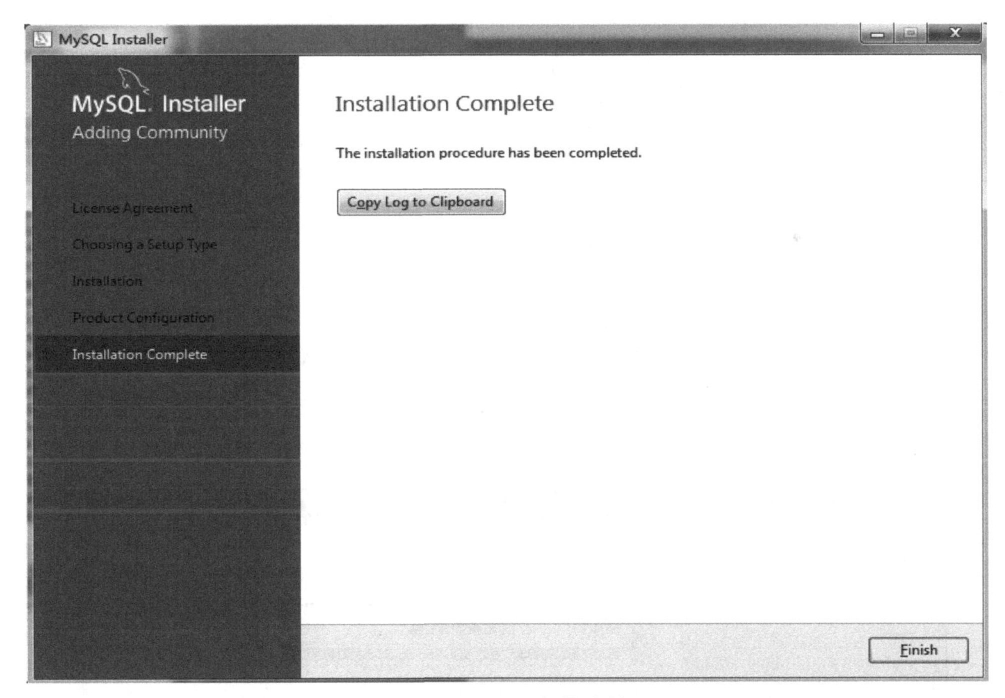

图 3.11 MySQL 安装步骤 10

3.2 SQL Server 安装

3.2.1 SQL Server 软件获取

根据需要下载不同版本的 SQL Server 安装包。这里将以 SQL Server 2008 作为安装实例进行说明。

3.2.2 SQL Server 软件安装

1. 进入安装程序

（1）解压安装包，如图 3.12 所示。

（2）在右侧的选择项中，选择第 1 项目“全新 SQL Server 独立安装或向现有安装添加功能”，进入安装程序，如图 3.13 所示。

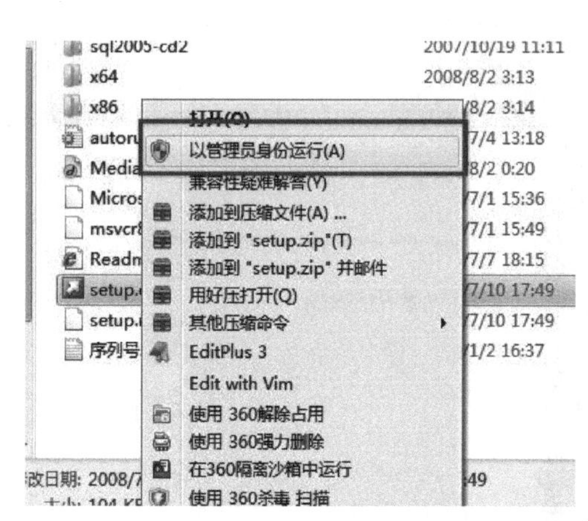

图 3.12　SQL Server 安装包解压

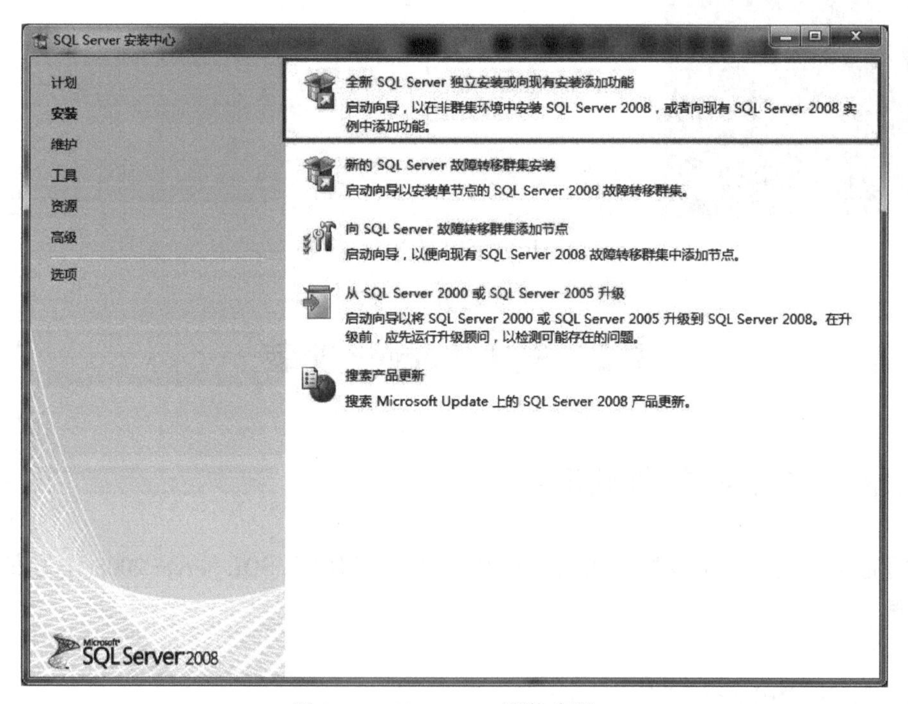

图 3.13　SQL Server 安装步骤 1

2. 安装的准备过程

在这个准备过程中，首先安装程序要扫描本机的一些信息，用来确定在安装过程中不会出现异常。如果在扫描中发现了一些问题，则必须在修复这些问题之后才可能重新运行安装程序进行安装。

安装过程中，若不能重启计算机，则需删除一个注册表项。

删除注册表中：HKEY_ LOCAL_ MACHINE \ SYSTEM \ ControlSet001 \ Control \ Session Manager 下的 PendingFileRenameOperations 子键。

修复完成后，单击“下一步”，出现许可条款和安装程序支持文件，如图 3.14 ~ 图 3.17 所示。

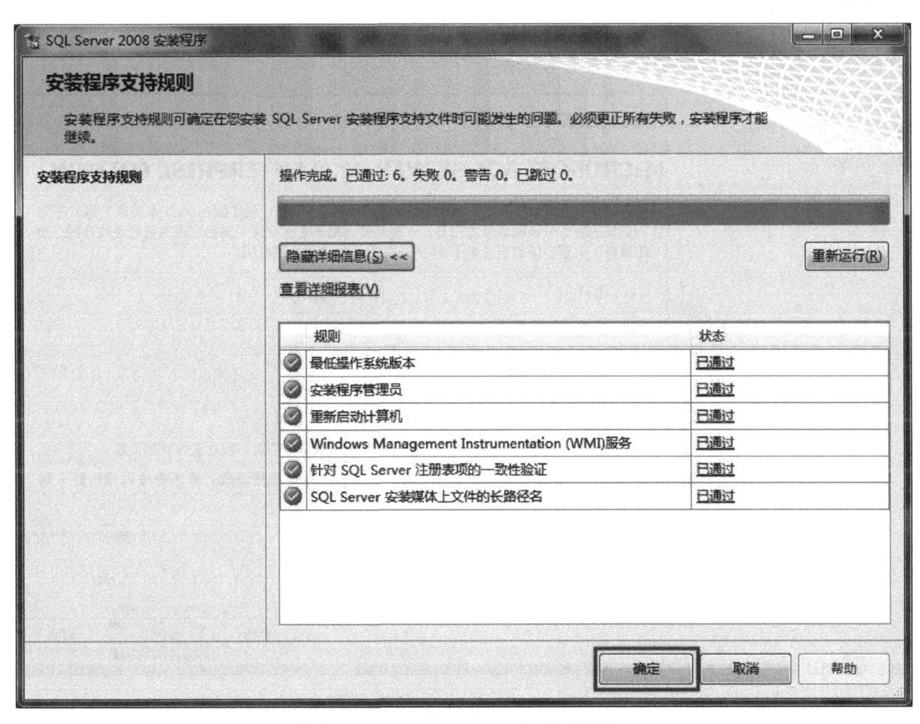

图 3.14　SQL Server 安装步骤 2

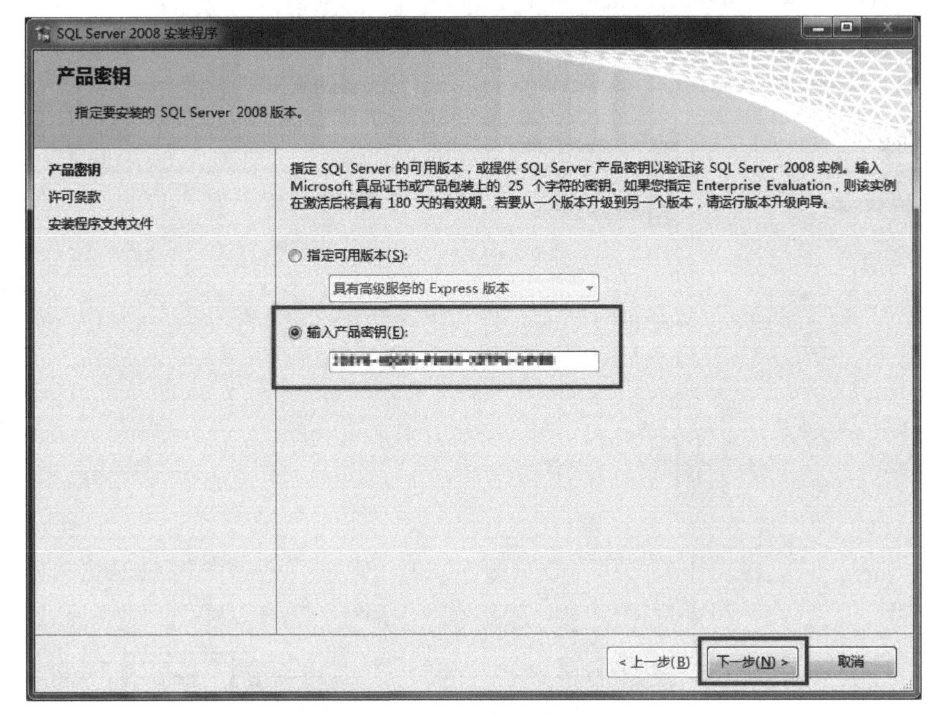

图 3.15　SQL Server 安装步骤 3

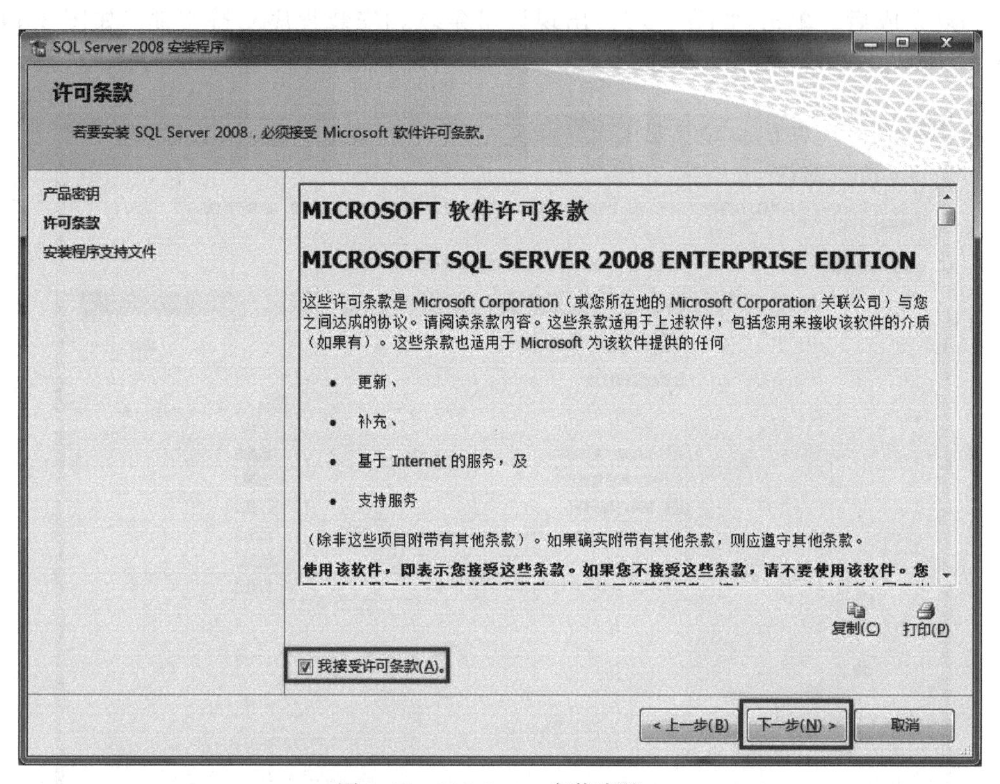

图 3.16　SQL Server 安装步骤 4

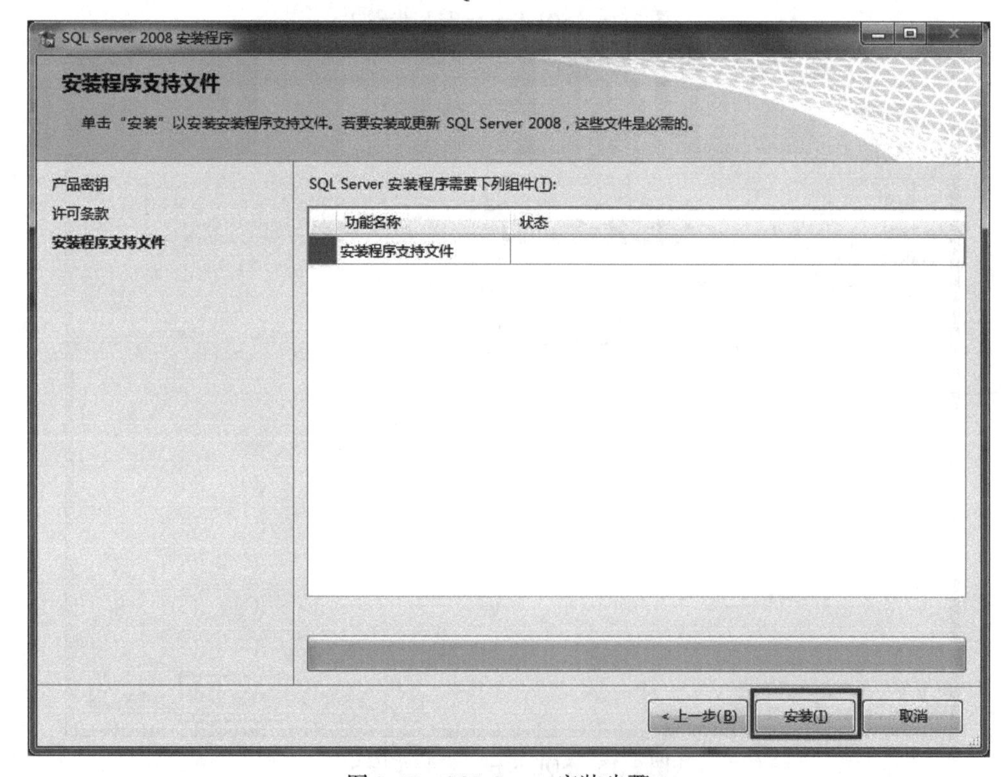

图 3.17　SQL Server 安装步骤 5

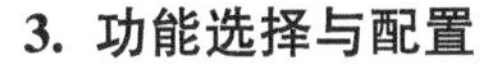

3. 功能选择与配置

1）安装程序支持规则

这个步骤看似和在准备过程中扫描本机一样，都是防止在安装过程中出现异常，却并不是在重复刚才的步骤，从图 3. 18 可明显看出这次扫描的精度更细，扫描的内容也更多。

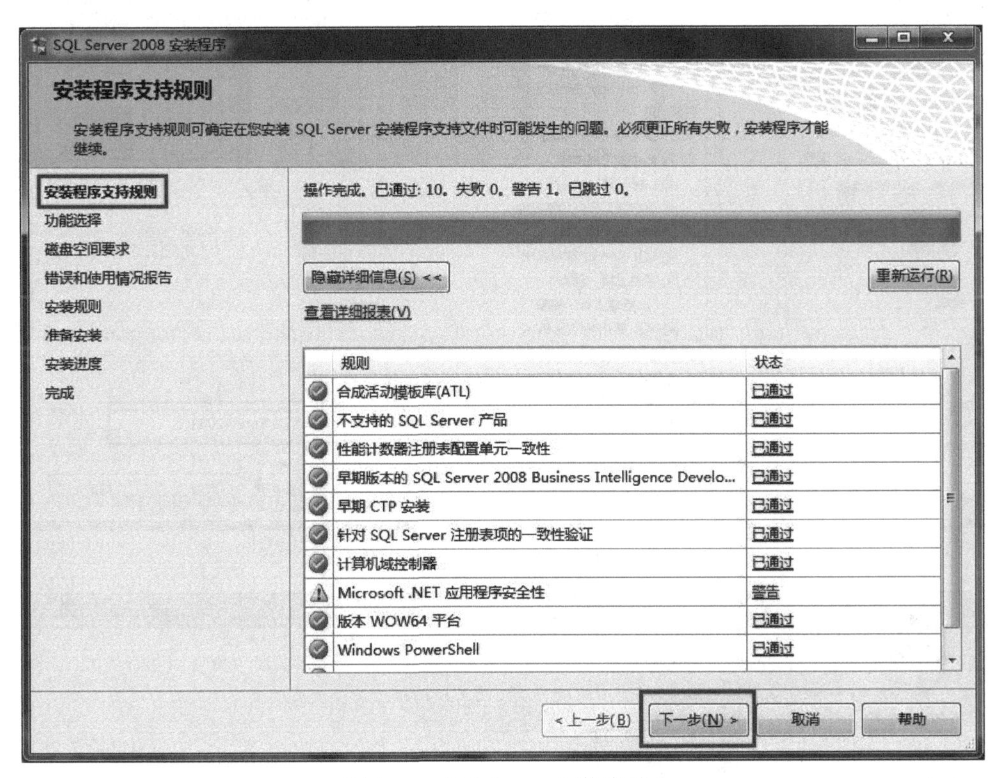

图 3. 18　SQL Server 安装步骤 6

Windows 2008 操作系统在安装 SQL Server 中，不会在防火墙自动打开 TCP1433 这个端口。因此，在这个步骤中，一定不要忽略“Windows 防火墙”这个警告。

2）功能选择

单击“全选”，左边的目录树会增加几个项目：在“安装规则”后面多了一个“实例配置”，在“磁盘空间要求”后面多了“服务器配置”、“数据库引擎配置”、“Analysis Services 配置”和“Reporting Services 配置”，如图 3. 19 所示。

如果只作为普通数据引擎使用，通常只勾选“数据库引擎服务”和“管理工具-基本”。

3）安装规则

再次扫描本机，扫描内容跟上一次又不同，本书不对此进行具体介绍。

4）实例配置

安装默认实例。系统自动将实例命名为 MSSQLSERVER，如图 3. 20 所示。

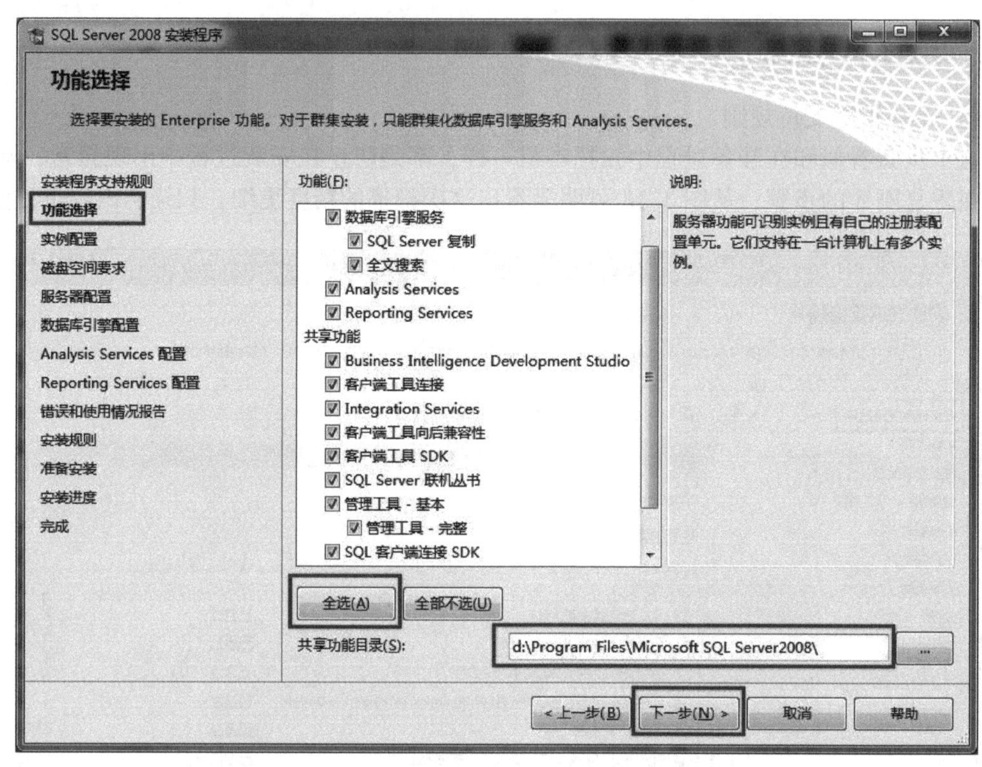

图 3.19　SQL Server 安装步骤 7

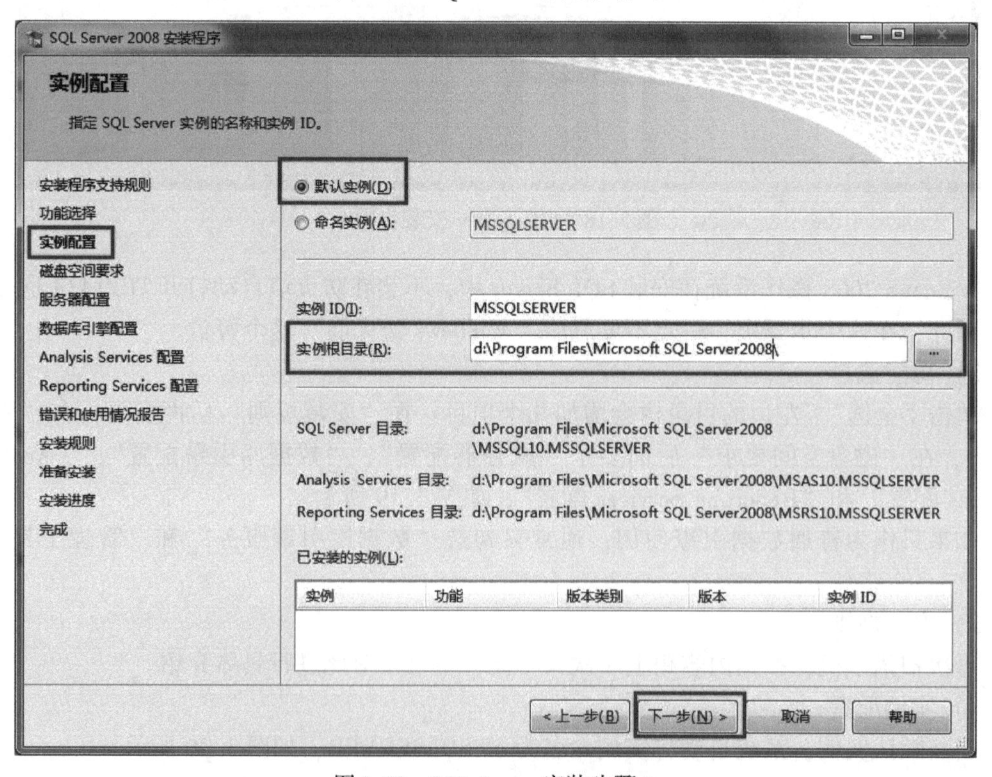

图 3.20　SQL Server 安装步骤 8

5）磁盘空间要求

从这里可以看到，安装 SQL Server 的全部功能所需要的磁盘空间，如图 3.21 所示。

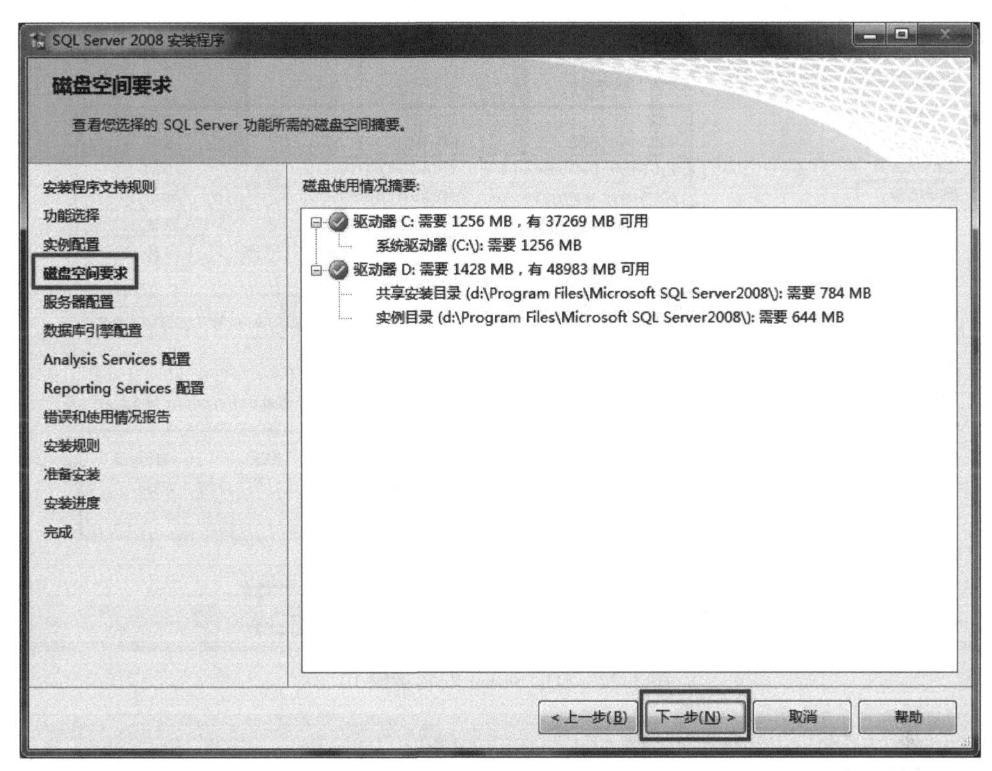

图 3.21　SQL Server 安装步骤 9

6）服务器配置

首先配置服务器账户，也就是让操作系统用相应账户启动相应的服务，一般选择“对所有 SQL Server 服务使用相同的账户”；也可选择 NT AUTHORITY \ SYSTEM，用最高权限来运行服务，如图 3.22 所示。

单击“下一步”，设置设备排序规则，默认不区分大小写，可按自身要求进行调整。

7）数据库引擎配置

数据库引擎的设置主要有 3 项。

账户设置中，一般 MSSQLSERVER 都作为网络服务器存在，为了方便，都使用混合身份验证，设置自己的用户密码，然后添加一个本地账户方便管理即可。

数据目录和 FILESTREAM 没有必要修改。

一般数据库软件装在系统盘中，在使用 SQL Server 时，数据库文件都放在其他盘，然后附加数据，这样不会混乱自己的数据库和系统的数据库，保证数据安全。

具体的操作过程，如图 3.23 ~ 图 3.26 所示。

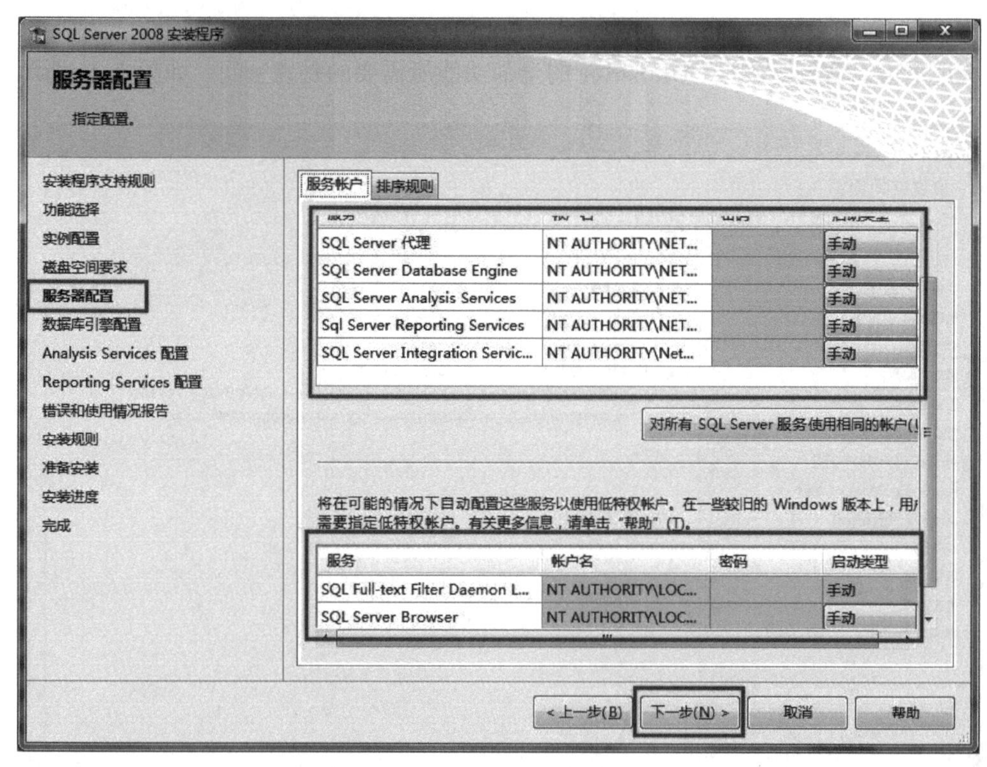

图 3.22　SQL Server 安装步骤 10

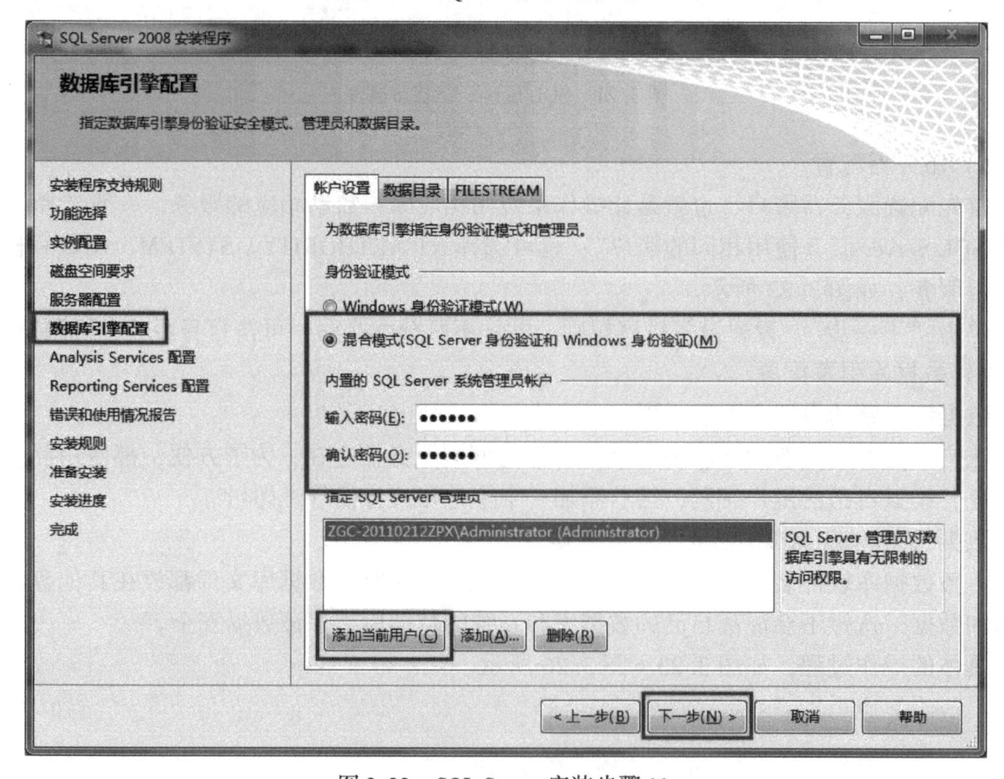

图 3.23　SQL Server 安装步骤 11

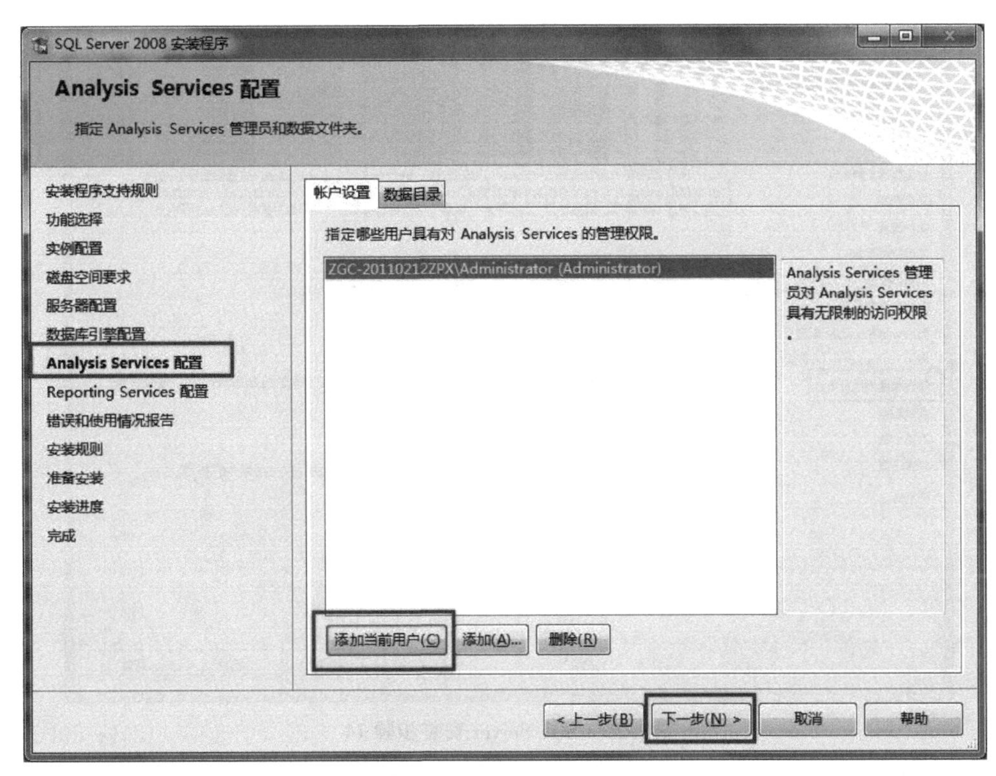

图 3.24　SQL Server 安装步骤 12

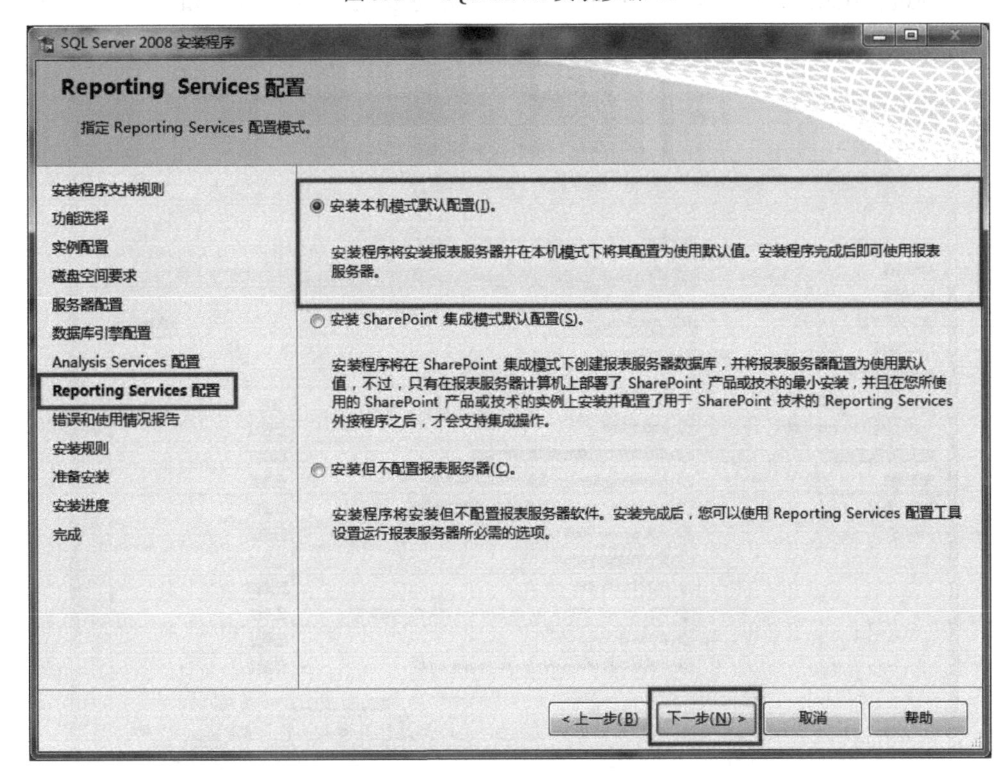

图 3.25　SQL Server 安装步骤 13

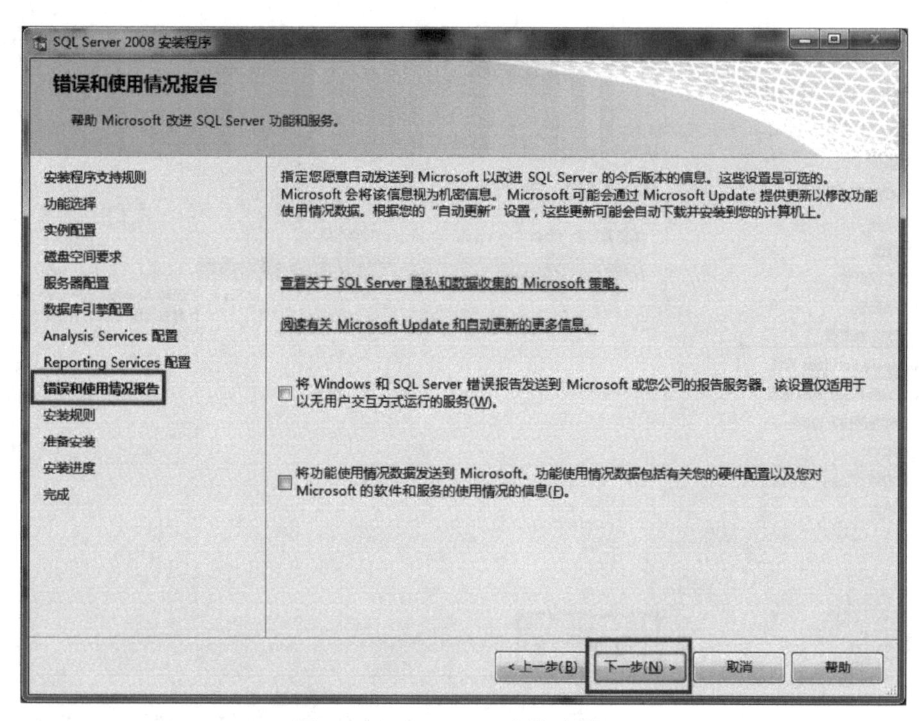

图 3.26　SQL Server 安装步骤 14

后面的过程比较简单，单击"下一步"直到等待安装完成即可，如图 3.27 ~ 图 3.31 所示。

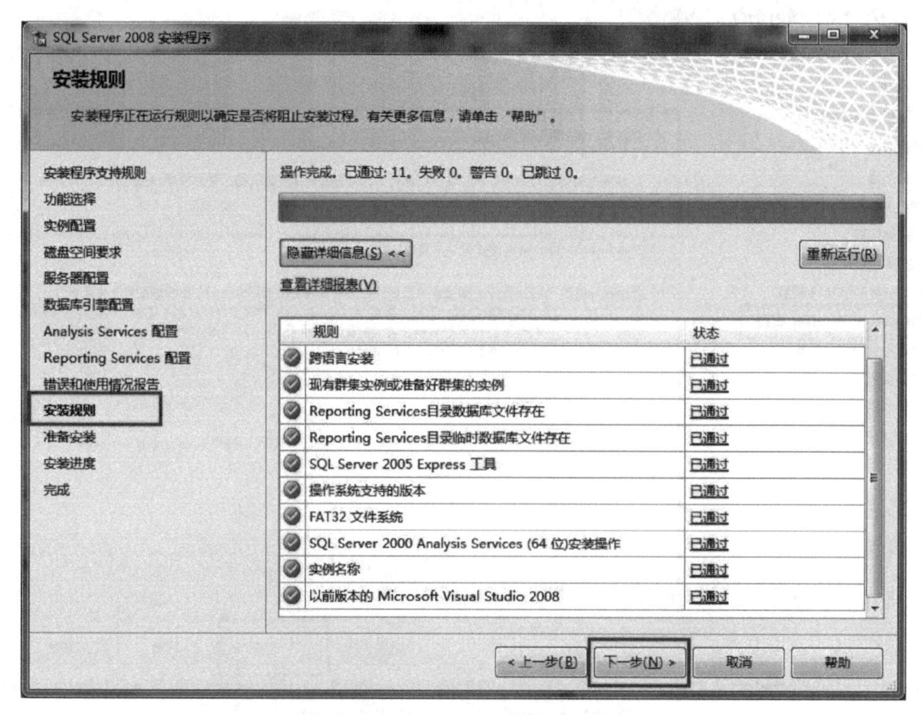

图 3.27　SQL Server 安装步骤 15

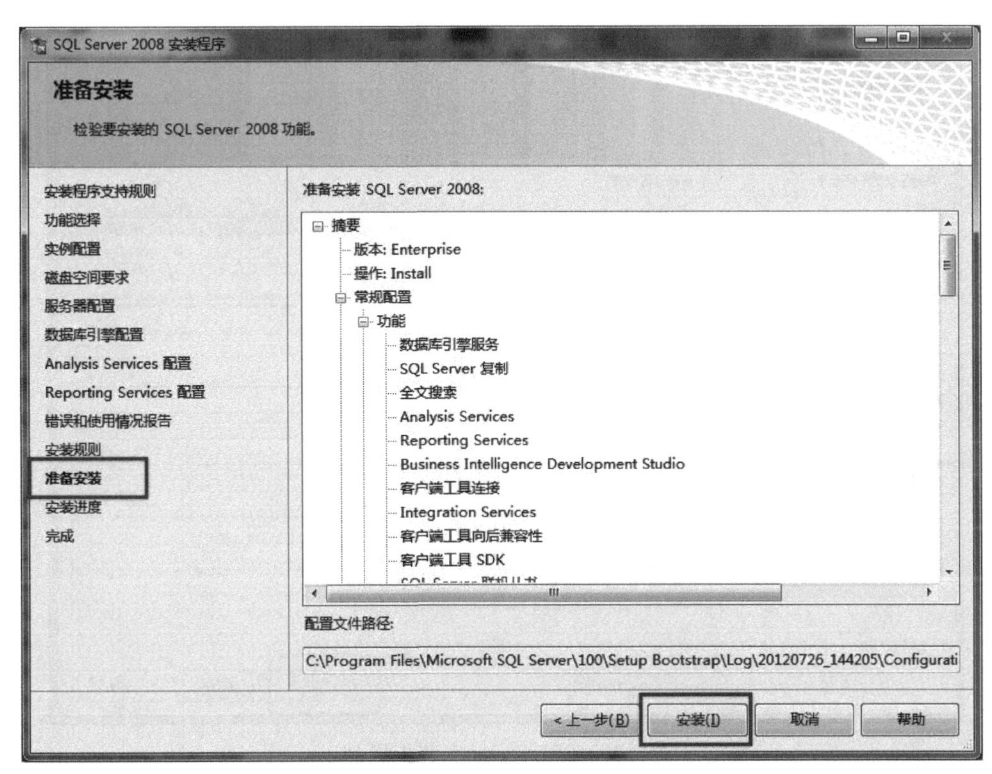

图 3. 28　SQL Server 安装步骤 16

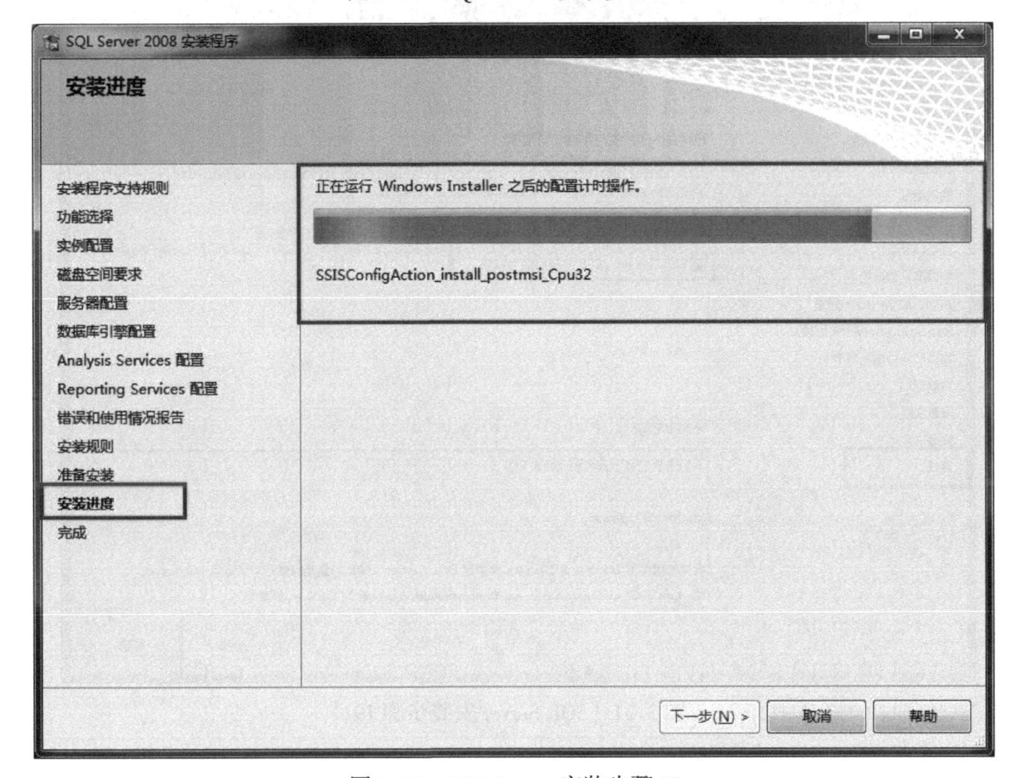

图 3. 29　SQL Server 安装步骤 17

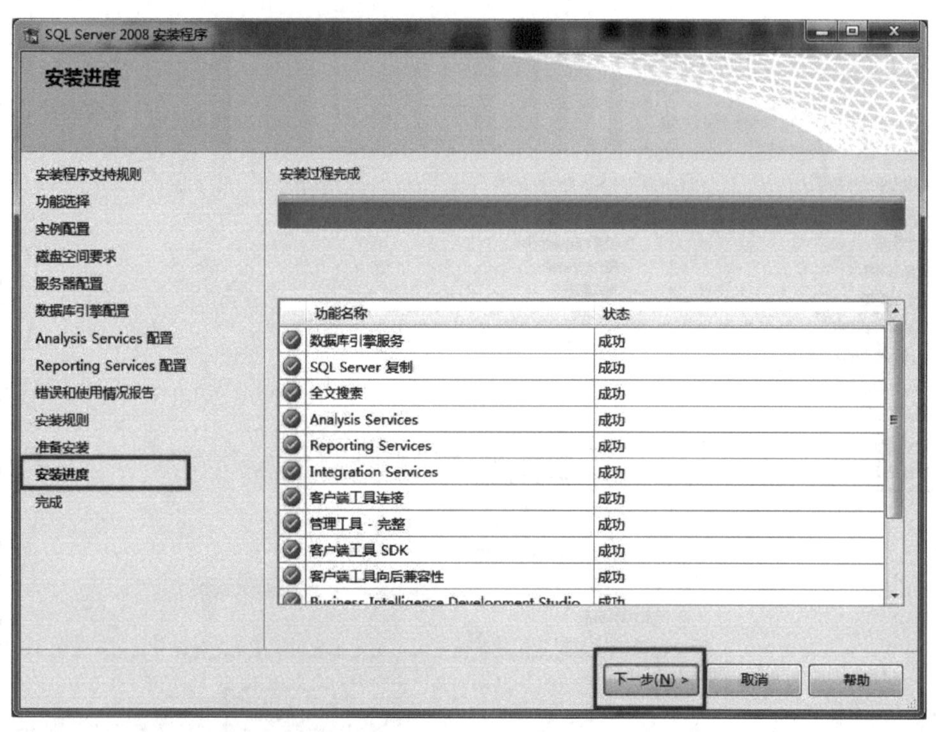

图 3.30　SQL Server 安装步骤 18

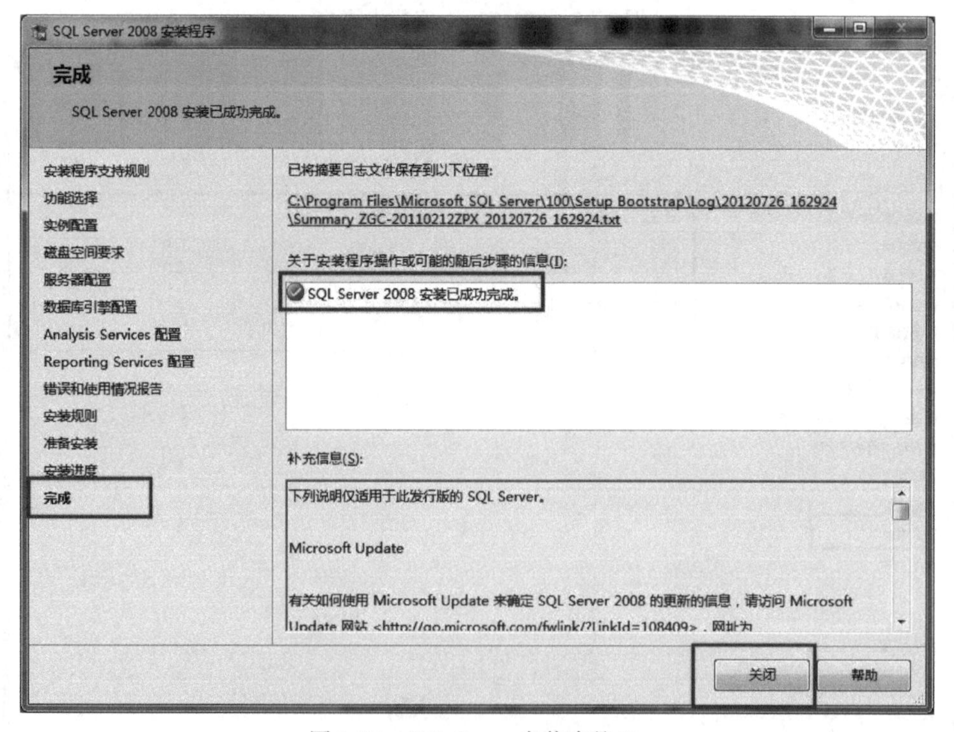

图 3.31　SQL Server 安装步骤 19

第4章　Web 服务器

服务器，也称伺服器，是提供计算服务的设备。服务器需要响应服务请求，并进行处理，一般来说，服务器应具备承担服务并且保障服务的能力。Apache 是 Web 服务器；Tomcat 是应用（Java）服务器，它只是一个 Servlet 容器，是 Apache 的扩展。Apache 和 Tomcat 都可以作为独立的 Web 服务器来运行，但 Apache 是普通服务器，本身只支持普通网页（HTML），不能解释 Java 程序（JSP，Servlet），不过可以通过插件使 Apache 访问 Tomcat 资源。IIS 是微软公司的 Web 服务器，主要支持 ASP 语言环境。市面上通常用 Tomcat 来运行 JSP；用 IIS 和 Apache 来运行 ASP、ASP. NET、PHP，实现不带端口访问网站。本章主要介绍 PHP、Java 使用的服务器及 IIS 服务器。

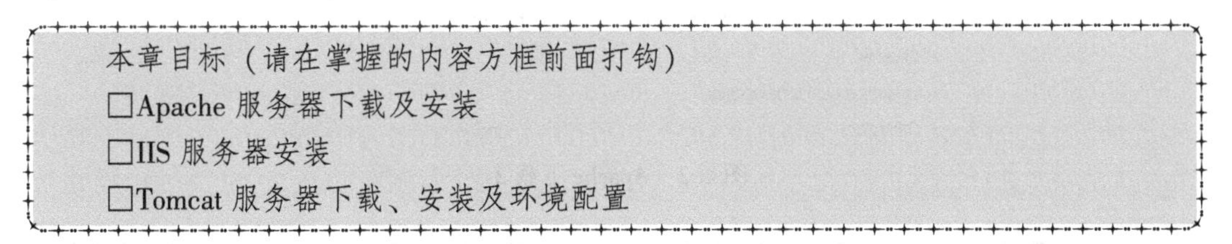
本章目标（请在掌握的内容方框前面打钩）

□Apache 服务器下载及安装

□IIS 服务器安装

□Tomcat 服务器下载、安装及环境配置

4.1　Apache 服务器

（1）进入 Apache 服务器官网：http：//httpd. apache. org，下载稳定版 httpd 2. 2. 31，单击“Download”，如图 4. 1 所示。

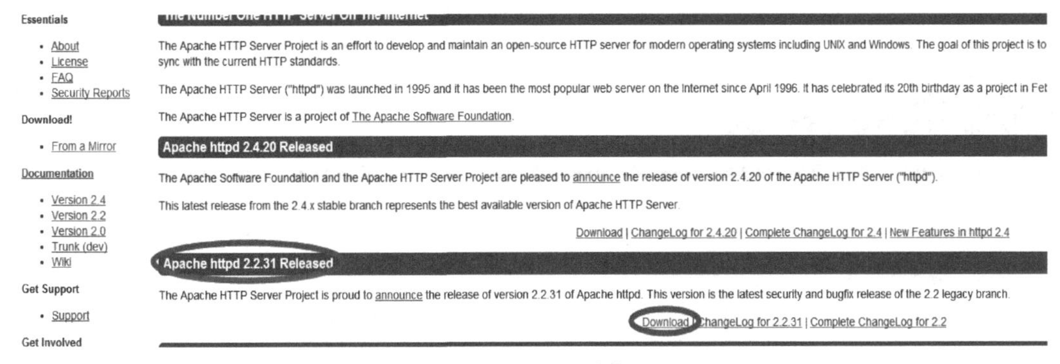

图 4. 1　Apache 下载 1

（2）单击“Files for Microsoft Windows”，如图 4. 2 所示。

（3）单击“ApacheHaus”，如图 4. 3 所示。

（4）打开 ApacheHaus 可看到网上有各种 Apache 版本，选择合适的版本下载，如图 4. 4 所示。

- Mailing Lists
- Bug Reports
- Developer Info

Subprojects

- Docs
- Test
- Flood
- libapreq
- Modules
- mod_fcgid
- mod_ftp

Miscellaneous

- Contributors
- Sponsors
- Sponsorship

Apache HTTP Server 2.4.20 (httpd): 2.4.20 is the latest available version

The Apache HTTP Server Project is pleased to announce the release of version 2.4.20 of the Apache HTTP Server ("Apach
years of innovation by the project, and is recommended over all previous releases!

For details see the Official Announcement and the CHANGES_2.4 and CHANGES_2.4.20 lists

- Source: httpd-2.4.20.tar.bz2 [PGP] [MD5] [SHA1]
- Source: httpd-2.4.20.tar.gz [PGP] [MD5] [SHA1]
- Binaries
- Security and official patches
- Other files
- Files for Microsoft Windows

Apache HTTP Server 2.2.31 (httpd)

The Apache HTTP Server Project is pleased to announce the release of Apache HTTP Server (httpd) version 2.2.31.

For details see the Official Announcement and the CHANGES_2.2 or condensed CHANGES_2.2.31 lists

Add-in modules for Apache 2.0 are not compatible with Apache 2.2. If you are running third party add-in modules, you must
compiled for Apache 2.2 should continue to work for all 2.2.x releases.

- Source: httpd-2.2.31.tar.gz [PGP] [MD5] [SHA1]
- Source: httpd-2.2.31.tar.bz2 [PGP] [MD5] [SHA1]
- Win32, Netware or OS/2 Source with CR/LF line endings: httpd-2.2.31-win32-src.zip [PGP] [MD5] [SHA1]
- Binaries
- Security and official patches
- Other files

图 4.2　Apache 下载 2

Downloading Apache for Windows

The Apache HTTP Server Project itself does not provide binary releases of software, only source code. Individual committers *may* provide binary packages as a convenience, but it is not a release deliverable.

If you cannot compile the Apache HTTP Server yourself, you can obtain a binary package from numerous binary distributions available on the Internet.

Popular options for deploying Apache httpd, and, optionally, PHP and MySQL, on Microsoft Windows, include:

- ApacheHaus
- Apache Lounge
- BitNami WAMP Stack
- WampServer
- XAMPP

图 4.3　Apache 下载 3

search Apache Haus

Home >> Downloads

Change Logs & Notes

- Apache 2.2.x
- Apache 2.4.x

Apache Haus Downloads

Apache binaries are built with the original source released by the Apache Software Foundation (unless noted) and have been compiled with Visual Studio 2008 (VC9) or Visual Studio 2012 (VC11) to obtain higher performance and better stability than the binaries built by the Apache Software Foundation

Binaries are built using the latest versions of the Apache Portable Runtime, OpenSSL and Zlib compression library. OpenSSL and Zlib are built using the optional assembly routines for added performance in the SSL and deflate modules.

After downloading and before you install, you should make sure that the file is intact and has not been tampered with. Use the SHA Checksums to verify the integrity.

JumpLinks

[Apache 2.4 VC14]	[Apache 2.4 VC11]	[Apache 2.4 VC9]	[Apache 2.2 VC9]
[Apache 2.4 Modules VC14]	[Apache 2.4 Modules VC11]	[Apache 2.4 Modules VC9]	[Apache 2.2 Modules VC9]
[OpenSSL Updates 2.4 VC14]	[OpenSSL Updates 2.4 VC11]	[OpenSSL Updates 2.4 VC9]	[OpenSSL Updates 2.2 VC9]
[VC14 Redistributable]	[VC11 Redistributable]	[VC9 Redistributable]	

图 4.4　Apache 下载 4

（5）单击框中的图标即可开始下载，x86 是 32 位的，x64 是 64 位的，根据自己的操作系统单击“Download”进行下载，如图 4.5 所示。

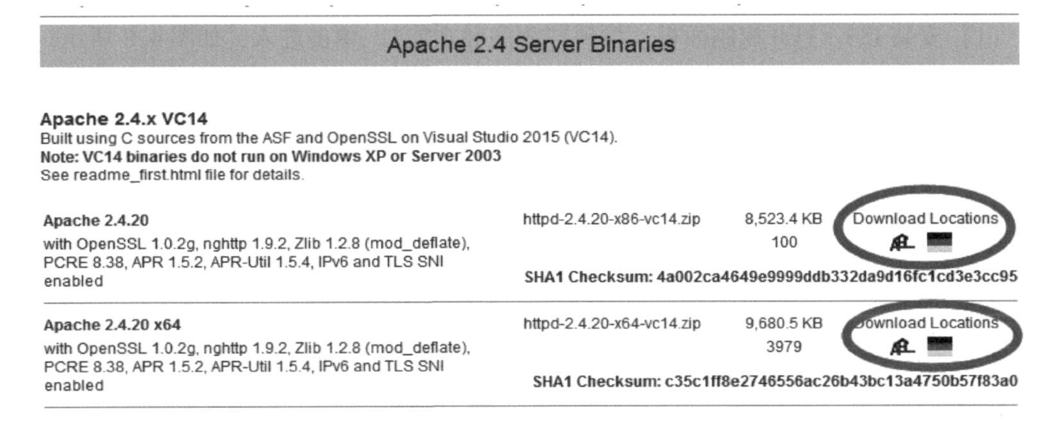

图 4.5　Apache 下载 5

（6）下载后的文件解压到指定文件夹，如图 4.6 所示。

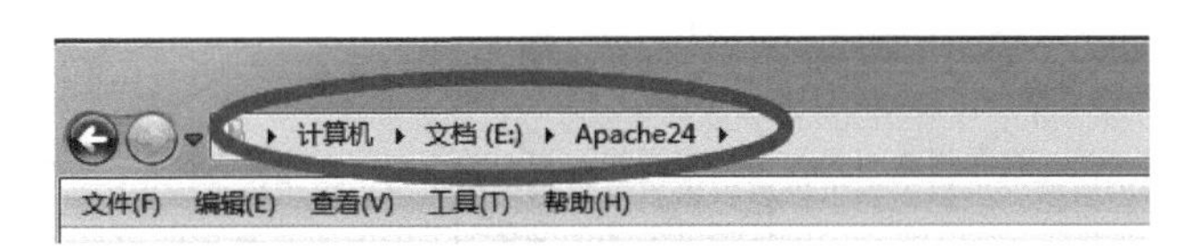

图 4.6　Apache 安装 1

（7）按照图示 dos 命令行进入 Apache 的 bin 目录文件夹下，输入 httpd-k install，把 Apache 安装成 Windows 后台服务。注意安装路径要在 Apache 的 bin 目录文件夹下，否则会出现系统找不到指定路径的错误，显示 successfully installed 即安装成功，如图 4.7 所示。

图 4.7　Apache 安装 2

检验是否安装成功，在网页中输入：http：//localhost。

4.2　IIS 服 务 器

（1）安装 ISS。打开控制面板，找到“程序和功能”，单击进入，如图 4.8 所示。

图 4.8　IIS 安装 1

（2）单击左侧“打开或关闭 Windows 功能”，如图 4.9 所示。

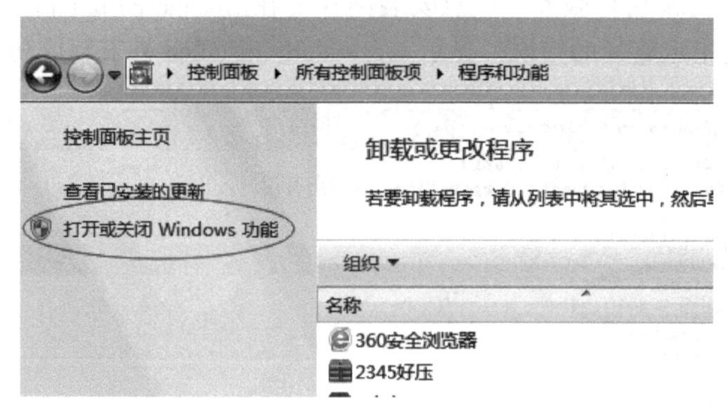

图 4.9　IIS 安装 2

找到“Internet 信息服务”，按照图 4.10 勾选选项，等待安装完成。

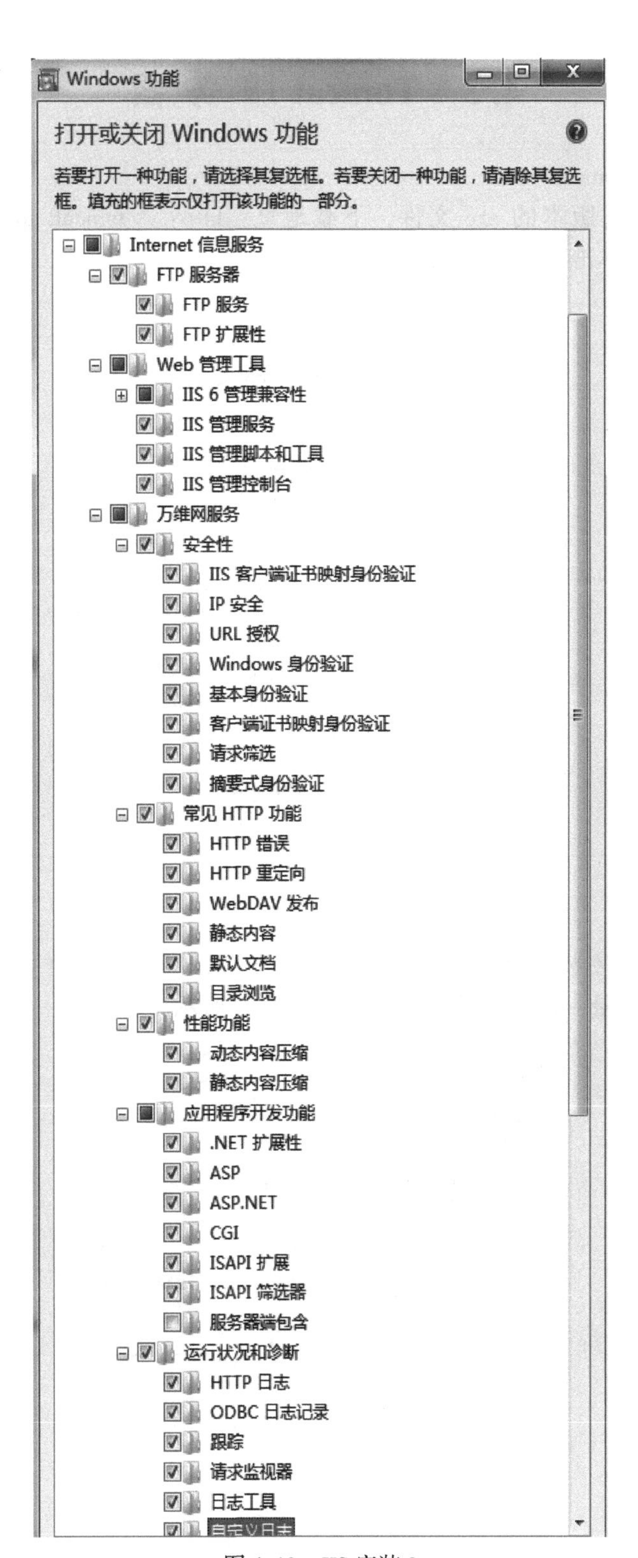

Windows 功能
打开或关闭 Windows 功能
若要打开一种功能，请选择其复选框。若要关闭一种功能，请清除其复选框。填充的框表示仅打开该功能的一部分。
Internet 信息服务
FTP 服务器
FTP 服务
FTP 扩展性
Web 管理工具
IIS 6 管理兼容性
IIS 管理服务
IIS 管理脚本和工具
IIS 管理控制台
万维网服务
安全性
IIS 客户端证书映射身份验证
IP 安全
URL 授权
Windows 身份验证
基本身份验证
客户端证书映射身份验证
请求筛选
摘要式身份验证
常见 HTTP 功能
HTTP 错误
HTTP 重定向
WebDAV 发布
静态内容
默认文档
目录浏览
性能功能
动态内容压缩
静态内容压缩
应用程序开发功能
.NET 扩展性
ASP
ASP.NET
CGI
ISAPI 扩展
ISAPI 筛选器
服务器端包含
运行状况和诊断
HTTP 日志
ODBC 日志记录
跟踪
请求监视器
日志工具

图 4.10　IIS 安装 3

4.3 Tomcat 服务器

（1）安装配置 Tomcat。

下载 Tomcat 合适版本的 exe 文件，下载地址：http：//tomcat. apache. org/download－80. cgi，安装时一直单击“下一步”，如图 4. 11 所示。

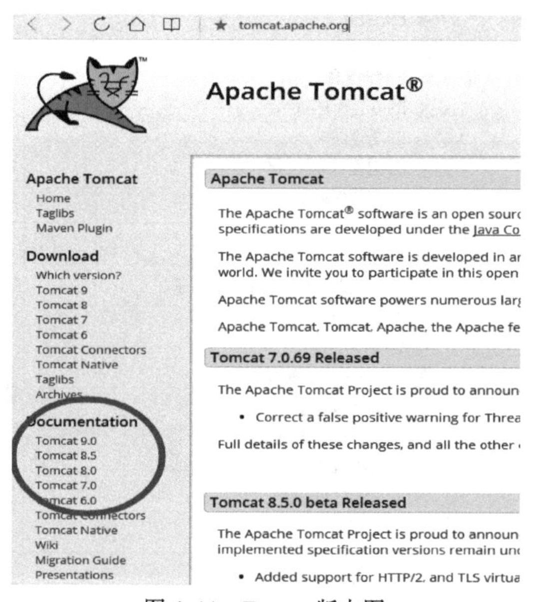

图 4. 11　Tomcat 版本图

（2）安装时注意安装目录，配置的环境变量和 Java 一样。同样打开环境变量的配置窗口，在系统环境变量一栏单击“新建”，如图 4. 12 所示。

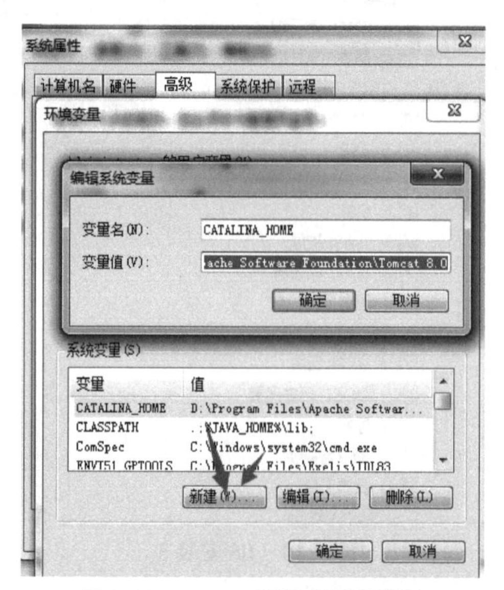

图 4. 12　Tomcat 环境变量配置图

(3) 输入内容如下。

变量名：CATALINA_ HOME。

变量值：安装路径。

(4) 测试安装配置是否成功

找到安装文件的路径下的 bin 文件夹，运行里面的执行文件，然后执行下面的操作。打开浏览器，输入：http：//loclhost：8080。如果出现下面的内容，则说明成功了，如图4.13所示。

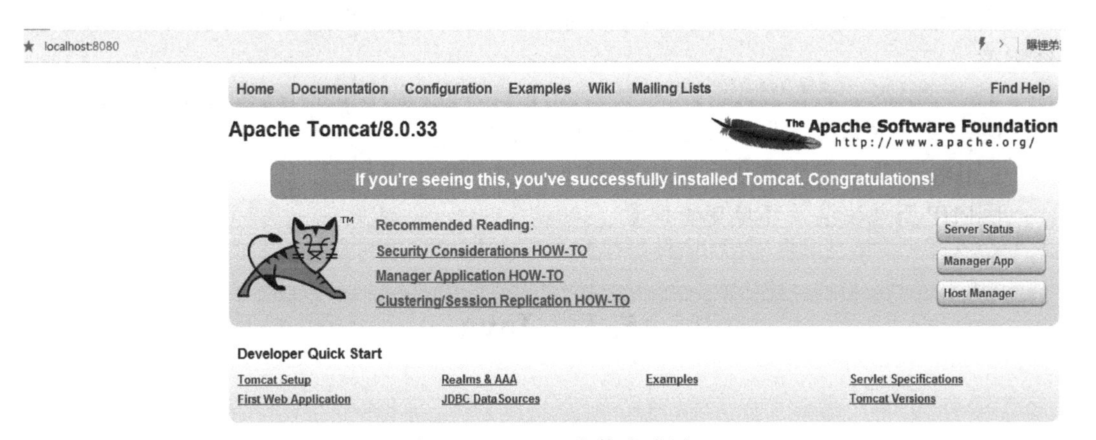

图4.13 Tomcat 安装成功图

第 5 章　应用开发语言

目前在进行数据库开发时，主要使用的开发语言是 Java 和 PHP。Java 使用的开发软件主要是 MyEclipse 和 Eclipse；PHP 常用的开发软件是 PHP storm 或 Zend Studio；另外，其他开发语言还涉及 Python、Ruby、C#等。对于设计者，只要了解其中一门语言，就能实现系统需求。

本章目标（请在掌握的内容方框前面打钩）
□JDK 下载安装及环境变量配置
□PHP 下载安装及环境变量配置

5.1　Java

5.1.1　介绍

目前，Java 具有大部分编程语言所共有的一些特征，被特意设计成互联网的分布式环境。Java 具有类似于 C++语言的“形式和感觉”，但它要比 C++语言更易于使用，而且在编程时彻底采用了一种“以对象为导向”的网络服务器端和客户端模式。另外，Java 还可以用来编写容量很小的应用程序模块或者 Applet，作为网页的部分使用；Applet 可用于网页使用者和网页之间进行交互式操作。

5.1.2　安装和环境变量设置

工具：JDK 和 JRE。

1. 安装步骤

（1）官方网站下载 jave SE 8u77 安装包，JDK 和 JRE 官方网址：http://www.oracle.com/technetwork/Java/Javase/downloads/index.html，分别下载 JDK 和 JRE，这里以 JDK 1.8 为例进行说明，如图 5.1 所示。

（2）下载最新的 Java 安装包，选择 32 位或 64 位操作系统，同意服务，单击“Download”，如图 5.2 所示。

Java SE Downloads

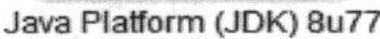

Java Platform (JDK) 8u77

NetBeans with JDK 8

Java Platform, Standard Edition

Java SE 8u77
Java SE 8u77 includes important security fixes. Oracle strongly recommends that all Java SE 8 users upgrade to this release.
Learn more

- Installation Instructions
- Release Notes
- Oracle License
- Java SE Products
- Third Party Licenses
- Certified System Configurations
- Readme Files
  - JDK ReadMe
  - JRE ReadMe

JDK DOWNLOAD

Server JRE DOWNLOAD

JRE DOWNLOAD

图 5.1　JDK 和 JRE 下载 1

Java SE Development Kit 8 Downloads

Thank you for downloading this release of the Java™ Platform, Standard Edition Development Kit (JDK™). The JDK is a development environment for building applications, applets, and components using the Java programming language.

The JDK includes tools useful for developing and testing programs written in the Java programming language and running on the Java platform.

See also:

- Java Developer Newsletter: From your Oracle account, select **Subscriptions**, expand **Technology**, and subscribe to **Java**.
- Java Developer Day hands-on workshops (free) and other events
- Java Magazine

JDK 8u77 Checksum

Java SE Development Kit 8u77

You must accept the Oracle Binary Code License Agreement for Java SE to download this software.
Thank you for accepting the Oracle Binary Code License Agreement for Java SE; you may now download this software.

Product / File Description	File Size	Download
Linux ARM 32 Soft Float ABI	77.7 MB	jdk-8u77-linux-arm32-vfp-hflt.tar.gz
Linux ARM 64 Soft Float ABI	74.68 MB	jdk-8u77-linux-arm64-vfp-hflt.tar.gz
Linux x86	154.74 MB	jdk-8u77-linux-i586.rpm
Linux x86	174.92 MB	jdk-8u77-linux-i586.tar.gz
Linux x64	152.76 MB	jdk-8u77-linux-x64.rpm
Linux x64	172.96 MB	jdk-8u77-linux-x64.tar.gz
Mac OS X	227.27 MB	jdk-8u77-macosx-x64.dmg
Solaris SPARC 64-bit (SVR4 package)	139.77 MB	jdk-8u77-solaris-sparcv9.tar.Z
Solaris SPARC 64-bit	99.06 MB	jdk-8u77-solaris-sparcv9.tar.gz
Solaris x64 (SVR4 package)	140.01 MB	jdk-8u77-solaris-x64.tar.Z
Solaris x64	96.18 MB	jdk-8u77-solaris-x64.tar.gz
Windows x86	182.01 MB	jdk-8u77-windows-i586.exe
Windows x64	187.31 MB	jdk-8u77-windows-x64.exe

图 5.2　JDK 和 JRE 下载 2

（3）下载完成后单击“运行”，进行安装，默认安装是C盘，单击“更改”可更改安装目录，如图5.3所示。

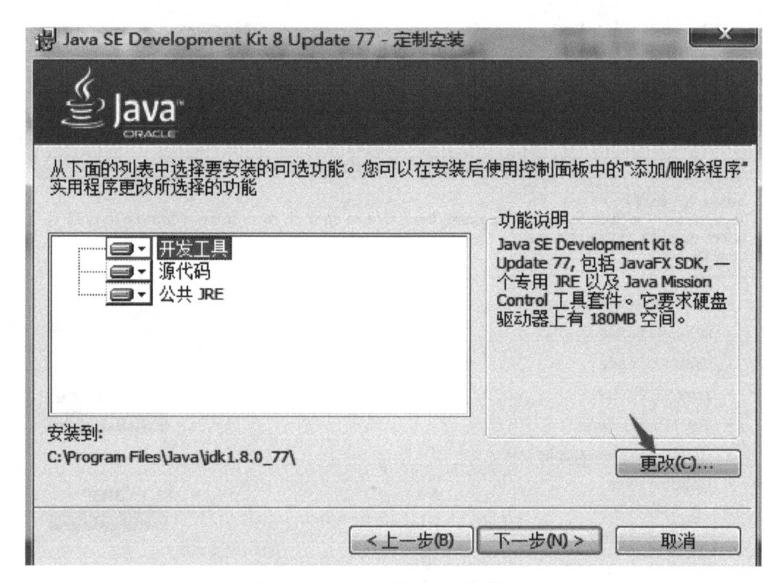

图5.3　JDK和JRE安装1

（4）下载Java程序，下载完成后会自动解压安装，如图5.4所示。

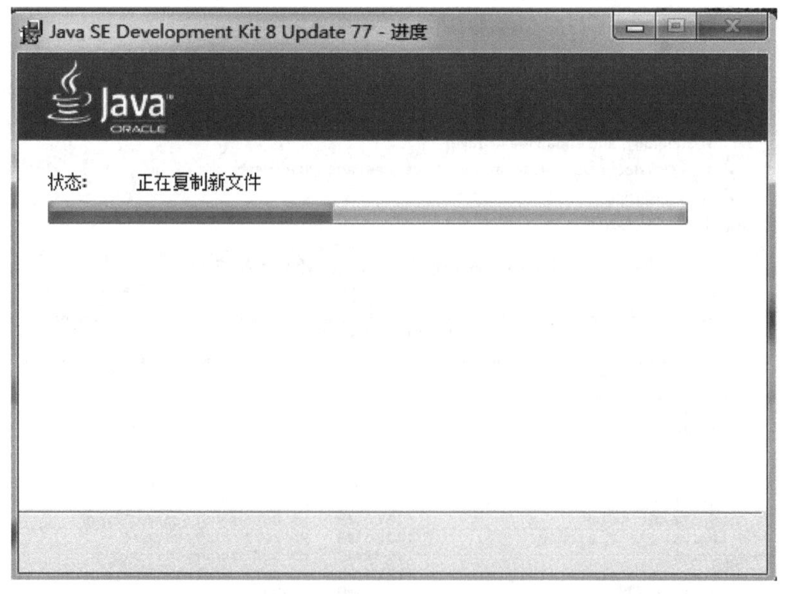

图5.4　JDK和JRE安装2

（5）更改安装目录，如图 5.5 所示。

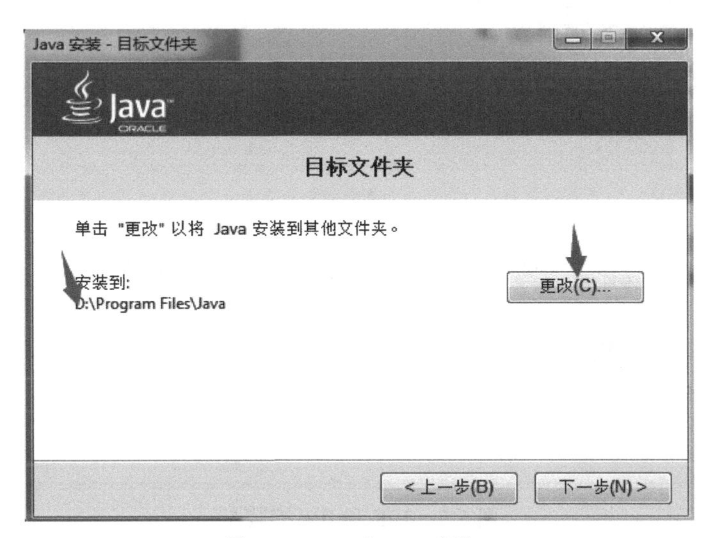

图 5.5　JDK 和 JRE 安装 3

（6）安装过程截图，如图 5.6 和图 5.7 所示。

图 5.6　JDK 和 JRE 安装 4

2. 环境变量配置

（1）执行“计算机”→“属性”→“高级系统设置”→“高级”命令，单击“环境变量”，如图 5.8 所示。

（2）新建一个名为“JAVA_HOME”的系统变量，变量值：D：\ Program Files \ Java \ jdk1. 8. 0_ 77（这是安装目录，每个人可根据自己的目录更改），如图 5.9 所示。

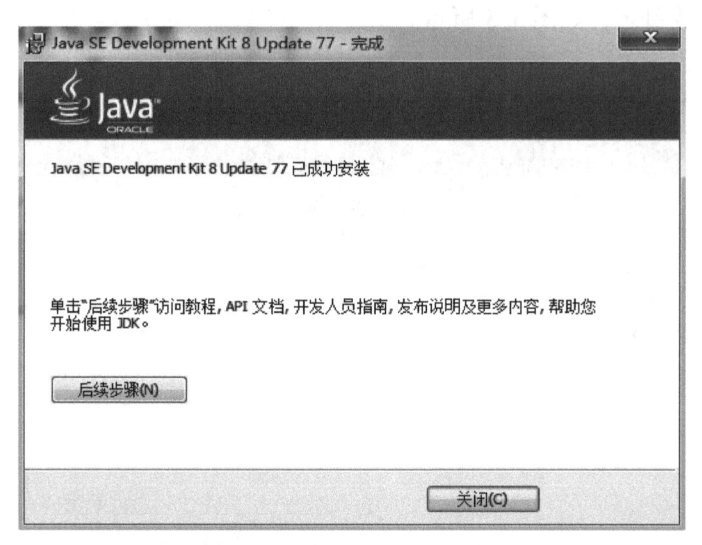

图 5.7　JDK 和 JRE 安装 5

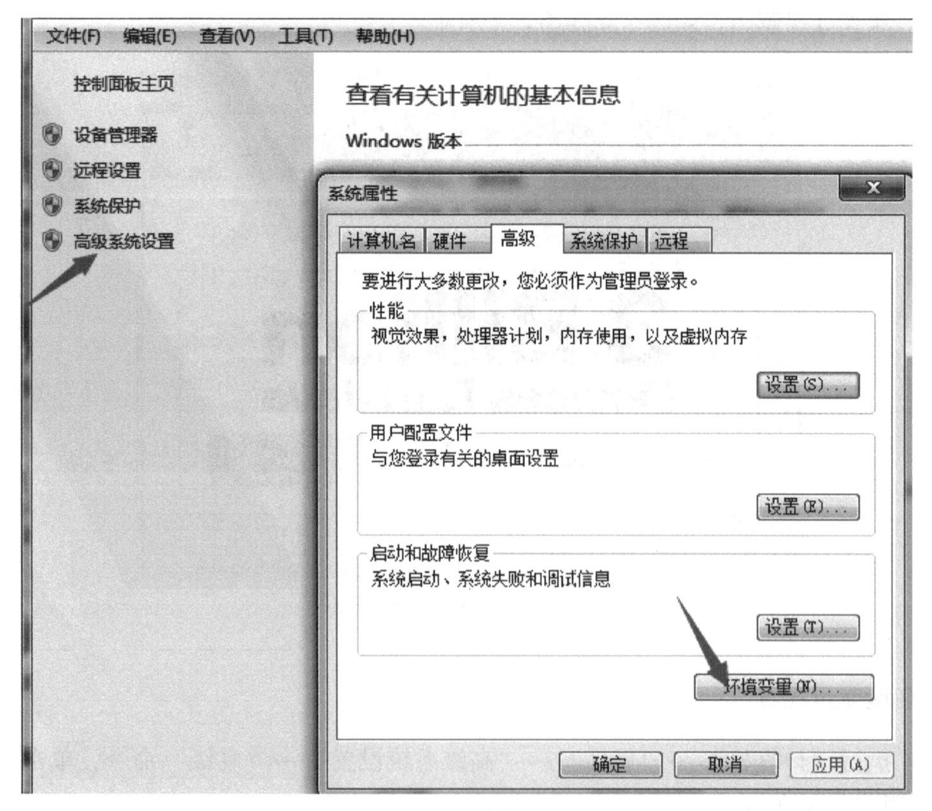

图 5.8　JDK 环境变量设置 1

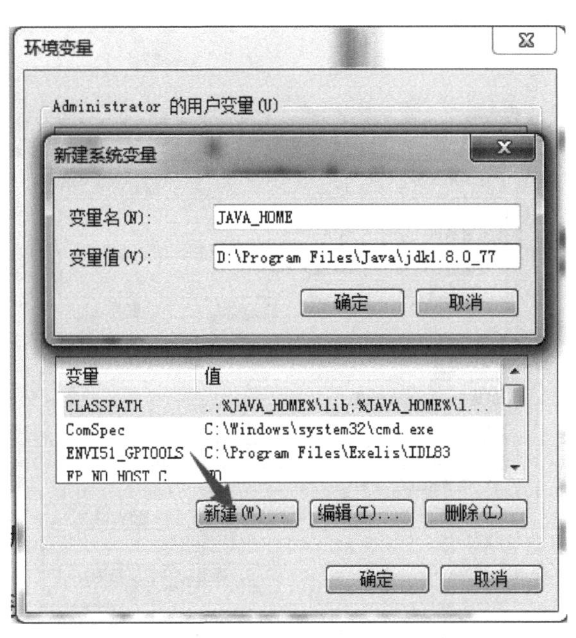

图 5.9　JDK 环境变量设置 2

（3）新建 CLASSPATH 系统变量：.;% JAVA_ HOME% \ lib \ dt. jar;% JAVA_ HOME% \ lib \ tools. jar;（前面有点号和分号，意思是在该目录或者子目录下的所有文件都应用），或者直接写 .;% JAVA_ HOME% \ lib；也可以，如图 5. 10 所示。

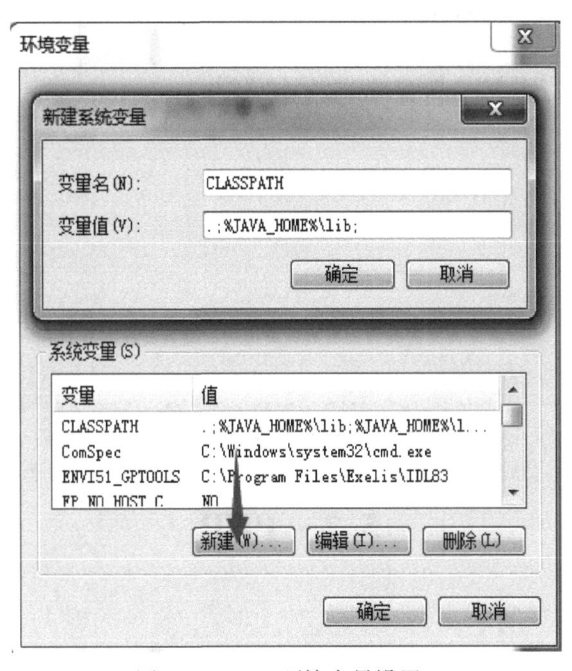

图 5. 10　JDK 环境变量设置 3

（4）新建 PATH 变量，变量值：% JAVA_ HOME% \ bin；（分号在英文半角下输入），如图 5.11 所示。

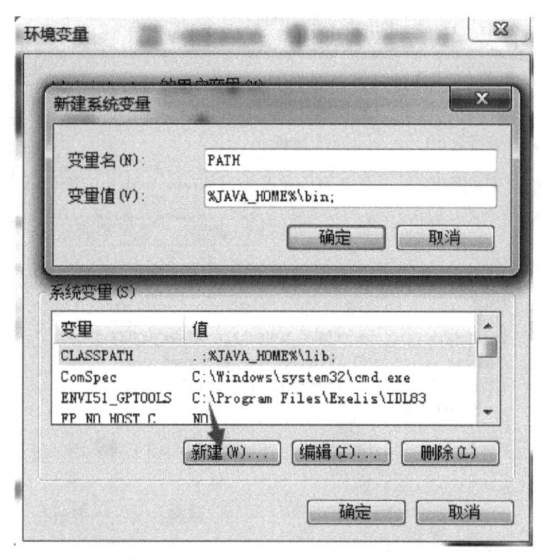

图 5.11　JDK 环境变量设置 4

（5）单击确定，打开 cmd，输入 java-version 查看结果。出现如下界面，即 Java 安装和环境变量设置完成，可到相关软件进行 Java 语言代码的编写并进行测试，如图 5.12 所示。

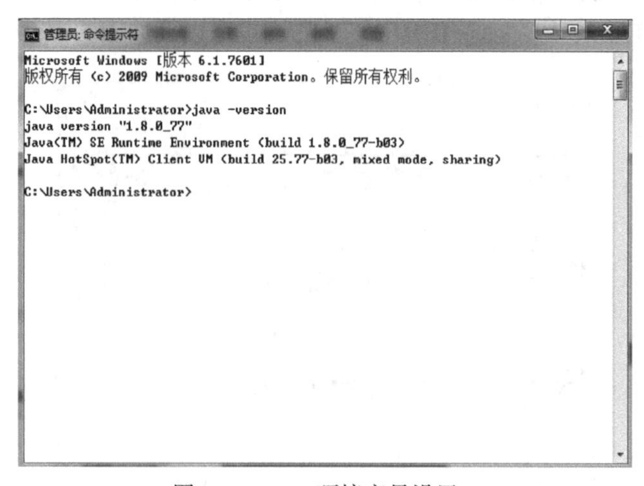

图 5.12　JDK 环境变量设置 5

5.2　PHP

5.2.1　介绍

超文本预处理器（hypertext preprocessor，PHP）是一种通用开源脚本语言，语法吸收

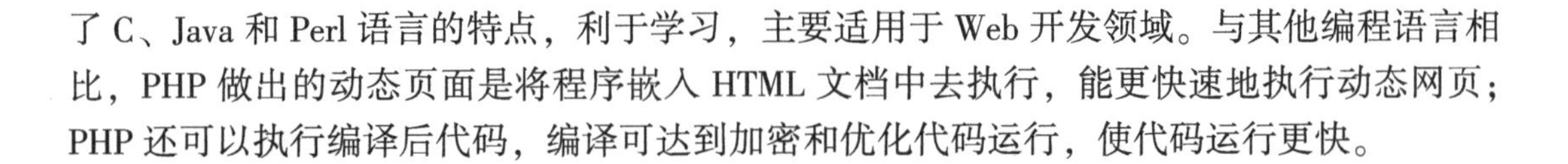

了 C、Java 和 Perl 语言的特点，利于学习，主要适用于 Web 开发领域。与其他编程语言相比，PHP 做出的动态页面是将程序嵌入 HTML 文档中去执行，能更快速地执行动态网页；PHP 还可以执行编译后代码，编译可达到加密和优化代码运行，使代码运行更快。

5.2.2　安装和环境变量设置

根据操作系统类型（32/64 位）来选择 wampserver，查看步骤：执行“计算机/我的电脑”→“属性”命令。

（1）安装 wampserver 时必须先安装 VC11（即 Visual C++ Redistributable for Visual Studio 2012，本书附件将会提供安装包），否则安装时系统会提示找不到 MSVCR110.dll，请读者自行下载 32 位和 64 位的安装包。

（2）运行安装 VC11 支持包：vcredist_x64.exe 或 vcredist_x86.exe，如图 5.13 所示。

图 5.13　VC11 安装 1

（3）运行 wampserver 安装包，根据安装向导选择软件的安装目录，勾选“Create a Desktop icon”，在桌面创建快捷方式，如图 5.14 所示。

（4）安装过程中会弹出提示选择默认启动 localhost 地址浏览器，直接跳过即可。它的目的是关联 localhost 快捷访问，默认浏览器是 IE。

（5）安装完成后，Windows 桌面右下角会出现 wampserver 的运行状态图标。这时服务器是绿色的，说明 Apache、PHP、MySQL 都正常运作，服务器启动；如果是橙色的，则很可能是 PHP 或者 MySQL 无法正常启动，如图 5.15 所示。

至此，PHP 环境搭建完成，可以进行 PHP 语言的代码编写了。

注意：由于 wampserver 自带 Apache、MySQL 服务，所以装过 wampserver 之后，不需要安装 Apache 和 MySQL，否则会出现冲突的情况。

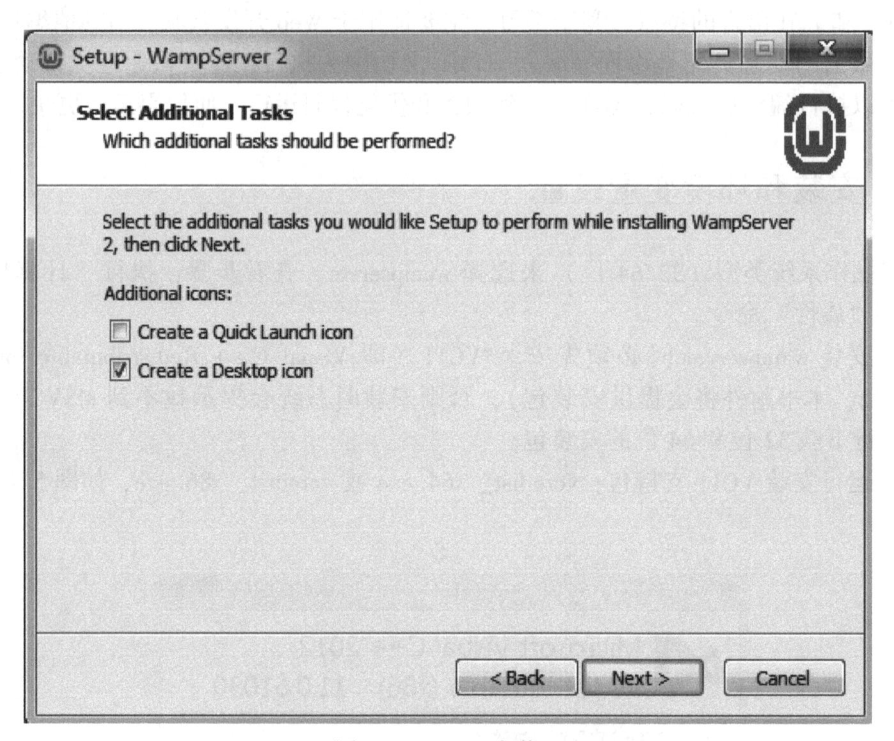

图 5. 14　VC11 安装 2

图 5. 15　VC11 安装 3

第6章　MySQL图形化管理工具

在进行数据库设计时，使用较多的数据库操作软件是 Workbench 和 Navicat。对于初学者，建议使用 MySQL 自带的工具 Workbench。使用 Workbench 过程中，如果出现错误，则会出现提示信息；另外，初学者对数据库操作命令不熟悉，Workbench 会自动出现提示性的操作命令，而 Navicat 是没有的。

本章目标（请在掌握的内容方框前面打钩）

□下载及安装 Workbench

□下载及安装 Navicat

6.1　Workbench

Workbench 官方下载地址：http：//dev. MySQL. com/downloads/workbench，如图 6.1 所示。

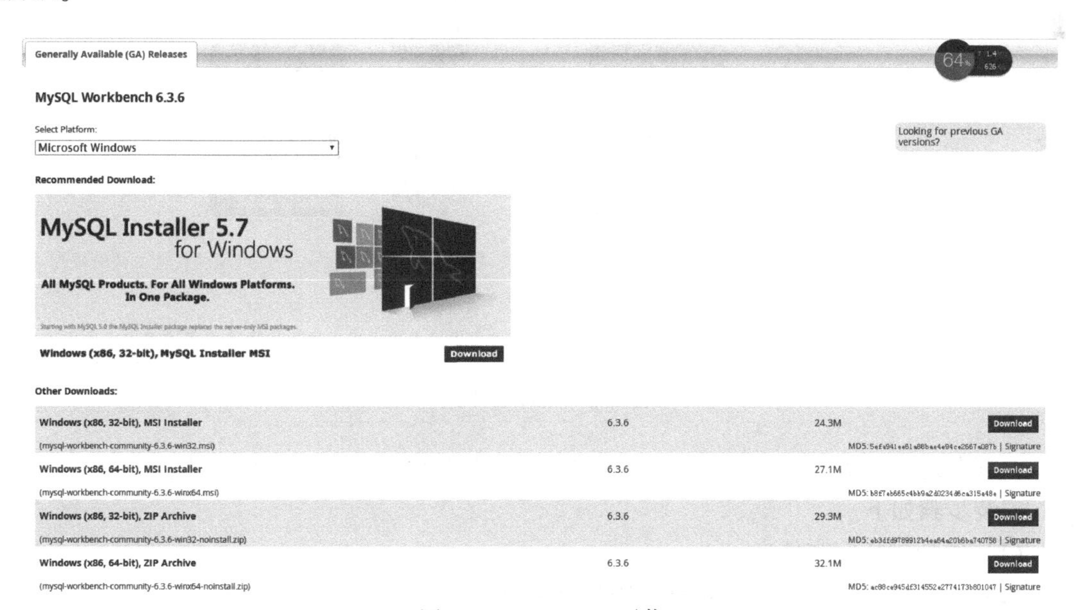

图 6.1　Workbench 下载

下载镜像文件进行安装，选择需要的版本，单击“Download”。

注意：在安装 Workbench 之前，需要下载安装 Microsoft. NET Framework 4.6.1，否则会报错。

如果在此之前已经安装 Workbench，则首先需要卸载原版本，否则安装过程会出现错误。卸载干净后，找到最新下载文件 workbench. exe，一直单击“下一步”即可进行安装。

6.2　Navicat

Navicat 官方下载地址：https：//ww. navicat. com/download，如图 6.2 所示。

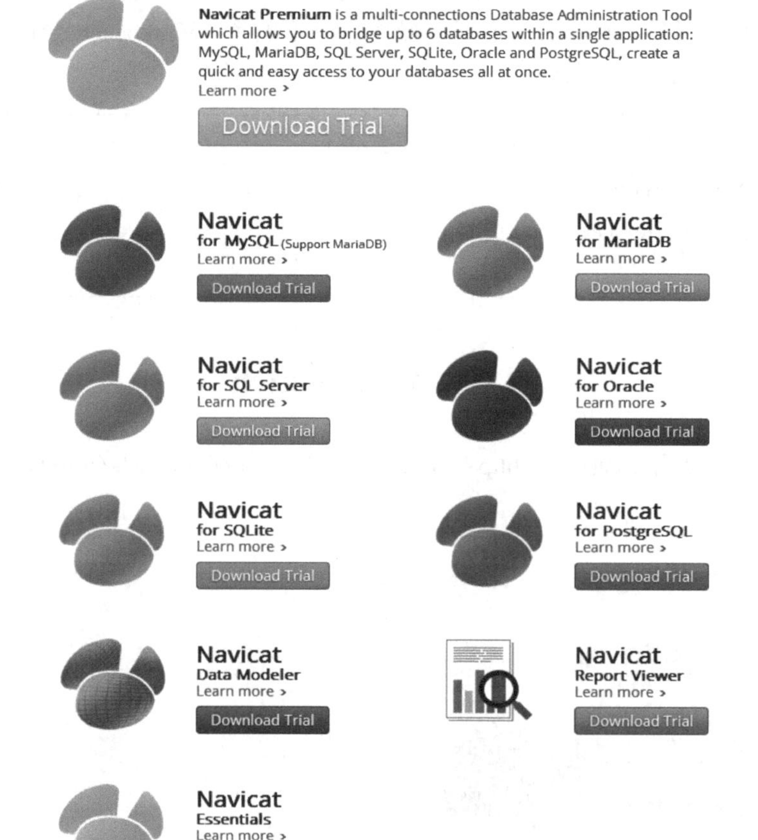

图 6.2　Navicat 下载

找到合适的版本，下载 Navicat for MySQL，放到指定文件夹，进行安装。

安装步骤如下。

（1）解压到指定文件夹。

（2）在文件夹 Navicat for MySQL 中找到 navicat. exe 可执行文件。

单击“试用”，进入主页面，安装成功，如图 6.3 和图 6.4 所示。

单击主页面的连接，弹出页面，如图 6.5 所示。

连接到自己操作的数据库，找到自己的主机名和端口，默认的端口是 3306，本书使用的端口是 3307，用户名可以直接使用 root，并输入密码，单击“确定”，如图 6.6 所示。

单击“localhost-3307”，右键打开连接，就可进入数据库，进行相关操作，如图 6.7 所示。

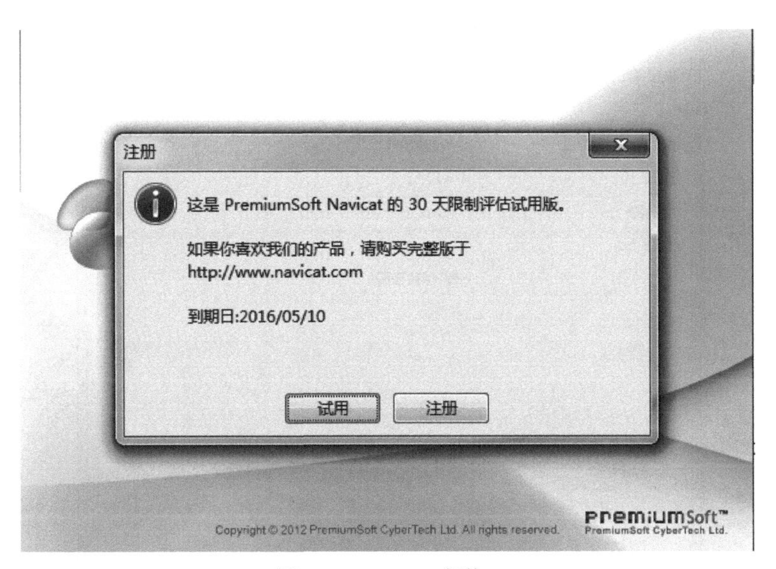

图 6.3　Navicat 安装 1

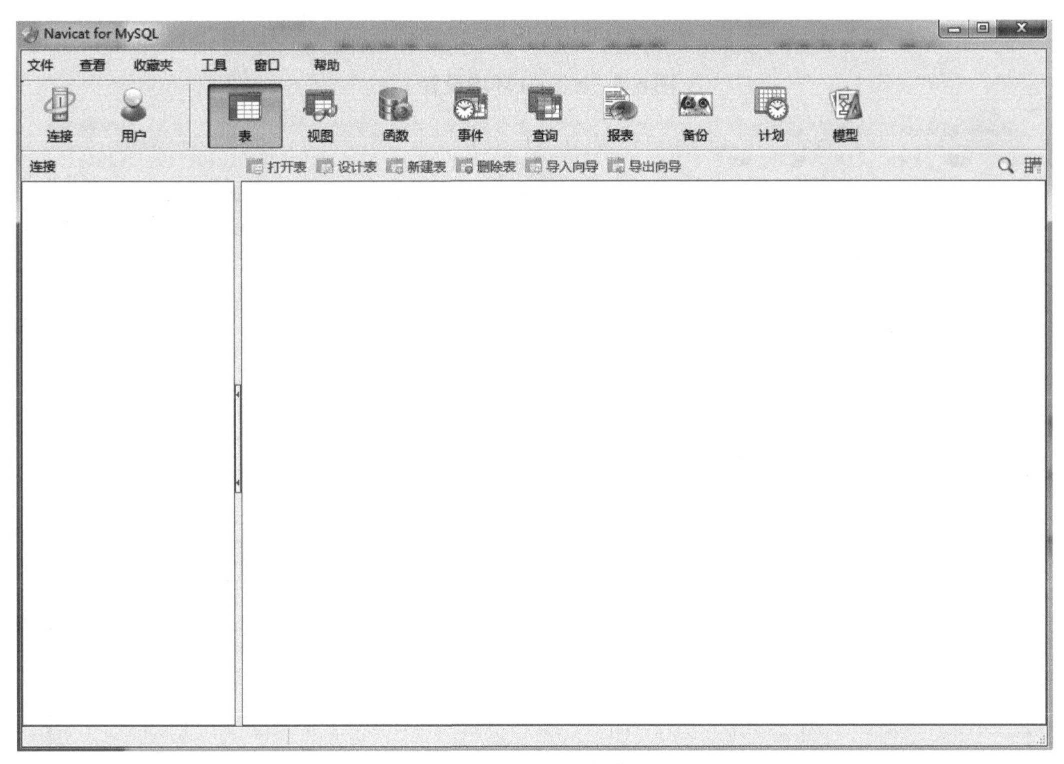

图 6.4　Navicat 安装 2

图 6.5　Navicat 环境设置 1

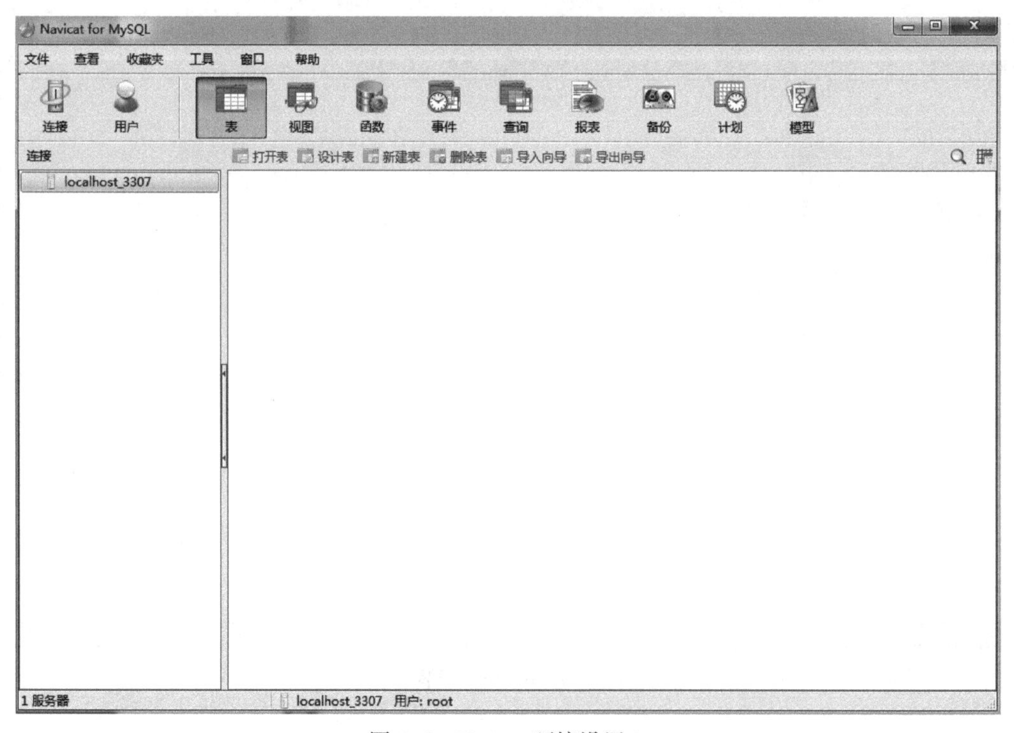

图 6.6　Navicat 环境设置 2

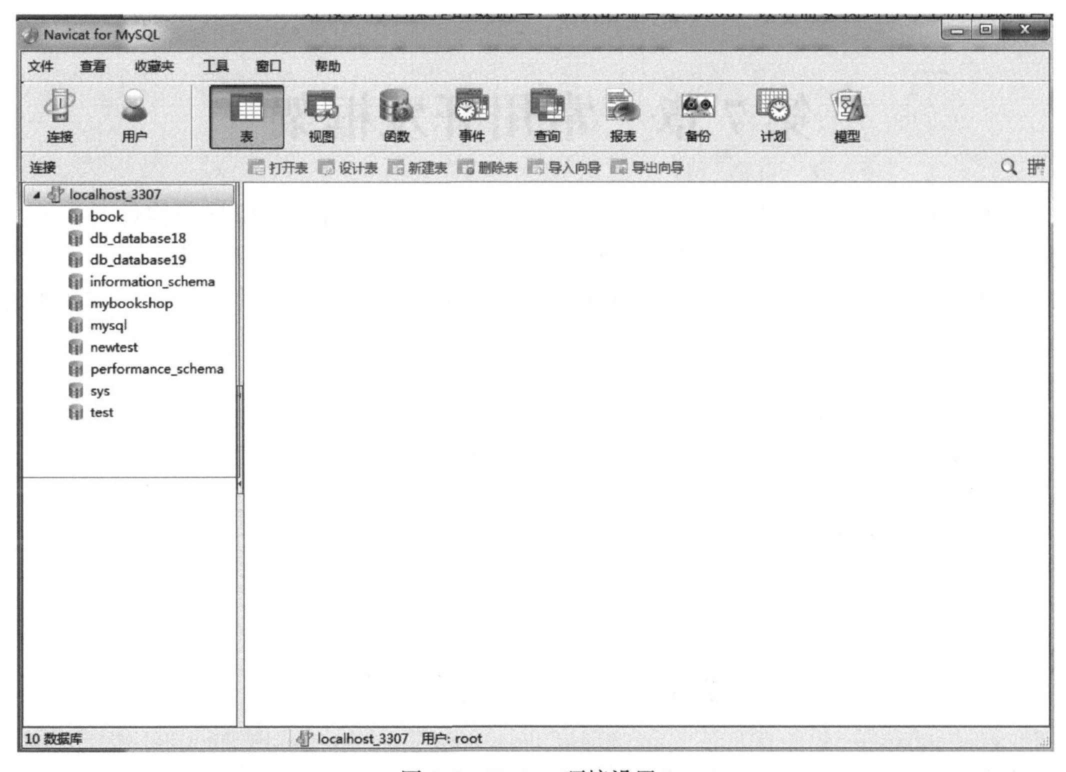

图 6.7　Navicat 环境设置 3

第 7 章　常用开发框架

框架（framework）是整个或部分系统的可重用设计，表现为一组抽象构件及构件实例间交互的方法；另一种定义认为，框架是可被应用开发者定制的应用骨架。本章主要介绍研发人员经常提及的 MVC 框架、Java 开发中使用的 SSH 框架，以及 PHP 开发时使用的 ThinkPHP 框架。

本章目标（请在掌握的内容方框前面打钩）

□了解 MVC

□了解 SSH

□了解 ThinkPHP

□了解其他 PHP 框架

7.1　MVC　框　架

MVC（model view controller）是模型（model）-视图（view）-控制器（controller）的缩写，是一种软件设计典范，用一种业务逻辑、数据、界面显示分离的方法组织代码。将业务逻辑聚集到一个部件里面，在改进和个性化定制界面及用户交互的同时，不需要重新编写业务逻辑。MVC 独特的发展已经使其应用于一个图形化界面中映射传统的输入、处理和输出了。

本章主要介绍研发人员经常提及的 MVC 框架，理解 M、V、C 的含义。

7.1.1　M 层（模型）

模型表示逻辑层，在 MVC 的三个部件中，模型拥有最多的处理任务。被模型返回的数据是中立的，就是说模型与数据格式无关，这样一个模型能为多个视图提供数据，由于应用于模型的代码只需写一次就可以被重用，所以减少了代码的重复性。

7.1.2　V 层（视图）

MVC 中视图负责向用户提供用户界面（UI），它是一个承载信息（控制器给予的信息）的模板，该模板需要转换格式呈现给用户。同样，一个模板可以被重用，减少了开发工作量。

7.1.3　C层（控制器）

MVC中的controller（也叫view controller，视图控制者）的主要职责是管理和处理用户的输入，并根据用户在视图上的输入、系统当前状态和任务的性质，挑选后台合适的一些模型对象来处理相应的业务逻辑，并把经模型处理后的信息传递给视图对象来展示给用户。

7.2　SSH　框　架

Java SSH为Struts + Spring + Hibernate的一个集成框架，是目前较流行的一种Web应用程序开源框架。Struts主要负责表示层的展示，Spring利用它的IOC和AOP来处理控制业务（负责对数据库的操作），Hibernate主要是数据持久化到数据库。用JSP的Servlet做网页开发时web.xml里面有一个mapping的标签就是用来做文件映射的，在浏览器上输入URL地址，文件就会根据你写的名称对应到一个Java文件，再根据Java文件里编写的内容显示在浏览器上形成页面。

7.2.1　Struts框架

Struts的含义是“支柱、枝干”，它的目的是减少程序开发的时间，项目的创建者认为JSP，Servlet的存在虽然可以帮助用户解决大部分问题，但是由于它们的编码对项目的开发带来了许多不方便，可重用性也差，所以Struts应运而生，帮助用户在最短的时间内解决这些问题。Struts框架提供如下服务。

（1）作为控制器的Servlet。

（2）提供大量的标签库。

（3）提供国际化的框架，利用不同的配置文件，可以帮助用户选择适合自己的语言。

（4）提供了JDBC的实现，来定义数据源和数据库连接池。

（5）XML语法分析工具。

（6）文件下载机制。

7.2.2　Spring框架

Spring是一个开源框架，是为了解决企业应用程序开发复杂性而创建的。框架的主要优势之一就是其分层架构，分层架构允许你选择哪一个组件，同时为J2EE应用程序开发提供集成的框架。

Spring框架由7个定义良好的模块组成。Spring模块构建在核心容器之上，核心容器定义了创建、配置和管理Bean的方式，如图7.1所示。

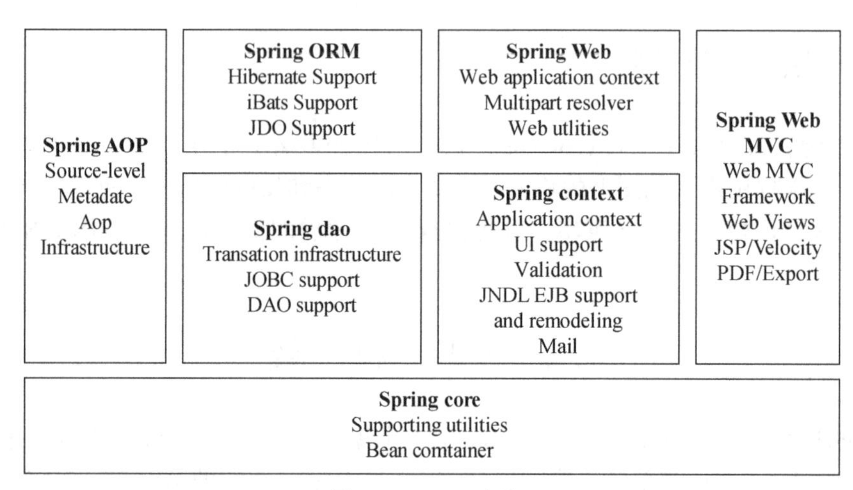

图 7.1　Spring 框架

组成 Spring 框架的每个模块（或组件）都可以单独存在，或者与其他一个或多个模块联合实现。

7.2.3　Hibernate 框架

Hibernate 是一个开源代码的对象关系映射框架，对 JDBC 进行了轻量级的对象封装，Java 程序员可以随心所欲地使用对象来操作数据库。Heibernate 可以应用在任何使用 JDBC 的场合，既可以在 Java 的客户端程序使用，又可以在 Servlet/JSP 的 Web 应用中使用。最具革命意义的事，Hibernate 可以在应用 EJB 的 J2EE 架构中取代 CMP，完成数据持久化的重任。

Hibernate 的核心接口一共有五个，分别为：Session、SessionFactory、Configuration、Transaction、Query 和 Criteria。通过这些接口，不仅可以对持久化对象进行存取，还能够进行事务控制，下面对这五个核心接口分别加以介绍。

Session 接口：负责执行被持久化对象的 CRUD 操作（CRUD 的任务是完成与数据库的交流，包含很多常见的 SQL 语句），但需要注意的是，Session 对象是非线程安全的。同时，Hibernate 的 Session 不同于 JSP 应用中的 HttpSession。当使用 Session 这个术语时，其实指的是 Hibernate 中的 Session，而以后会将 HttpSession 对象称为用户 Session。

SessionFactory 接口：负责初始化 Hibernate。它充当数据存储源的代理，并负责创建 Session 对象，这里用到工厂模式。需要注意的是，SessionFactory 并不是轻量级的，因为一般情况下，一个项目通常只需要一个 SessionFactory，当需要操作多个数据库时，可以为每个数据库指定一个 SessionFactory。

Configuration 接口：负责配置并启动 Hibernate，创建 SessionFactory 对象。在 Hibernate 的启动过程中，Configuration 类的实例首先定位映射文档位置、读取配置，然后创建 SessionFactory 对象。

Transaction 接口：负责事务相关的操作。它是可选的，开发人员也可以设计编写自己的底层事务处理代码。

Query 和 Criteria 接口：负责执行各种数据库查询。它可以使用 HQL 或 SQL 语句两种表达方式。

7.3　PHP　框　架

PHP 开发框架把 PHP Web 程序开发摆到流水线上，换句话说，PHP 开发框架有助于促进快速软件开发。这节约了开发者的时间，有助于创建更为稳定的程序，并减少重复编写代码。PHP 开发框架使你可以花更多的时间去创造真正的 Web 程序，而不是编写重复性的代码。

7.3.1　ThinkPHP 框架

ThinkPHP 是一个性能卓越并且功能丰富的轻量级 PHP 开发框架，本身具有很多的原创特性，并且倡导大道至简、开发由我的开发理念，用最少的代码完成更多的功能，宗旨就是让 Web 应用开发更简单、更快速。

目前 ThinkPHP 已经发布了 5.0 版本，ThinkPHP 5.0 版本是一个颠覆和重构版本，采用全新的架构思想，引入了更多的 PHP 新特性，优化了核心，减少了依赖，实现了真正的惰性加载，支持 composer，并针对 API 开发做了大量的优化。

ThinkPHP5 官方文档地址：http：//www. kancloud cn/manual/thinkphp5。

7.3.2　国外著名框架

Laravel 是一套简洁、优雅的 PHP Web 开发框架。它可以让你从杂乱的代码中解脱出来；也可以帮你构建一个完美的网络 APP，而且每行代码都简洁、富于表达力。

Laravel 中文地址：http：//www. golaravel. com。

CodeIgniter（CI）是一套非常容易入门的超轻量级框架，具有非常完善的中文文档，编者最开始接触 PHP 框架时就是用的 CI。它的目标是让开发者能够更快速地开发，提供了日常任务中所需的大量类库，以及简单的接口和逻辑结构。

CI 中文地址：http：//codeigniter. org. cn。

第三篇　数据库设计与开发实操

第8章　数据库设计概述

本书遵循循序渐进，若要进行数据库上机实验，则可先进行到本书第四篇数据库实验指导；若已熟练掌握第四篇的实验指导，则可进行本篇数据库设计与开发实操。在动手设计之前，需要了解数据库设计定义、数据库设计目标及意义、数据库设计技巧等。

本章目标（请在掌握的内容方框前面打钩）
□数据库设计定义
□数据库设计目标及意义
□数据库设计技巧

8.1　数据库设计定义

数据库设计（database design）是指对于一个给定的应用环境，构造最优的数据库模式，建立数据库及其应用系统，使之能够有效地存储数据，满足各种用户的应用需求（信息要求和处理要求）。在数据库领域，数据库的各类系统统称为数据库应用系统。

狭义来说，数据库设计是指根据用户需求，在某一具体数据库管理系统上，设计数据库结构和创建数据库的过程。数据库设计是创建数据库及其应用系统的技术，其核心技术是信息系统开发和设计。由于数据库应用系统的复杂性，为了支持相关程序运行，数据库设计就变得异常复杂，最佳设计不可能一蹴而就，而是一种“反复探寻、逐步求精”的过程，也就是规划和结构化数据库中数据对象以及这些数据对象之间关系的过程。

8.2　数据库设计目标及意义

8.2.1　设计意义

课程设计的意义在于让学生将所学理论知识与数据库实际操作结合起来，课程设计需要事先充分理解所做系统要实现的功能，培养学生分析、解决问题的能力，能够让学生掌握从设计要求到技术实施的一整套能力。其中主要意义体现如下。

（1）学习项目设计开发的一般方法，了解和掌握信息系统开发过程及其方式，培养正确的设计思想和分析、解决问题的能力，尤其是项目设计能力。同时，通过对标准化、规范化文档的掌握，养成查阅相关资料的习惯和能力，培养项目设计开发能力。

（2）通过数据库课程设计，使学生能够进一步学习和应用 MySQL 数据库，熟练掌握数据库系统的理论知识，加深对 MySQL 数据库的学习和理解。

（3）进一步巩固数据库系统理论知识，培养学生深刻理解 C/S、B/S 的模式数据库应用系统设计和开发能力，让学生综合运用 PHP、Java、C#等程序设计语言，或综合运用 ASP、ASP. NET 脚本语言和“软件工程”理论进行 B/S 项目的设计和开发。

8.2.2　设计目标

通过数据库设计的任务，促进学生有针对性、主动地学习数据库基本内容及查阅相关资料，实现如下目标。

（1）完成理论到实践知识的升华，学生通过对数据库设计的实践进一步加深对数据库原理和技术的了解，运用数据库的理论知识，并在实践过程中逐步掌握数据库设计方法和过程。

（2）提高分析、解决实际问题的能力，数据库课程设计是数据库应用系统设计的一次模拟训练，丰富学生数据库设计的实践积累经验。

（3）培养创新能力，鼓励开发过程中使用新技术、新方法，激发学生实践的积极性与创造性，开拓设计思路，培养创造性的设计能力。

数据库课程设计作为教学的一个重要模块，对巩固数据库课程的知识点，提高学生的实践能力、分析解决问题能力以及创新能力都至关重要。

8.3　数据库设计技巧及注意事项

8.3.1　设计技巧

一个成功的管理系统，组成结构是：50% 的业务+50% 的软件。其中 50% 的软件由“25% 的数据库+25% 的程序”组成，数据库设计的好坏是一个关键。

设计数据库之前技巧如下。

（1）考察现有系统。在设计一个新数据库时，不仅要仔细研究业务需求，而且要考察现有系统。大多数数据库项目都不是从头开始建立的，通常会有用来满足特定需求的现有系统。显然，现有系统并不完美，否则就不必再创建新系统了，但是通过对旧系统的研究可以发现一些容易忽略的细微问题。一般来说，考察现有系统是必要的。

（2）定义标准的对象命名规范。一定要定义数据库对象的命名规范。对数据库表来说，从项目一开始就要确定表名是采用单数还是复数形式。此外，还要给表的别名定义简单规则（如果表名是一个单词，则别名取单词的前 4 个字母；如果表名是两个单词，则各取两个单词的前两个字母组成 4 个字母长的别名；如果表的名字由 3 个单词组成，则从前两个单词中各取一个，然后从最后一个单词中再取出两个字母，结果还是组成 4 个字母长的别名，其余依次类推）。对工作用表来说，表名可以加上前缀 work_ ,后面附上该表的应用程序的名字。表内的列要针对键采用一整套设计规则。如果键是数字类型，则可以采用_ N 作为后缀;如果是字符类型，则可以采用_ C 作为后缀。对列［字段］名应该采用标准的前缀和后缀。若表里有好多“money”字段，则给每个列［字段］增加一个_ M 后

缀。此外，日期列［字段］最好以 D_ 作为名字打头。

（3）创建 E-R 图和数据字典是至关重要的。其中至少应该包含每个字段的数据类型和在每个表内的主外键，创建 E-R 图和数据字典对其他开发人员了解整个设计是完全必要的。越早创建越助于避免今后面临的可能混乱，从而可以让任何了解数据库的人都明确如何从数据库中获得数据。

（4）准确理解客户需求对数据库设计是至关重要的。随着设计开发的延伸，还要经常询问客户，与客户交流，保证其需求仍是设计开发的重点。

8.3.2　注意事项

一般好的数据库设计需要注意以下几点。

（1）首先要满足用户的需求，所有信息系统最后都将提交给用户使用。准确地把握用户需求是很难的，虽然各方面的专家已经从不同方面给出了解决方案，但是用户需求仍然是软件工程中最不确定的因素之一。

（2）为了应对用户时不时修改和添加的需求，一个好的数据库设计要便于维护和扩充。同时，为了满足在各种不同的软硬件环境下，系统能正确使用，大部分信息系统都不得不在其生命期中进行升级和调整。在这些升级、调整中，又有相当部分会涉及数据库设计的修改。因此，数据库设计最好从一开始就能在易维护、可扩充的角度多下工夫。

（3）用关联表建立表和表之间的多对多关系，而不用一个字段解析的方式进行。举例来说，为了描述用户表（UserInfo）和角色表（RoleInfo）之间的关联关系，我们要建立对照表 UserInfo_ RoleInfo，由于这样的解释需要在业务代码相应的解析代码，而且 Roles 定长，无法满足用户角色的扩充，所以不要试图在用户表中建立一个较长的字段，如 Roles（用 RoleID1；RoleID2…的形式构成）来代替。一个好的数据库设计要具有“可读性”，如同编程书籍中反复强调程序员一定要在代码的可读性方面下工夫一样，考虑到信息系统将来的升级和维护可能要由另外一批人来进行，因此数据库设计必然也要具有可理解性。

8.4　课程设计规范

8.4.1　命名规范

（1）数据库命名规范。数据库、数据表一律使用前缀，正式数据库名由小写英文以及下划线组成，尽量说明是哪个应用系统使用的。例如，web_19floor_net，web_car 备份数据库名由正式库名和备份时间组成，如 web_19，floor_net_20070403，web_car_20070403。

（2）数据库表命名规范。数据表名由小写英文以及下划线组成，尽量说明是哪个应用或者系统在使用。相关应用的数据表使用同一前缀，如论坛的表使用前缀 cdb_ ，博客的数据表使用前缀 supe_ ，前缀名称一般不超过 5 个字符。例如，web_use-R，web_Group，supe_use-Rspace 备份数据表名由正式表名和备份时间组成，如 web_use-R_20070403，web_Group_20070403。

（3）字段命名规范。字段名称使用单词组合来完成，首字母小写，后面单词的首字母大写，最好是带表名前缀，如 web_use-R 表的字段：use-RId，use-RName，use-RPassword；表与表之间的相关联字段要用统一名称，如 web_use-R 表里面的 use-RId 和 web_Group 表里面的 use-RId 相对应。

（4）字段类型规范。规则：用尽量少的存储空间来存储一个字段的数据。例如，用 int 就不用 char 或 varchar；用 tinyint 就不用 int；用 varchar（20）就不用 varchar（255）；时间字段尽量用 int；created 表示从 1970-01-01 08：00：00开始的 int 秒数，采用英文单词的过去式；gmtCreated 表示 datetime 类型的时间，如 1980-01-01 00：00：00 的时间串。

（5）数据库设计文档规范。所有数据库设计要写成文档，文档以模块化形式表达，大致格式如下：

```
————————————————
表名：web_ use-R
作者：Author
日期：2007-04-11
版本：1.0
描述：保存用户资料
具体内容：
use-RId int,自动增量 用户代码
use-RName char(12)用户名字
```

8.4.2 报告形式

数据库系统课程设计

学生姓名：

班　　级：

学　　号：

指导教师：

中国地质大学信息工程学院

年　月　日

实 习 题 目

1. 需求分析

（1）（<五号宋体>，具体内容：需求描述）；
（2）数据字典：
（<五号宋体>，具体内容：数据项、数据结构、数据流图等）；

2. 概念设计

概念模型（E-R 图）：
（<五号宋体>，具体内容：各级 E-R 图）；

3. 逻辑结构设计

（<五号宋体>，具体内容：关系的描述、系统结构图）；

4. 物理设计

（<五号宋体>，具体内容：存储安排、方法选择、存储路径的建立）；

5. 系统实施

（<五号宋体>，具体内容：编写模式、装入数据、编写代码、编译连接、测试等）；

6. 运行维护

（<五号宋体>，具体内容：转储、恢复数据库的构建）；

7. 附录

（<五号宋体>，源程序清单和结果：源程序必须有注释，以及必要的测试数据和运行结果数据，提倡用英文描述）。

第 9 章　数据库设计基本步骤

俗话说：无规矩不成方圆。在数据库设计时，也有基本步骤，只有从基本步骤出发，才能对数据库设计有基本的把握，在设计之前，理清思路，遵循基本原则，设计才不会出现篇幅混乱、思路不清的情况。

本章目标（请在掌握的内容方框前面打钩）

□需求分析

□概念结构设计

□逻辑结构设计

□物理结构设计

□数据库实施

□数据库的运行和维护

9.1　需求分析

9.1.1　需求说明

1. 分析和表达用户需求

1）用户需求流程图

任何一个系统的需求流程图都可抽象如图 9.1 所示。

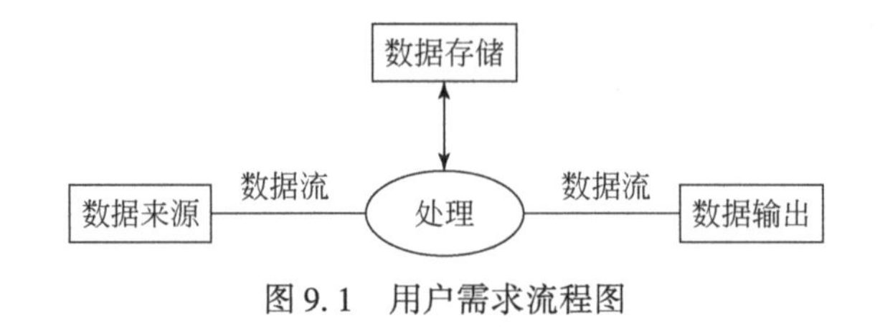

图 9.1　用户需求流程图

2）分解处理功能和数据

分解处理功能：将处理功能的具体内容分解为若干子功能。

分解数据：处理功能逐步分解的同时，逐级分解所用数据，形成若干层次的数据流图。

处理逻辑：用判定表或判定树来描述。

数据：用数据字典来描述。

将分析结果再次提交给用户，征得用户的认可。

2. 任务

通过调查，收集与分析数据，获得用户对数据的要求。

（1）信息要求：用户需要从数据库中获得信息的内容与性质，再由信息要求导出数据要求。

（2）处理要求：用户要完成什么处理功能，对响应时间有什么要求，处理方式是批处理还是 联机处理。

（3）安全性与完整性要求。

9.1.2　数据字典

1. 数据字典与数据流图的区别

数据字典：系统中各类数据描述的集合。

数据流图：表达数据和处理的关系。

2. 组成

1）数据项

形式：数据项描述 = {数据项名，数据项含义说明，别名，数据类型，长度，取值范围，取值含义，其他数据项的逻辑关系，数据项之间的联系}。

例如，以“学号”为例，{数据项名：学号；数据项含义说明：唯一标识每个学生；别名：学生编号；数据类型：字符型；长度：8；取值范围：00000000 ~ 99999999；取值含义：前两位标别该学生所在年级，后六位按顺序编号}。

2）数据结构

形式：数据结构描述 = { 数据结构名，含义说明，组成：{ 数据项或数据结构 } }。

例如，以“学生”为例，{数据结构名：学生；含义说明：学籍管理子系统的主体数据结构；组成：{学号，姓名，性别，年龄，所在系，年级}}。

3）数据流

形式：数据流描述 = { 数据流名，说明，数据流来源，数据流去向，组成：{数据结构}，平均流量，高峰期流量 }。

例如，“体检结果”可如下描述：{数据流名：体检；说明：学生参加体格检查的最终结果；数据流来源：体检；数据流去向：批准；组成：{…}；平均流量：…；高峰期流量：…}。

4）数据存储

形式：数据存储描述 = { 数据存储名，说明，编号，输入数据流，输出数据流，组成：{数据结构}，数据量，存取频度，存取方式 }。

例如，“学生登记表”可如下描述：{数据存储名：学生；说明：记录学生的基本情况；输入数据流：…；输出数据流：…；组成：{…}；数据量：每年3000张；存取方式：随机存取}。

5）处理过程

形式：处理过程描述 = {处理过程名，说明，输入：{数据流}，输出：{数据流}，处理：{处理过程}}。

例如，“分配宿舍”可如下描述：{处理过程名：分配宿舍；说明：为所有新生分配学生宿舍；输入：{学生宿舍}；输出：{宿舍安排}；处理：{在新生报到后，为所有新生分配学生宿舍。要求同一间宿舍只能安排同一性别的学生，每个学生的居住面积不小于3平方米，安排新生宿舍的处理时间应不超过15分钟}}。

9.1.3 数据流图符号说明

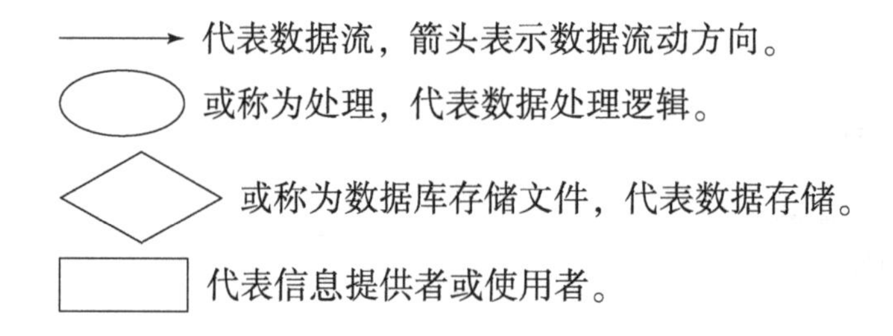

9.2 概念结构设计

9.2.1 特点

（1）能真实、充分地反映现实世界。
（2）易于理解。
（3）易于更改。
（4）易于向关系、网状、层次等各种数据模型转换。

9.2.2 分类方法

1. 自顶向下

定义：首先定义全局概念结构的框架，然后逐步细化。
概念模式分类图，如图9.2所示。

2. 自底向上

定义：首先定义局部应用的概念结构，集成得到全局概念。

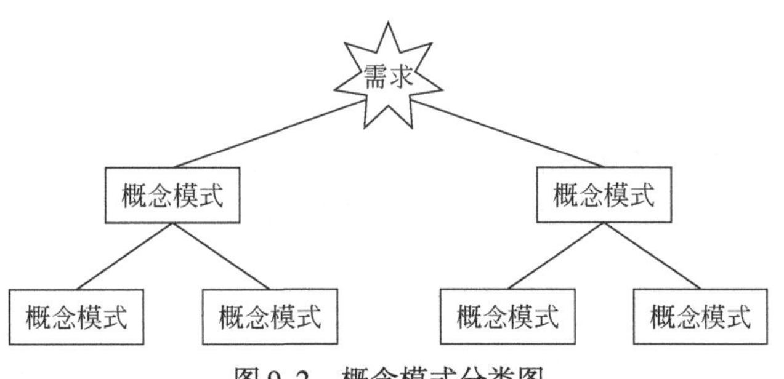

图 9.2　概念模式分类图

步骤如下。

(1) 抽象数据并设计局部视图。

(2) 集成局部视图，得到全局概念结构。

局部–全局概念概念模式图，如图 9.3 所示。

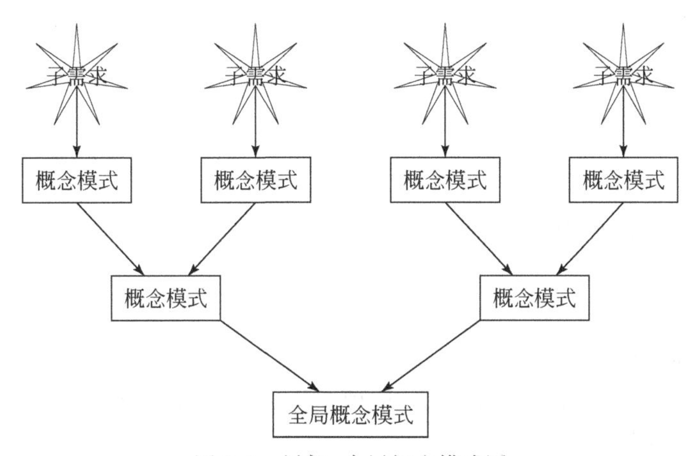

图 9.3　局部–全局概念模式图

3. 逐步扩展

定义：首先定义最重要的核心概念结构，然后向外扩充，以滚球的方法逐步生成其他概念结构，直至生成总体概念结构。

核心–全局概念结构图，如图 9.4 所示。

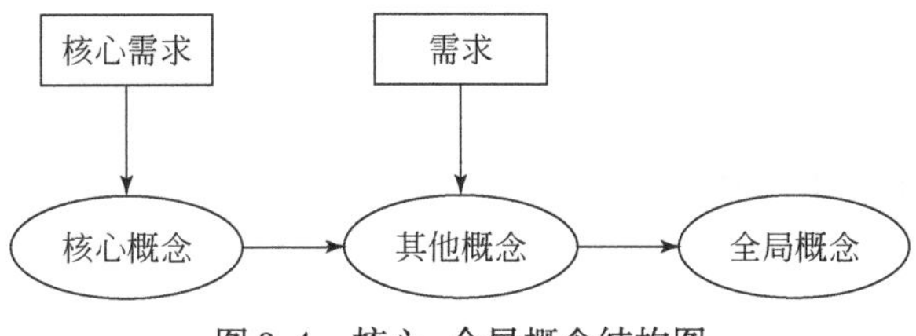

图 9.4　核心–全局概念结构图

9.2.3 E-R 图

任务：将各局部应用涉及的数据分别从数据字典中抽取出来，参照数据流图，标定各局部应用中实体、实体属性、标识实体的码，确定实体之间的联系及其类型（1：1，1：n，m：n）。

两条准则如下。

（1）属性不能再具有需要描述的性质。即属性必须是不可分的数据项，不能再由其他属性组成。

（2）属性不能与其他实体具有联系，联系只发生在实体之间。

9.2.4 视图集成

1. 分类

一次集成多个分 E-R 图。

2. 逐步集成

用累加的方式一次集成两个分 E-R 图。

3. 冲突

1）两类属性冲突

（1）属性域冲突。①属性值类型。②取值范围。③取值集合不同。

（2）属性取值单位冲突。

2）两类命名

（1）冲突同名异义：不同意义的对象在不同的局部应用中具有相同的名字。

（2）异名同义（一义多名）：同一意义的对象在不同的局部应用中具有不同的名字。

3）三类结构冲突

（1）同一对象在不同的应用中具有不同的抽象。

（2）同一实体在不同的分 E-R 图中所包含的属性个数和属性排列次序不完全相同。

（3）实体之间的联系在不同的局部视图中呈现不同的类型。

4. 基本任务

消除不必要的冗余，生成基本 E-R 图。

5. 步骤

1）合并分 E-R 图，生成初步 E-R 图

（1）消除冲突。

（2）属性冲突。

（3）命名冲突。

（4）结构冲突。

2）修改与重构

（1）消除不必要的冗余，生成基本 E-R 图。

（2）分析方法。

（3）规范化理论。

9.2.5　验证概念结构

（1）整体概念结构内部必须具有一致性，不存在互相矛盾的表达。

（2）整体概念结构能准确地反映原来的每个视图结构，包括属性、实体及实体间的联系。

（3）整体概念结构能满足需求分析阶段所规定的所有要求。

9.3　逻辑结构设计

1. E-R 图与关系模型转换

1）转换内容

将实体、实体的属性和实体之间的联系转换为关系模式。

2）转换原则

（1）一个实体转换为一个关系模式。

（2）实体的属性即为关系的属性。

（3）实体的码即为关系的码。

2. E-R 图实体模型间的联系有以下不同情况

（1）一个 1∶1 联系可以转换为一个独立的关系模式，也可以与任意一端对应的关系模式合并。

①转换为一个独立的关系模式。

②与某一端实体对应的关系模式合并。

（2）一个 1∶n 联系可以转换为一个独立的关系模式，也可以与 n 端对应的关系模式合并。

①转换为一个独立的关系模式。

②与 n 端对应的关系模式合并。

（3）一个 m∶n 联系转换为一个关系模式。

（4）三个或三个以上实体间的多元联系转换为一个关系模式。

（5）具有相同码的关系模式可合并。

目的：减少系统中的关系个数。

合并方法：将其中一个关系模式的全部属性加入另一个关系模式中，然后去掉其中的同义属性（可能同名也可能不同名），并适当调整属性的次序。

3. 优化数据模型方法

（1）确定数据依赖。
（2）对于各个关系模式之间的数据依赖进行极小化处理，消除冗余。
（3）确定各关系模式分别属于第几范式。
（4）分析对于应用环境这些模式是否合适，确定是否要对它们进行合并或分解。
（5）对关系模式进行必要的分解或合并。

4. 设计用户子模式

（1）使用更符合用户习惯的别名。
（2）针对不同级别的用户定义不同的外模式，以满足系统对安全性的要求。
（3）简化用户对系统的使用。

5. 任务

（1）将概念结构转化为具体的数据模型。
（2）逻辑结构设计的步骤。
（3）将概念结构转化为一般的关系、网状、层次模型。
（4）将转化来的关系、网状、层次模型向特定 DBMS 支持下的数据模型转换。
（5）对数据模型进行优化。
（6）设计用户子模式。

6. 逻辑结构设计流程图

逻辑结构设计流程图，如图 9.5 所示。

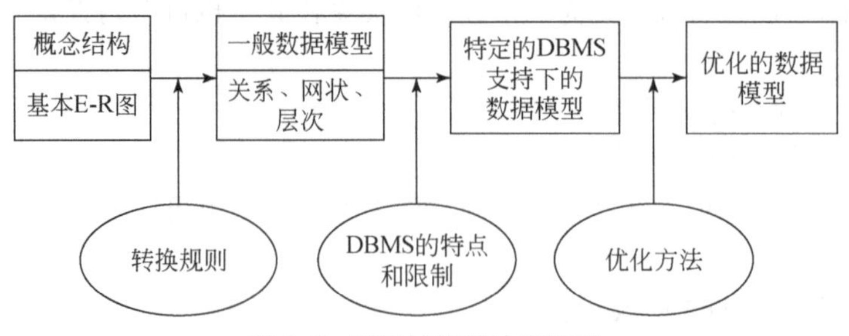

图 9.5　逻辑结构设计流程图

9.4　物理结构设计

1. 步骤

（1）确定数据库的物理结构，在关系数据库中主要指存取方法和存储结构。
（2）对物理结构进行评价，评价重点是时间和空间效率。

2. 索引存取

1）选择索引存取方法的一般规则

（1）如果一个/组属性经常在查询条件中出现，则考虑在这个/组属性上创建索引（组合索引）。

（2）如果一个属性经常作为最大值和最小值等聚集函数的参数，则考虑在这个属性上创建索引。

（3）如果一个/组属性经常在连接操作的连接条件中出现，则考虑在这个/组属性上创建索引。

2）关系上定义的索引数过多会带来较多的额外开销

（1）维护索引的开销。
（2）查找索引的开销。

9.5　数据库实施

1. 数据装载方法

（1）人工方法。
（2）计算机辅助数据入库。

2. 主要工作

（1）功能测试：运行数据库应用程序，执行对数据库的各种操作，测试应用程序功能是否满足设计要求，如果不满足，则对部分应用程序修改、调整，直到达到设计要求。

（2）性能测试：测量系统的性能指标，分析是否达到设计目标，如果测试结果与设计目标不符，则要返回物理设计阶段，重新调整物理结构，修改系统参数，某些情况下，甚至要返回逻辑设计阶段，修改逻辑结构。

9.6　数据库运行和维护

1. DBA 维护数据库工作

（1）数据库的转储和恢复。

（2）数据库的安全性、完整性控制。
（3）数据库性能的监督、分析和改进。
（4）数据库的重组织、重构造。

2. 重组织

1）形式
（1）全部重组织。
（2）部分重组织（只对频繁增、删的表进行重组织）。
2）目标
重组织的目标是提高系统性能。
3）工作
（1）按原设计要求。
（2）重新安排存储位置。
（3）回收垃圾。
（4）减少指针链。
（5）数据库的重组织不会改变原设计的数据逻辑结构和物理结构。

3. 重构造

根据新环境调整数据库的外模式和内模式。
（1）增加新的数据项。
（2）改变数据项类型。
（3）改变数据库容量。
（4）增加或删除索引。
（5）修改完整性约束条件。

第 10 章　数据库设计实例

本章涉及数据库的实际应用，既有数据库的基础知识，又有相关语言的应用，是本书的重点掌握环节。本章将数据库和编程语言相结合，通过实际系统的设计，掌握数据库的重要性，书中所涉及的实例代码均可通过扫描封底二维码，点击“多媒体”下载。

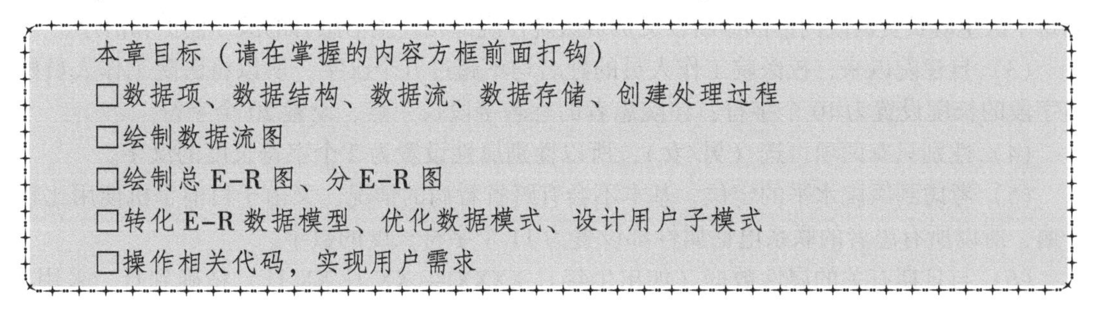
本章目标（请在掌握的内容方框前面打钩）
☐数据项、数据结构、数据流、数据存储、创建处理过程
☐绘制数据流图
☐绘制总 E-R 图、分 E-R 图
☐转化 E-R 数据模型、优化数据模式、设计用户子模式
☐操作相关代码，实现用户需求

10.1　病房管理系统（MySQL+PHP）

10.1.1　需求分析

1. 需求说明

住院部涉及医护人员、住院患者、病房、科等信息。基本情况如下：科包括科名（内科、外科）、值班电话等。另外，每个科有一个主任和一个护士长。医护人员包括一般人员信息（姓名、技术职称等），每人只属于一个科。病房包括病房号（321：三楼 21 号房）、病床数、所属科等，每个病房里的病床按顺序编号。住院患者自住院之日就建立病历，包括科、房间和病床号，以及其他疾病和治疗信息。每个患者指定一位主治大夫。住院部管理经常要做的查询有：科查询（主任、护士长是谁，是否有空病床等）。医护员有关信息查询（所属科、职称、主治哪几个患者等）。住院患者查询（住在哪个科、几病房几床、主治大夫是谁等）。住院患者自住院之日起就建立病历，包括科、房间和病床号，以及其他疾病和治疗信息。每个患者指定一位主治大夫。

2. 需求理解

基于以上的需求说明，需要设计一个医院住院部病房管理系统，该系统的主要功能为查询和编辑功能。

查询功能包括医护人员信息查询、住院部相关科室信息查询以及住院患者病历信息查询；编辑功能包括医院住院部的信息编辑和住院患者的信息编辑。

1）医院具体情况

此住院部病房管理系统是为一个小型医院（武汉市洪山区中国地质大学校医院）设计的病房管理系统，校医院等级是一级乙等医院。根据院方提供的信息及实地调研考察得出以下信息。

（1）医院的占地面积比较小，住院部的楼层高度不超过十层，每个楼层内的病房数不超过20间，每个房间的病床数不超过十张，因此病房号的编号为三位数字，第一位为楼层数，后两位为病房序号（如202代表二楼的02号病房）。

（2）自建院以来，校医院的人流量峰值不超过400人/天。由于医院规模相对较小，所以每个医生既负责医院门诊部诊断，又负责医院住院部相应主治患者的医疗监护和治疗。

（3）自建院以来，校医院工作人员的姓名均不超过五个汉字，所以将医院工作人员姓名字段的长度设置为10个字符；住院患者的姓名字段长一点，设置20个字符。

（4）性别只有两项可选（男/女），所以性别属性设置为2个字符长度的汉字。

（5）考虑到医院水平的定位，基本不会有跨省看病的情况，又由于目前手机使用比较普遍，所以所有患者的联系电话属性都设置为11个字符长度的数字。

（6）与日期有关的属性数据（如出生年月XXXX年XX月XX日）精确到日，采用8个字符长度；关于住院时间以及出院时间等相关信息（XXXX年XX月XX日）也精确到日，采用8个字符长度。

（7）任何一位患者的主治医生只有一个，根据校医院的医护人员的姓名信息可知10个字符长度就可以满足要求；对于主治患者，一般一个大夫有一个或多个主治患者，但也不会太多，在此限定为30个字符长度。

（8）治疗备注主要记录住院患者在住院治疗期间的各项生理指标及相关治疗信息，信息量一般比较大，所以设定为200个字符长度。

（9）病床使用情况是用来记录病床使用情况的，即病床是否使用，故用一个字符长度即可（0表示病床有患者使用，1表示病床没有患者使用）。

（10）患者办理住院手续时，都会得到一个唯一标识此患者身份的住院号，由当天日期和序号组成（20150505001代表2015年05月05日的第001个住院患者）。

（11）患者的家庭住址一般要求地址尽量详细，所以设置为50个字符长度。

（12）技术职称用来区分工作人员类型，主要包括科主任、医生、护士和护士长四种，所以设置为20个字符长度。

2）校医院住院部住院的一般流程

（1）患者在护士的带领下在住院部的服务台办理住院手续，服务台负责查询并指导护士将患者带到有床位的病房中就住（患者需要有门诊部主治医生开具的住院单才能办理住院手续）。

（2）护士带领患者到达相应病房安排床位及后续工作，之后患者亲属到服务台登记处登记入住患者的基本信息（姓名、性别、出生日期、家庭住址、联系电话、所属科室、病房号、病床号、主治医生等信息），系统将患者入住的床位号做标记，说明已使用，完成住院患者基本信息的数字化入库。

（3）患者在住院期间的治疗信息及身体参数等相关信息需要主治医生每天定时登录系

统登记，做到患者信息的实时更新。

（4）患者康复出院时，需要由家属提交主治医生的出院单，工作人员确认出院单后登录系统并填写相关信息，系统将办理出院手续，将患者的床位置空，患者出院成功。

3）校医院住院部病房管理系统的系统边界

校医院病房管理系统是关于病房有效管理的系统，与收费系统、挂号系统及用药系统均不相关，在患者住院期间可以编辑患者的基本信息，可以由管理员编辑医院的相关信息（医院的人事变动、床位或病房的变动、科室的调整或新医生的进入等），在服务台可以查询科室的相关信息（科主任的姓名、科护士长的姓名、相应科室的值班电话）查询医护人员的相关基本信息（姓名、性别、联系电话等一般信息）以及查询住院患者病历的相关信息（患者的住院号、姓名、性别、家庭住址、联系电话、所属科室、病床号、主治医师及治疗备注等信息）。

住院部病房管理系统需求文件是根据使用方的使用需求以及实际调研协商所确定的官方文件，具有法律效力，我们将严格按照此需求文件设计并实现病房数据库管理系统。

3. 系统结构图

系统结构图，如图 10.1 所示。

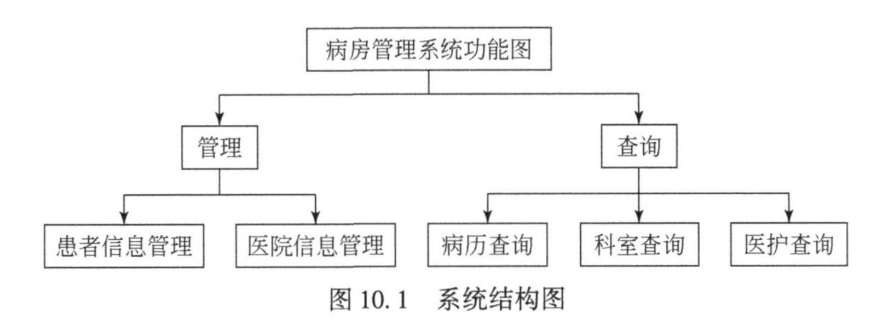

图 10.1　系统结构图

4. 数据字典

数据字典通常包含数据项、数据结构、数据流、数据存储和处理过程五个部分，数据项是数据的最小组成单位，若干个数据项可以组成一个数据结构，数据字典可以通过对数据项和数据结构的定义来描述数据流、数据存储的逻辑内容。

1）数据项

数据项是不可再分的数据单位，根据数据项描述的一般规范（数据项描述＝｛数据项名，数据项含义说明，别名，数据类型，长度，取值范围，取值含义，与其他数据项的逻辑关系，数据项之间的联系｝）得出以下数据项表格，总共有 23 个数据项生成，如表 10.1 所示。

表 10.1　数据项

编号	数据项名	数据项含义说明	别名	数据类型	长度	取值范围
1	账号	管理员登录系统的账号	Uname	char	11	医院指定的管理员账号
2	密码	登录系统的密码	Password	char	6	由管理员及医院相关规定设定

续表

编号	数据项名	数据项含义说明	别名	数据类型	长度	取值范围
3	科室名称	区分住院部不同科室的名称信息	Aname	char	20	住院部存在的科室名称
4	值班电话	住院部不同科室的联系方式	Atele	char	11	由0~9的数字组成
5	工号	医院为医护人员编制的唯一编号	Dno	char	11	由0~9的数字组成
6	姓名（医护人员）	医护人员的姓名	Dname	char	10	
7	性别（医护人员）	医护人员的性别	Dsex	char	2	男、女
8	所属科室（医护人员）	医护人员所属的科室的名称信息	lz_ Aname	char	20	医院已开设的科室名称
9	职称	医护人员的专业技术水平及工作经验层次	Dzc	char	20	在设定的职称选项里面选择
10	工作状态	医护人员是否在院工作或退休	Dstate	int	1	0或1，0为退休或离职，1为在职
11	病床号	区分病床的编号	Cno	char	5	由0~9的数字组成
12	使用情况（病床）	区分病床是否被使用	Cuse	int	1	由0或1组成，0为有人，1为空床
13	所属科室	所选病房在行政上的归属，即管理科室	bc_ Aname	char	20	医院已开设的科室名称
14	住院号	对住院患者进行编号，唯一识别患者	Pno	char	11	由日期和编号组成
15	姓名（患者）	住院患者的姓名信息	Pname	char	20	
16	性别（患者）	住院患者的性别信息	Psex	char	2	男、女
17	出生年月（患者）	住院患者的出生年月信息	Pbirth	date	14	yyyy-mm-dd格式
18	家庭住址（患者）	住院患者的居住地址信息	Padd	char	50	真实存在的地名
19	联系电话（患者）	住院患者的联系电话信息	Ptele	char	11	由0~9的数字组成
20	主治医生	住院患者住院期间的责任大夫	Dname	char	10	本医院医生的姓名
21	住院日期	住院患者入住住院部时间	Idate	date	8	yyyy-mm-dd格式
22	治疗备注	住院过程中的治疗及分时段身体参数记录	Pmark	char	200	患者住院期间所接受的治疗记录
23	出院日期	住院患者的出院时间	Odate	datetime	8	yyyy-mm-dd格式

2）数据结构

数据结构反映了数据之间的组合关系，一个数据结构可以由若干个数据项组成，也可以由若干个数据结构组成，或由若干个数据项和数据结构混合组成。根据数据结构描述的一般规范（数据结构描述= {数据结构名，含义说明，组成数据项}），生成了四个数据结构：科室信息、医护人员、患者信息、病房信息，如表 10. 2 所示。

表 10. 2　数据结构

编号	数据结构名	含义说明	组成数据项
1	科室信息	按照不同的治疗专业，医院人为划分的科室信息	科室名称、科室主任、护士长、值班电话
2	医护人员	医生及护士等工作人员	工号、姓名、性别、职称、所属科室、工作状态
3	患者信息	住院患者的各种身份及治疗信息	住院号、姓名、性别、出生日期、家庭住址、联系电话、病床号、主治医生、住院日期、治疗备注、出院日期
4	病房信息	各科室病房属性及使用情况信息	病房号、所属科室
5	病床信息	各科室病房中病床的使用情况及属性信息	使用情况、所属科室、病床号
6	登录信息	医院管理员登录系统的账号及密码	账号、密码

3）数据流

数据流是数据结构在系统内传输的路径，根据数据流描述的一般规范（数据流描述= {数据流名，说明，数据流量来源，数据流去向，组成：{数据结构}，平均流量，高峰期流量}）生成数据流；“数据流来源”是说明该数据流来自哪个过程；“数据流去向”是说明该数据流将到哪个过程中；“平均流量”是指在单位时间里的传输次数；“高峰期流量”则是指在高峰期的数据流量，如表 10. 3 所示。

表 10. 3　数据流

编号	数据流名	说明	数据流来源	数据流去向	组成
1	住院凭证	门诊部医生开具的建议患者住院治疗的证明	门诊部医生	住院部服务台	住院凭证
2	住院编号	住院部给患者的编号，是患者的唯一标识信息	住院部服务台	住院部服务台	11 位的数字，由 0 ~ 9 组成
3	患者基本信息	患者的姓名、性别等标识信息	患者	新建病历	患者的住院编号及基本信息
4	已获取患者基本信息	已获取的患者所有属性信息	信息录入处	科室分配处	已获取的所有患者的属性信息
5	科室信息请求	相关的科室请求信息	科室分配处	科室信息中心	科室信息调取指令
6	已获取科室信息	符合查询条件的科室信息	科室信息中心	科室分配处	已查询的科室信息
7	医护信息请求	相关的医护请求信息	医护分配处	医护信息中心	医护信息调取指令

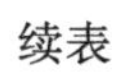
续表

编号	数据流名	说明	数据流来源	数据流去向	组成
8	已获取医护信息	符合查询条件的医护信息	医护信息中心	医护分配处	已查询的医护信息
9	病房信息请求	相关的病房信息请求	病房分配处	病房信息中心	病房信息调取指令
10	已获取病房信息	符合查询条件的病房信息	病房信息中心	病房分配处	已查询的病房信息
11	已确定分配信息	经过系统匹配得到的信息	分诊分配中心	结果显示	分配的科室、病房、医生信息
12	分诊信息	经过系统匹配得到的信息	分诊分配中心	总数据中心	分配的科室、病房、医生信息
13	已建立病历	所有患者相关信息	分诊中心	住院治疗	基本信息和分诊分配信息
14	日常体征信息	患者日常的各项生命体征	测量仪器	护士记录表	体温、血压等测量信息
15	患者体征信息 1	患者日常的各项生命体征	护士记录表	病历信息中心	体温、血压等测量信息
16	患者体征信息 2	患者日常的各项生命体征	护士记录表	医生分析	体温、血压等测量信息
17	诊断分析	医生对于护士提交的体征信息的反馈指示	医生分析	护士记录	药量、日常护理内容变化等
18	康复评估信息	医生对于患者的康复情况进行评估	医生分析	出院评估	对患者现状做出的相关评估
19	出院凭证	患者已康复，可以出院的凭证	出院评估	出院注销	患者出院凭证
20	科室信息置空	此人已不在本科室住院治疗	办理手续	科室信息中心	住院患者数的修改
21	医护信息置空	医生的主治患者出院，医生可以接收新患者	办理手续	医护信息中心	主治患者置空
22	病房信息置空	病房空出，可以接收新患者	办理手续	病房信息中心	病房信息置空
23	出院信息	补充病历中的出院信息，并保存入库	办理手续	病历信息中心	出院时间补充
24	操作指令	管理员要进行的操作命令	管理员	指令判读	查询和导入
25	导入请求	管理员要进行的信息导入操作	指令判读	信息导入	信息导入请求
26	查询请求	管理员要进行的信息查询操作	指令判读	查询服务	所有信息中心的信息
27	导入的数据	管理员更新或导入数据	信息导入	总信息中心	医院基本信息
28	已查询的结果	查询的符合条件的结果信息	总信息中心	查询结果显示	管理员需求结果

4）数据存储

数据存储是数据结构停留或保存的地方，也是数据流的来源和去向之一。它可以是手工文档或手工凭单，也可以是计算机文档，如表 10.4 所示。

表 10.4　数据存储

编号	数据存储名	说明	输入数据流	输出数据流	组成
1	科室信息	存储科室实体的相关信息	医院住院部原始科室数据	科室信息匹配与查询	科室信息各属性
2	医护信息	存储医护实体的相关信息	医院住院部原始医护数据	医护信息匹配与查询	医护信息各属性
3	病房信息	存储病房实体的相关信息	医院住院部原始病房数据	病房信息匹配与查询	病床信息各属性
4	病历信息	存储患者实体的相关信息	患者的基本信息登记	病历信息查询与完善	病历信息各属性
5	登录信息	存储登录系统的账号和密码	管理员的账号和密码	管理员能否正确登录	账号和密码

5）处理过程

处理过程如表 10.5 所示。

表 10.5　处理过程

编号	处理过程名	说明	输入	输出	处理
1	编号生成	为新患者生成唯一的住院编号	住院凭证	住院编号	根据既定规则生成唯一的住院编号
2	信息录入	手动录入患者信息	患者基本信息	患者基本信息	将患者的基本信息数字化
3	科室分配	患者住院分诊的一个环节	患者基本信息	已分配科室信息	为患者分配对应的科室
4	医生分配	患者住院分诊的一个环节	已分配科室信息	已分配医生信息	为患者分配对应的主治医生
5	病房分配	患者住院分诊的一个环节	已分配科室信息	已分配病房信息	为患者分配对应的病房
6	病床分配	患者住院分诊的一个环节	已分配病房信息	已分配病床信息	在已分配的病房中分配合适的病床
7	结果显示	将结果显示给管理员	已确定分配信息	已建立病历	将所有的分配结果显示出来
8	护士记录	护士记录一些指标信息	日常体征信息（仪器显示）	日常体征信息（纸质）	将医学仪器的数据记录下来
9	数字化	将表单数据录入计算机	日常体征信息（纸质）	日常体征信息（电子）	将信息数字化，便于管理
10	医生分析	用专业知识判断患者情况	日常体征信息	诊断分析信息	对患者的情况进行评估分析
11	出院评估	用专业知识判断康复情况	康复评估信息	出院凭证	判断患者是否康复并能够出院

续表

编号	处理过程名	说明	输入	输出	处理
12	信息核对	检查信息是否真实有效	出院凭证	已核对信息	检查出院凭证信息的真实性
13	办理手续	出院之前的必要流程	已核对信息	回执资料	置空科室相关信息，完善病历资料
14	患者出院	康复并离开医院	回执资料		患者离开医院
15	指令判读	判断指令的内容	操作指令	导入和查询	判断管理员的指令是哪一项要求
16	查询服务	信息查询的功能	查询请求	已查询符合条件的结果	向信息中心查询数据
17	信息导入	进行信息导入的功能	导入请求	要导入的数据	向信息中心输入医院原始数据

5. 数据流图

1）一级数据流图

住院部病房管理系统总数据流图，如图 10.2 所示。

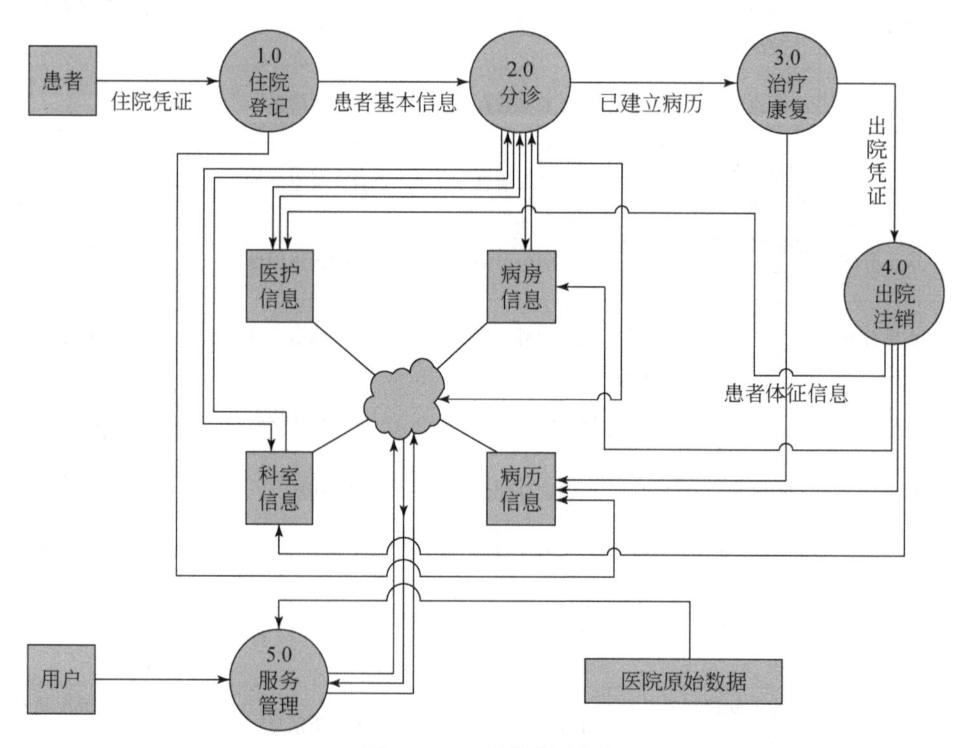

图 10.2　一级数据流图

2）二级数据流图

（1）病房管理系统患者住院登记环节分数据流图，如图 10.3 所示。

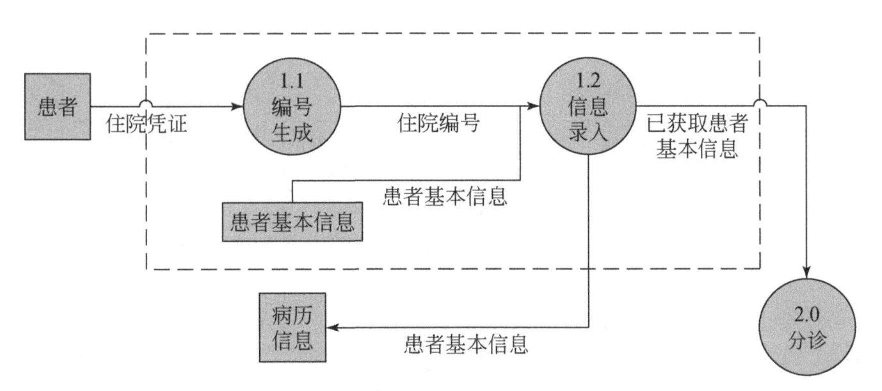

图 10.3　二级数据流图（患者住院登记环节）

（2）病房管理系统分诊环节分数据流图，如图 10.4 所示。

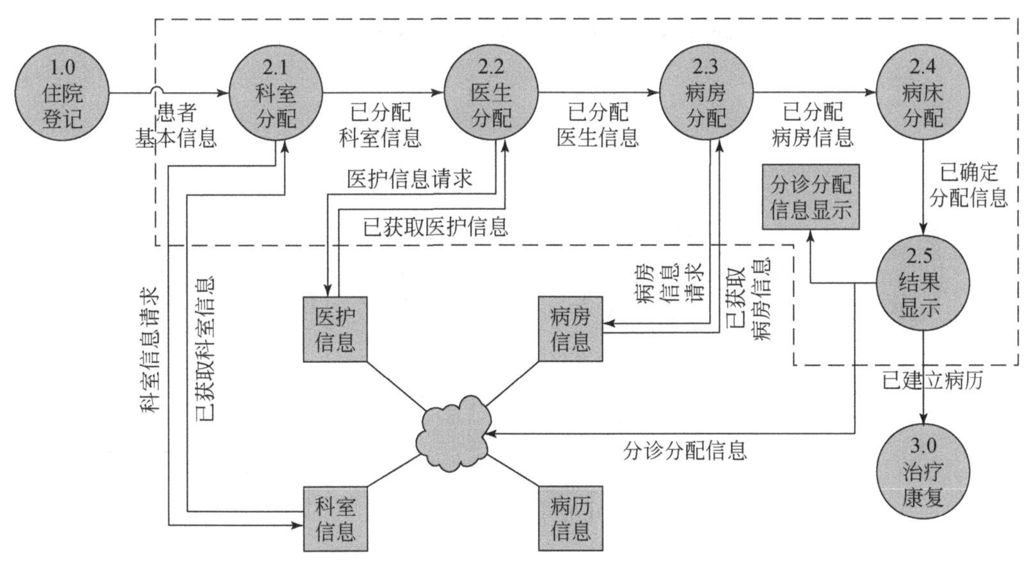

图 10.4　二级数据流图（分诊环节）

（3）病房管理系统治疗康复环节分数据流图，如图 10.5 所示。

（4）病房管理系统出院注销环节分数据流图，如图 10.6 所示。

（5）病房管理系统服务管理环节分数据流图，如图 10.7 所示。

10.1.2　概念设计

1. 分 E-R 图

（1）科室实体分 E-R 图，如图 10.8 所示。

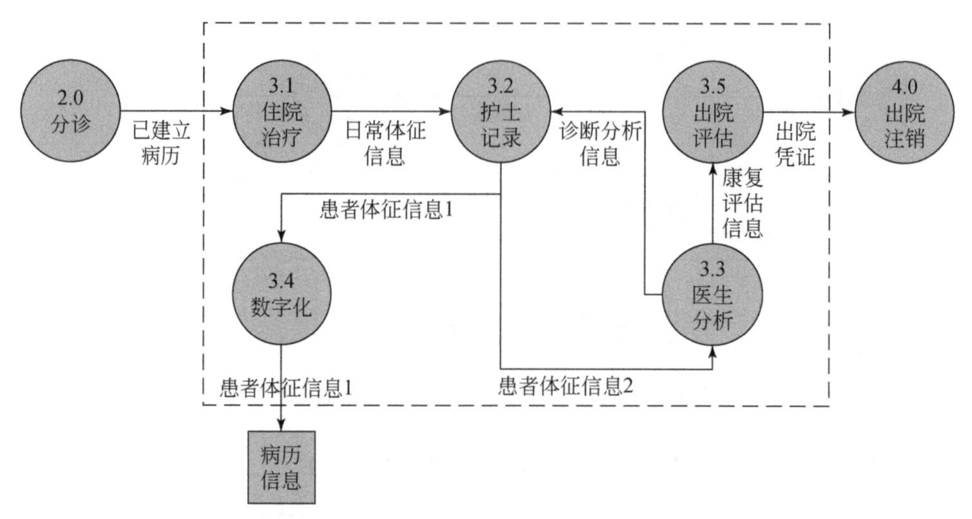

图 10.5　二级数据流图（治疗康复环节）

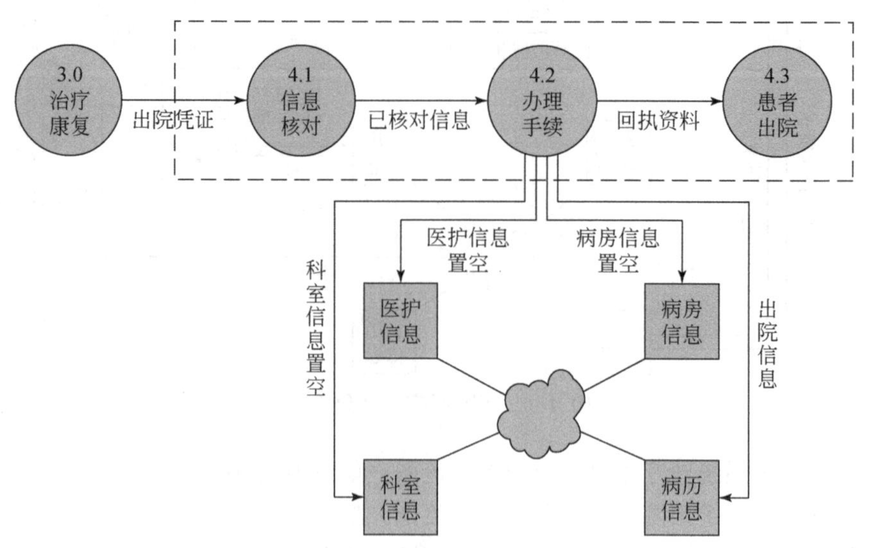

图 10.6　二级数据流图（出院注销环节）

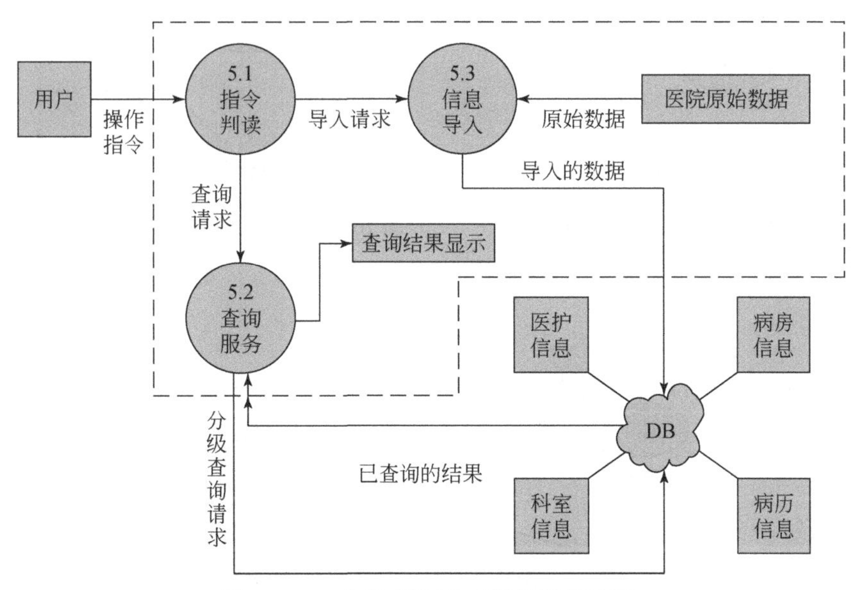

图 10.7　二级数据流图（服务管理环节）

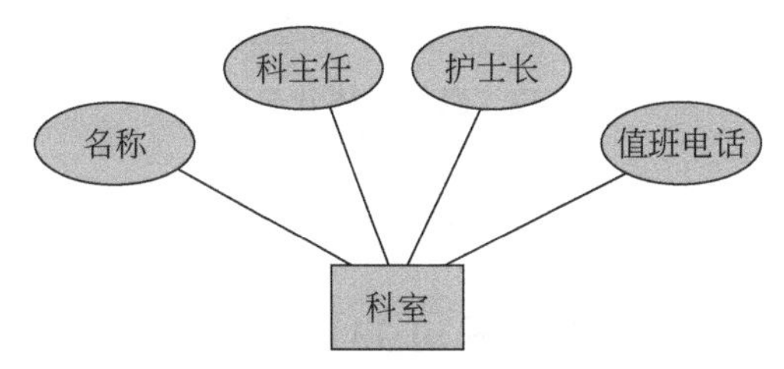

图 10.8　科室实体分 E-R 图

（2）医生实体分 E-R 图，如图 10.9 所示。

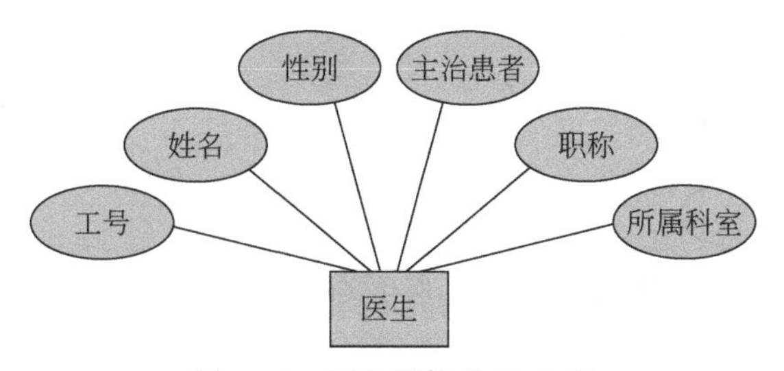

图 10.9　医生实体分 E-R 图

（3）病房实体分 E-R 图，如图 10.10 所示。
（4）病床实体分 E-R 图，如图 10.11 所示。
（5）患者实体分 E-R 图，如图 10.12 所示。

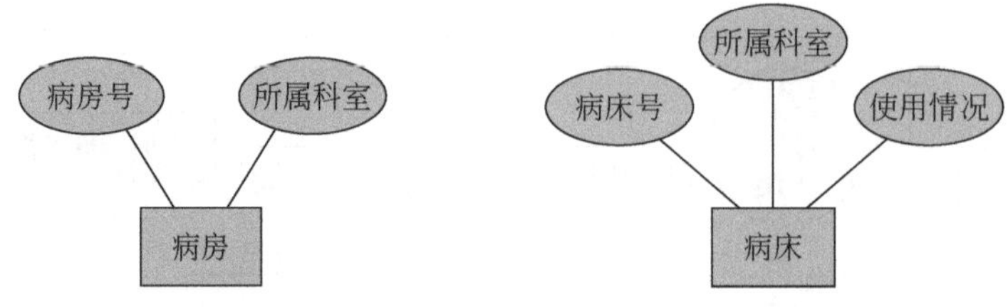

图 10.10　病房实体分 E-R 图　　　图 10.11　病床实体分 E-R 图

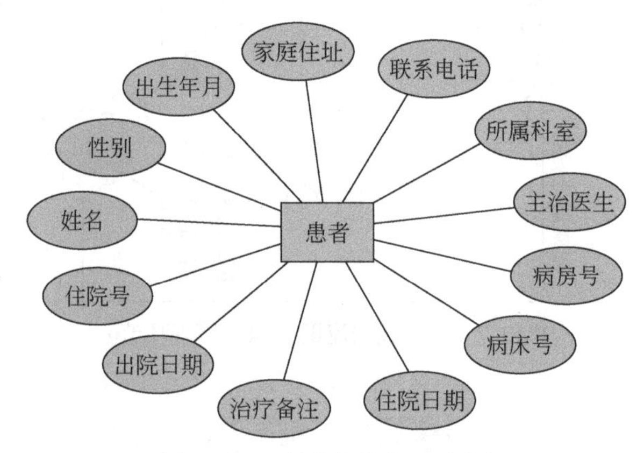

图 10.12　患者实体分 E-R 图

2. 局部 E-R 图

（1）科室-医生实体局部 E-R 图（图 10.13）。

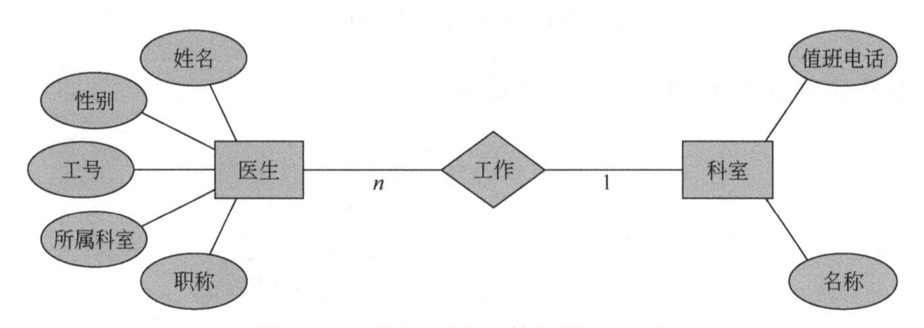

图 10.13　科室-医生实体局部 E-R 图

（2）科室-病房实体局部 E-R 图（图 10.14）。

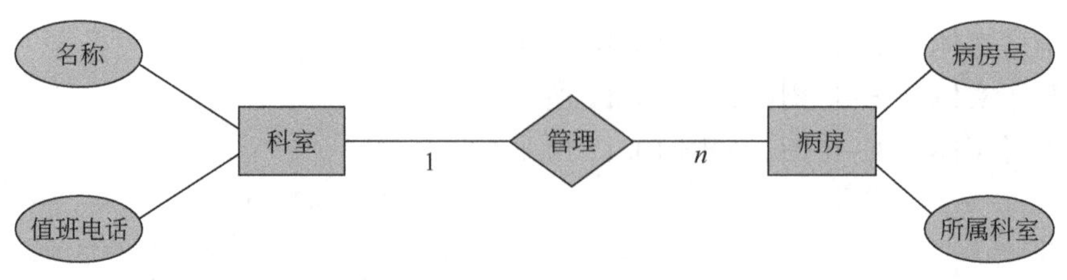

图 10.14　科室-病房实体局部 E-R 图

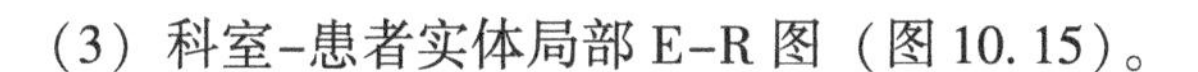
(3) 科室-患者实体局部 E-R 图（图 10.15）。

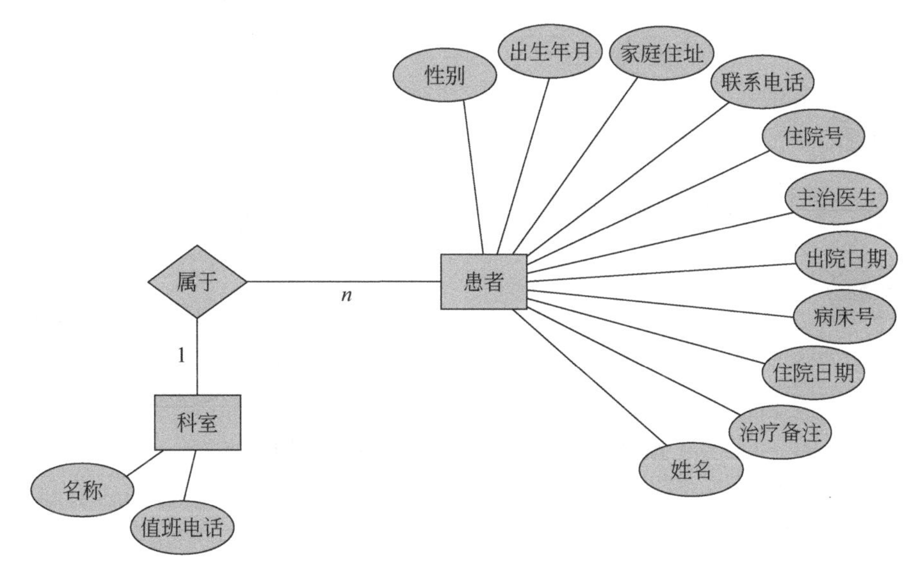

图 10.15　科室-患者实体局部 E-R 图

(4) 医生-患者实体局部 E-R 图（图 10.16）。

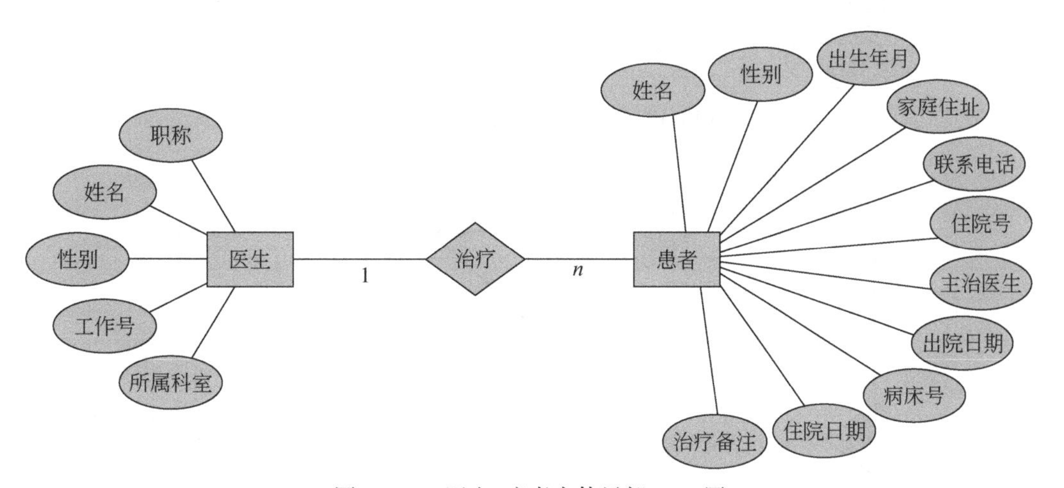

图 10.16　医生-患者实体局部 E-R 图

(5) 病床-患者实体局部 E-R 图（图 10.17）。
(6) 病房-病床实体局部 E-R 图（图 10.18）。

3. 总 E-R 图

(1) 优化前的总 E-R 图，如图 10.19 所示。
(2) 优化后的总 E-R 图，如图 10.20 所示。

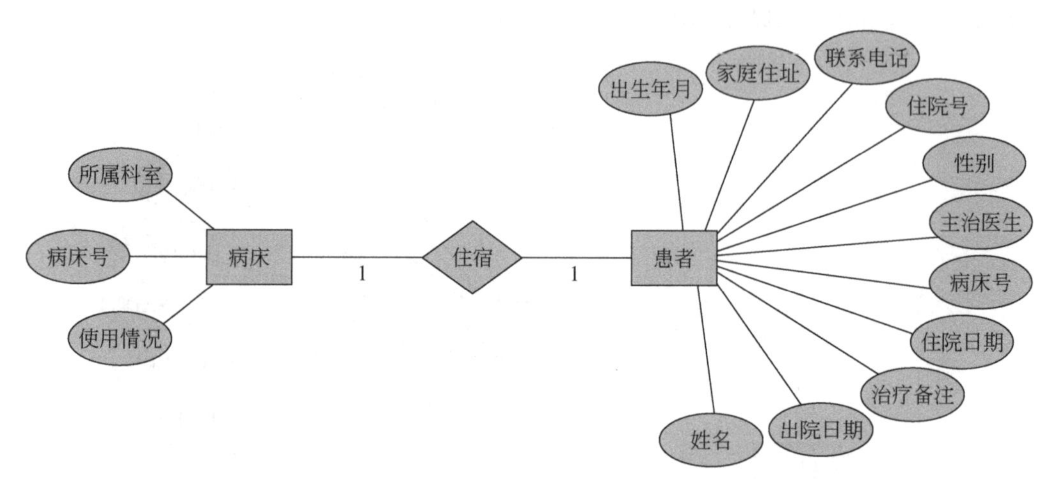

图 10.17　病床-患者实体局部 E-R 图

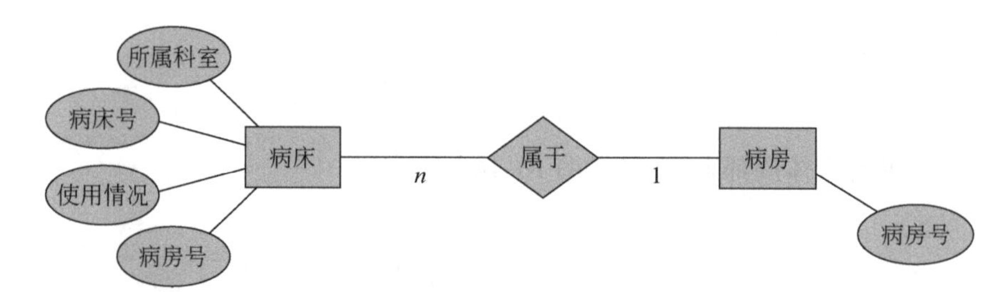

图 10.18　病房-病床实体局部 E-R 图

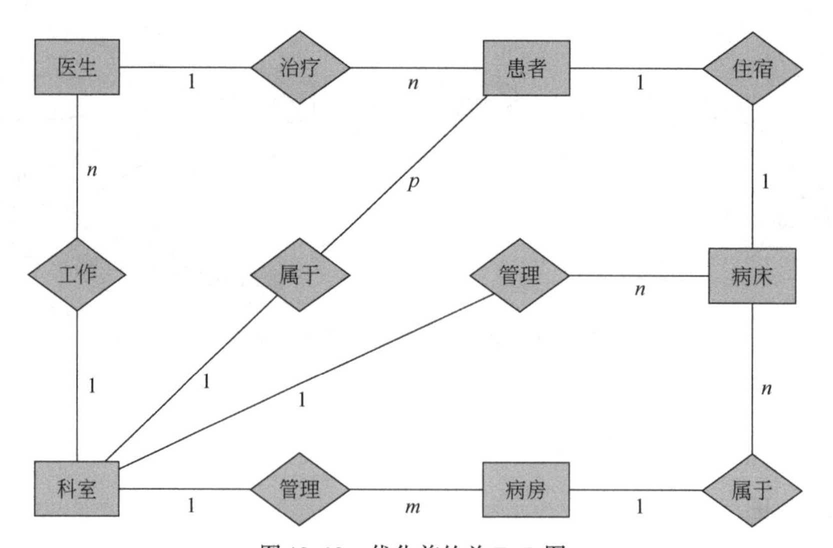

图 10.19　优化前的总 E-R 图

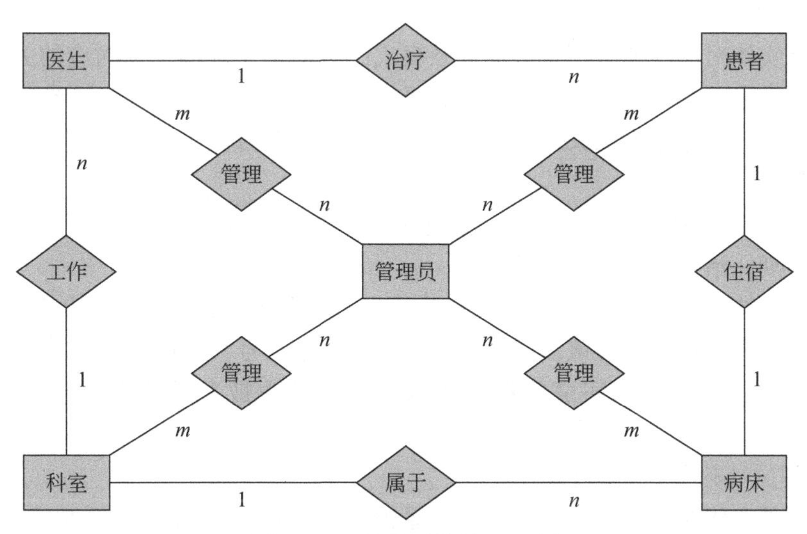

图 10.20 优化后的总 E-R 图

10.1.3 逻辑结构设计

1. E-R 图向关系模型的转换

1）实体间的联系分析

关系模型的逻辑结构是一组关系模式的集合。E-R 图则是由实体型、实体的属性和实体型之间的关系三个要素组成的。所以将 E-R 图转换为关系模型实际上就是要将实体型、实体的属性和实体型之间的关系转换为关系模式。

从概念设计得出的各级 E-R 图及两个实体之间的关系，病房管理系统的四个关系（科室与医生之间的关系、科室与病床之间的关系、医生与患者之间的关系、病床与患者之间的关系）均为 $1:n$ 关系。$1:n$ 关系的管理系统可以转换为一个独立的关系模式，也可以与 n 端对应的关系模式合并。如果转换为一个独立的关系模式，则与该关系相连的各实体的码以及关系本身的属性均转换为关系的属性。

2）关系模式

从上述的总 E-R 图中可以转换出以下五个关系模式，即科室、医生、病床、患者、管理员。其中关系的码用下横线标出。

（1）科室（<u>科室名称</u>，值班电话）。

此为科室实体对应的关系模式。科室名称为该关系模式的主码，值班电话为该关系模式的候选码。

（2）医生（<u>工号</u>，姓名，性别，职称，所属科室，工作状态）。

此为医生实体对应的关系模式。该关系模式已包含了“工作”所对应的关系模式。工号为该关系模式的主码，所属科室为该关系模式的外码，科室关系为被参照关系，医生关系为参照关系。

（3）病床（病床号，所属科室，使用情况）。

此为病床实体对应的关系模式。该关系模式已包含了“管理”所对应的关系模式。病床号为该关系模式的主码，所属科室为该关系模式的外码，科室关系为被参照关系，病床关系为参照关系。病房号为该关系模式的外码，病房关系为被参照关系，病床关系为参照关系。

（4）患者（住院号，姓名，性别，出生年月，家庭住址，联系电话，医生工号，病床号，入院日期，治疗备注，出院日期）。

此为患者实体对应的关系模式。该关系模式已包含了“属于”、“治疗”和“住宿”所对应的关系模式。住院号为该关系模式的主码，医生工号、病床号均为该关系模式的外码，科室关系、医生关系、病房关系及病床关系分别为被参照关系，患者关系为参照关系。

（5）管理员（账号，密码）。

此为管理员实体对应的关系模式。该关系模式已包含了“管理”所对应的关系模式。账号为该关系模式的主码。

2. 数据模型的优化

数据库逻辑设计的结果不是唯一的，为了进一步提高数据库应用系统的性能，还应该根据应用需求适当调整、修改数据模型结构，这就是数据模型的优化。以下为关系数据模型的优化。

1）确定数据依赖

按需求分析阶段所得到的语义，分别写出每个关系模式内部各属性之间的数据依赖以及不同关系模式属性之间的数据依赖。

（1）科室（科室名称，值班电话）。

代码表示：Ato（Aname，Atele）。

科室关系中存在的函数依赖为 Aname→Atele，Atele→Aname。

（2）医生（工号，姓名，性别，职称，所属科室，工作状态）。

代码表示：Doctor（Dno，Dname，Dsex，Dzc，lz_ Aname，Dstate）。

医生关系中存在的函数依赖为 Dno→Dname，Dno→Dsex，Dno→Dzc，Dno→lz_ Aname，Dno→Dstate。

（3）病床（病床号，所属科室，使用情况）。

代码表示：Bed（Cno，Cuse，bc_ Aname）。

病床关系中存在的函数依赖为 Cno→Cuse，Cno→bc_ Aname。

（4）患者（住院号，姓名，性别，出生年月，家庭住址，联系电话，医生工号，病床号，入院日期，治疗备注，出院日期）。

代码表示；Patient（Pno，Pname，Psex，Pbirth，Padd，Ptele，Dno，Cno，Idate，Pmark，Odate）。

患者关系中存在的函数依赖为 Pno→Pname，Pno→Psex，Pno→Pbirth，Pno→Padd，Pno→Ptele，Pno→Dno，Pno→Cno，Pno→Idate，Pno→Pmark，Pno→Odate。

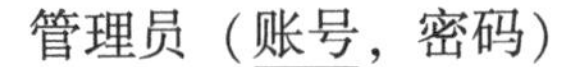

管理员（账号，密码）

代码表示：Up（Uname，Password）。

管理员关系中存在的函数依赖为 Uname →Password。

2）关系模式规范化

按照数据依赖的理论对关系模式逐一进行分析，考察是否存在部分函数依赖、传递函数依赖、多值依赖等，确定各关系模式分别属于第几范式。

（1）科室（科室名称，值班电话）。

代码表示：Ato（Aname，Atele）。

科室关系中存在的函数依赖为 Aname→Atele，Atele→Aname。

科室名称为主码，科室名称和值班电话都是候选码，可以相互决定，符合第二范式（每一个非主属性完全函数依赖于码）。科室关系模式中不存在非主属性传递函数依赖于码“科室名称”，符合第三范式。科室关系模式中的每一个决定因素都包含码“科室名称”，符合 BCNF（修正的第三范式）。

（2）医生（工号，姓名，性别，职称，所属科室，工作状态）。

代码表示：Doctor（Dno，Dname，Dsex，Dzc，lz_ Aname，Dstate）。

医生关系中存在的函数依赖为 Dno→Dname，Dno→Dsex，Dno→Dzc，Dno→lz_Aname，Dno→Dstate。

医生的工号为主码，医生的姓名、性别、职称、所属科室以及工作状态均完全函数依赖于主码工作号，符合第二范式。医生关系模式中不存在非主属性传递函数依赖于码“工号”，符合第三范式。医生关系模式中的每一个决定因素都包含码“工号”，符合 BCNF（修正的第三范式）。

（3）病床（病床号，所属科室，使用情况）。

代码表示：Cno（Cno，bc_Aname，Cuse）

病床关系中存在的函数依赖为 Cno→bc_Aname，Cno→Cuse。

病床的病床号为主码，病床的所属科室以及使用情况均完全函数依赖于主码“病床号”，符合第二范式。病床关系模式中不存在非主属性传递函数依赖于码“病床号”，符合第三范式。医生关系模式中的每一个决定因素都包含码“病床号”，符合 BCNF（修正的第三范式）。

（4）患者（住院号，姓名，性别，出生年月，家庭住址，联系电话，医生工号，病床号，入院日期，治疗备注，出院日期）。

代码表示：Patient（Pno，Pname，Psex，Pbirth，Padd，Ptele，Dno，Cno，Idate，Pmark，Odate）。

患者关系中存在的函数依赖为 Pno→Pname，Pno→Psex，Pno→Pbirth，Pno→Padd，Pno→Ptele，Pno→Dno，Pno→Cno，Pno→Idate，Pno→Pmark，Pno→Odate。

患者的“住院号”为主码，患者的姓名、性别、出生年月、家庭住址、联系电话、所属科室、主治医生、病房号、病床号、入院日期、治疗备注以及出院日期均完全函数依赖于主码“住院号”，符合第二范式。患者关系模式中不存在非主属性传递函数依赖于码“住院号”，符合第三范式。管理员关系模式中的每一个决定因素都包含码“住院号”，符合 BCNF（修正的第三范式）。

（5）管理员（账号，密码）。

代码表示：Up（Uname，Password）。

管理员关系中存在的函数依赖为 Uname →Password。

管理员的账号为主码，管理员的密码完全函数依赖于主码账号，符合第二范式。管理员关系模式中不存在非主属性传递函数依赖于码“账号”，符合第三范式。管理员关系模式中的每一个决定因素都包含码“账号”，符合 BCNF（修正的第三范式）。

3）关系模式的分析

按照需求分析阶段得到的处理要求，对于这样的应用环境，这些模式应该都要达到第三范式。五个关系模式中，科室关系、医生关系、病房关系均达到第三范式，而患者关系和病床关系只达到第二范式。

其中患者关系的解决方案是将患者关系进行模式分解，分解为患者关系（不包含所属科室属性，也不包含病房号属性）、科室-医生关系、科室-病房关系和病房-病床关系；科室-医生关系、科室-病房关系和病房-病床关系与原有的医生关系、病房关系和病床关系相重合，内容一致；而在病床关系中病床号（五位数的病床号的前三位是病床所在的病房的编号，后两位是序号）由病房号和序号组合而成，因此，解决方案是将病床关系和病房关系根据需要进行合成，即新的病床关系包含病床号、所属科室及使用情况三个属性，来代替原来的病床关系和病房关系，这样病床关系（病床关系中存在的函数依赖为 Cno→Aname，Cno→Csum）也符合第三范式。

因此，最终生成了四个符合第三范式的基本关系，科室关系、医护关系、病床关系以及患者关系。

（1）科室（科室名称，值班电话）。

代码表示：Ato（Aname，Atele）。

（2）医生（工号，姓名，性别，职称，所属科室，工作状态）。

代码表示：Doctor（Dno，Dname，Dsex，Dzc，Aname，Dstate）。

（3）病床（病床号，所属科室，使用情况）。

代码表示：Cno（Cno，Aname，Cuse）。

（4）患者（住院号，姓名，性别，出生年月，家庭住址，联系电话，医生工号，病床号，入院日期，治疗备注，出院日期）。

代码表示：Patient（Pno，Pname，Psex，Pbirth，Padd，Ptele，Dno，Cno，Idate，Pmark，Odate）。

（5）管理员（账号，密码）。

代码表示：Up（Uname，Password）。

3. 设计用户子模式

定义数据库全局模式主要是从系统的时间效率、空间效率、易维护等角度出发，在定义用户外模式时，可以着重考虑用户的习惯和方便。

（1）使用更符合用户习惯的别名。

（2）可以对不同级别的用户定义不同的视图，以保证系统的安全性。

（3）简化用户对系统的使用。

根据需求分析中的要求能够进行科室查询（主任、护士长是谁，是否有空病床等）、医护人员查询（所属科、职称、主治哪几个患者等）、住院患者查询（住在哪个科、几病房几床、主治大夫是谁等）以及患者病历信息查询（病人实体的所有属性）等。因此，在进行视图设计时设计了四个功能的视图，即科室查询视图、医护人员查询视图、住院患者查询视图与病历查询视图（在本质上，住院患者查询视图与病历查询视图是一致的，因此将后两个视图合并成一个来显示，即病历视图），以下为三个视图的属性信息及 SQL 语句。

1）科室信息查询视图

科室信息（科室名称，值班电话，医生工号，医生姓名，医生职称）

SQL 语句：

```
create
view `kesearch`AS
select
Doctor.lz_Aname,
Doctor.Dstate,
Doctor.Dzc,
Doctor.Dname,
Ato.Atele,
Doctor.Dno
from
Ato
inner join Doctor ON Doctor.lz_Aname = Ato.Aname;
```

2）医护信息查询视图

医护信息（工号，姓名，性别，职称，所属科室，主治患者住院号，主治患者姓名）

SQL 语句：

```
create
view `doctorsearch`AS
select
Doctor.Dno,
Doctor.Dname,
Doctor.Dsex,
Doctor.Dzc,
Doctor.Lz_Aname,
Doctor.Dstate,
Patient.Pname
from
doctor
inner join Patient ON Patient.Dno = Doctor.Dno;
```

3）患者信息查询视图

患者信息（住院号，姓名，性别，出生日期，家庭住址，联系电话，主治医生，病床号，入院日期，治疗备注，出院日期，所属科室）

SQL 语句：

```
create
view `patientsearch`AS
select
Patient.Pno,
Patient.Pname,
Patient.Psex,
Patient.Pbirth,
Patient.Padd,
Patient.Ptele,
Patient.Dno,
Patient.Cno,
Patient.Idate,
Patient.Pmark,
Patient.Odate,
Doctor.Dname,
Doctor.lz_Aname
from
Patient
inner join Doctor ON Patient.Dno = Doctor.Dno;
```

10.1.4 物理设计

1. 物理存取结构（数据库/数据库表）设计、基本表及 SQL 语句

代码位置：二维码\多媒体\数据库系统开发设计源码\病房管理系统（PHP+MySQL）\03_数据库课程设计_病房管理系统_SQL 语句。

（1）科室表如表 10.6 所示。

表 10.6 科室表

属性名	属性中文名	类型	长度	取值范围	唯一性	说明
Aname	科室名称	char	20	医院已开设科室的名称	唯一	主码
Atele	值班电话	char	11	医院所拥有的电话号码	唯一	候选码

SQL 语句：

```
create table `Ato`
(
```

```
`Aname`  char(20)NOT NULL,
`Atele`  char(11)NOT NULL,
primary key(`Aname`)
);
```

（2）医护表如表 10.7 所示。

表 10.7　医护表

属性名	属性中文名	类型	长度	取值范围	唯一性	说明
Dno	工号	char	11	11 位数字	唯一	主码
Dname	姓名	char	10		不唯一	
Dsex	性别	char	2	男、女	不唯一	
Dzc	职称	char	20	所有职称名称	不唯一	
lz_ Aname	所属科室	char	20	医院已有科室	不唯一	外码（科室）
Dstate	工作状态	int	1	1 或 0	不唯一	

SQL 语句：

```
create table `Doctor`
(
`Dno`  char(11)NOT NULL,
`Dname`  char(10)NOT NULL,
`Dsex`  char(2)NOT NULL,
`Dzc`  char(20)NOT NULL,
`lz_Aname`  char(20)NOT NULL,
`Dstate`  int(1)NOT NULL,
primary key(`Dno`)
);
```

（3）病床表如表 10.8 所示。

表 10.8　病床表

属性名	属性中文名	类型	长度	取值范围	唯一性	说明
Cno	病床号	char	5	医院的所有病床号	唯一	主码
Cuse	使用情况	int	1	0 或 1	不唯一	
bc_Aname	所属科室	char	20	医院已有的科室	不唯一	外码

SQL 语句：

```
create table `Bed`
(
`Cno`  char(5)NOT NULL,
`Cuse`  int(1)NOT NULL,
`bc_Aname`  char(20)NOT NULL,
```

```
primary key(`Cno`)
);
```

（4）患者表如表 10.9 所示。

表 10.9　患者表

属性名	属性中文名	类型	长度	取值范围	唯一性	说明
Pno	住院号	char	11	11 位数字	唯一	主码
Pname	姓名	char	20	患者名称	不唯一	
Psex	性别	char	2	男、女	不唯一	
Pbirth	出生年月	date	14	yyyy-mm-dd 格式	不唯一	
Padd	家庭住址	char	50	有效存在的地址	不唯一	
Ptele	联系电话	char	11	有效存在的号码	唯一	候选码
Dno	主治医生	char	11	医院所有医生号	不唯一	外码（医生）
Cno	病床号	char	5	医院所有病床号	不唯一	外码（病床）
Idate	入院日期	date	8	yyyy-mm-dd 格式	不唯一	
Pmark	治疗备注	char	200	治疗过程的记录	不唯一	
Odate	出院日期	date time	8	yyyy-mm-dd 格式	不唯一	

SQL 语句：

```
create table `Patient`
(
`Pno`  char(11)NOT NULL,
`Pname`  char(20)NOT NULL,
`Psex`  char(2)NOT NULL,
`Pbirth`  date NOT NULL,
`Padd`  char(50)NOT NULL,
`Ptele`  char(11)NOT NULL,
`Dno`  char(11)NOT NULL,
`Cno`  char(5)NOT NULL,
`Idate`  date NOT NULL,
`Pmark`  char(200)  NULL,
`Odate`  datetime  NULL,
primary key(`Pno`)
);
```

（5）账号密码表如表 10.10 所示。

表 10.10　账号密码表

属性名	属性中文名	类型	长度	取值范围	说明
Uname	账号	char	11	医院的工号范围	主码
Password	密码	char	6	6 位数字	

SQL 语句：

```
create table `UP`(
`Uname`  char(11)NOT NULL,
`Password`  char(6)NOT NULL,
primary key(`Uname`)
);
```

2. 增、删、改、查操作及 SQL 语句

分模块介绍系统中各过程出现的所有增、删、改、查等操作的用途及其 SQL 语句。

注意：本节代码为系统中 SQL 语句代码。

(1) 登录模块。

①系统登录

SQL 语句：

```
select  *  from  UPwhere  Uname = '  $nowteaNo'  ;
```

语句作用：在 UP 表中搜索与输入账号 $ nowteaNo 所对应的密码，用于判断是否与管理员所输入的密码一致。

②密码修改服务

a. SQL 语句：

```
select  Password  from  UP  where  Uname = '  $log_uname'  ;
```

语句作用：在 UP 表中搜索与管理员输入账号 $ log_ uname 所对应的密码，用于判断是否与管理员所输入的密码一致。

b. SQL 语句：

```
update  UP  set  Password  =  '  $new_password'   where  Uname = '  $log_
uname'  ;
```

语句作用：将管理员输入账号的密码修改为新密码 $ new_ password。

c. SQL 语句：

```
select  Password  from  UP  where  Uname = '  $log_uname'  ;
```

语句作用：在 UP 表中搜索与管理员输入账号 $ log_ uname 所对应的密码，用于判断密码是否修改成功。

(2) 医院信息管理模块。

①新医生注册

a. SQL 语句：

```
select * from  Ato;
```

语句作用：在科室表中查询所有科室，并以下拉菜单的形式输出，供新注册的医生选择。

b. SQL 语句：

```
insert  into  Doctor  (Dno,Dname,Dsex,Dzc,lz_Aname,Dstate)  values('  ". $new
_doc_no. "'  ,'  ". $new_doc_name. "'  ,'  ". $new_doc_sex. "'  ,'  ". $new_doc_dzc. "
'  ,'  ". $new_doc_keshi. "'  ,'  1'  );
```

语句作用：将新员工的工号、姓名、性别、职称、所属科室以及工作状态等属性插入医生表中，其中新员工的工作状态默认为1（1代表在院工作，0代表离职）。

②员工信息删除

a. SQL语句：

```
select * from Doctorwhere Dstate=' 1' ;
```

语句作用：在医护表中查询工作状态为1（1代表在院工作，0代表离职）的员工的信息，并以下拉菜单的形式输出工号、姓名及所属科室，供管理员选择删除。

b. SQL语句：

```
update Doctor set Dstate =' 0'  where Dno=' $dno' ;
```

语句作用：将与输入工号$dno对应的员工的工作状态Dstate更新为0（1代表在院工作，0代表离职）来表示员工离职或退休。

③员工信息更新

a. SQL语句：

```
select * from Doctorwhere Dstate=' 1' ;
```

语句作用：在医护表中查询工作状态为1（1代表在院工作，0代表离职）的员工的信息，并以下拉菜单的形式输出工号、姓名及所属科室，供管理员选择更新。

b. SQL语句：

```
update Doctor set Dzc =' $update_doc_dzc' ,lz_Aname = ' $update_doc_
keshi'  where Dno = ' $update_doc_no' ;
```

语句作用：将工号为$update_ doc_ no的员工的职称属性和所属科室属性进行更新。

（3）患者信息管理模块。

①患者信息注册

a. SQL语句：

```
select * from Doctorwhere Dstate=' 1'  and Dzc=' 医生'  union select
* from Doctor where Dstate=' 1'  and Dzc=' 科主任' ;
```

语句作用：在医护表中查询工作状态为1（1代表在院工作，0代表离职）的医生信息，并以下拉菜单的形式输出员工的姓名和所属科室，供管理员选择分配。

b. SQL语句：

```
select * from Bedwhere Cuse=' 0' ;
```

语句作用：在病床表中查询使用情况为0（1代表非空床，0代表空床）的床位信息，并以下拉菜单的形式输出床位的床位号，供管理员选择分配。

c. SQL语句：

```
  insert into Patient
(Pno,Pname,Psex,Pbirth,Padd,Ptele,Dno,Cno,Idate,Pmark,Odate)
values(' ".$new_pat_no."' ,' ".$new_pat_name."' ,' ".$new_pat_sex."' ,' "
.$new_pat_bir."' ,' ".$new_pat_addr."' ,' ".$new_pat_tele."' ,' ".$new_
pat_dno."' ,' ".$new_pat_cno."' ,' ".$new_pat_idate."' ,' ".$new_pat_
pmark."' ,' ".$new_pat_odate."' );
```

语句作用：将新患者的住院号、姓名、性别、出生年月、家庭住址、联系电话、主治医生、病床号、入院日期、治疗备注以及出院日期等属性信息插入患者表中。

d. SQL 语句：

```
update  Bed  set  Cuse=1where  Cno=". $new_pat_cno. ";
```

语句作用：将患者注册时入住的病床的使用状态更新为 1（1 代表非空床，0 代表空床）。

②病历信息更新

a. SQL 语句：

```
select  *  from  Patientwhere  Odate='  00000000'  ;
```

语句作用：在患者表中查询出院日期为 00000000（00000000 代表患者没有出院，仍在治疗）的患者，并以下拉菜单的形式输出患者的住院号和姓名，供管理员选择更新。

b. SQL 语句：

```
update Patient set Pmark ='  $update_pat_pmark'  where Pno ='  $update_pat_
no'  ;
```

语句作用：将住院号为 $ update_ pat_ no 的患者的治疗备注属性进行更新。

③出院手续办理

a. SQL 语句：

```
select  *  from  Patientwhere  Odate='  00000000'  ;
```

语句作用：在患者表中查询出院日期为 00000000（00000000 代表患者没有出院，仍在治疗）的患者，并以下拉菜单的形式输出患者的住院号和姓名，供管理员选择办理。

b. SQL 语句：

```
update Patient set Odate ='  $update_pat_odate'   where  Pno ='  $update_
pat_no'  ;
```

语句作用：将住院号为 $ update_ pat_ no 的患者的出院日期属性改写为当前日期。

c. SQL 语句：

```
select  Cno  from  Patientwhere  Pno = '  $update_pat_no'  ;
```

语句作用：查询住院号为 $ update_ pat_ no 的患者所住病床的床位号。

d. SQL 语句：

```
update  Bed  set  Cuse='  0'   where  Cno='  $real_no'  ;
```

语句作用：将出院患者所对应床位的使用情况改为 0（1 代表非空床，0 代表空床）。

④患者信息删除

a. SQL 语句：

```
select  *  from  Patientwhere  Pno = '  $pno'  ;
```

语句作用：查询住院号为 $ pno 的住院患者的信息，用于确定是否存在此人。

b. SQL 语句：

```
delete  from  Patientwhere  Pno='  $pno'  ;
```

语句作用：将住院号为 $ pno 的患者的信息在患者表中删除。

（4）信息查询服务模块。

①科室信息查询

a. SQL 语句：

```
select  *  from  Ato;
```

语句作用：在科室表中查询所有科室，并以下拉菜单的形式输出，供管理员查询选择。

b. SQL 语句：

```
select * from kesearchwhere lz_Aname =' ". $aname. "' ;
```

语句作用：在 kesearch 视图中查询科室名称为 $ aname 的视图的信息，包括科室名称、值班电话、科室所属医生的姓名、工号以及职称等信息。

②医护信息查询

a. SQL 语句：

```
select * from Doctor;
```

语句作用：在医护表中查询所有员工的信息，并以下拉菜单的形式输出员工的姓名和所属科室，供管理员选择查询。

b. SQL 语句：

```
select * from doctorsearchwhere Dno=' $dno' ;
```

语句作用：在 doctorsearch 视图中查询员工号为 $ dno 的员工的信息，包括员工的工号、姓名、性别、所属科室、职称、工作状态以及主治患者的住院号及姓名等信息。

c. SQL 语句：

```
select * from Doctorwhere Dno=' $dno' ;
```

语句作用：在医护表中查询员工号为 $ dno 的员工的信息，包括员工的工号、姓名、性别、所属科室、职称以及工作状态等信息（员工无主治患者的情况）。

③床位信息查询

a. SQL 语句：

```
select * from Bedwhere Cuse=' 1' ;
```

语句作用：在病床表中查询使用情况（1 代表非空床，0 代表空床）为 1 的床位信息，包括床位号、所属科室以及使用情况等信息。

b. SQL 语句：

```
select * from Bed where Cuse=' 0' ;
```

语句作用：在病床表中查询使用情况（1 代表非空床，0 代表空床）为 0 的床位信息，包括床位号、所属科室以及使用情况等信息。

④病历信息查询

a. SQL 语句：

```
select * from Patient;
```

语句作用：在患者表中查询所有患者的信息，并以下拉菜单的形式输出住院号和姓名，用于管理员选择查询的对象。

b. SQL 语句：

```
select * from Patient where Pno = ' $pno' ;
```

语句作用：在患者表中查询住院号为 $ pno 的患者的信息，并输出患者的全部属性信息。

10. 1. 5　系统实施与系统维护

1. DBMS 与开发语言的选择

（1）数据库选择的是 MySQL。
（2）开发语言选择的是 PHP。
（3）使用 Zend Studio 软件编辑 PHP。

2. 数据的载入

整个系统一共有 5 张基本表，即科室基本表、医护基本表、病床基本表、患者基本表以及账号密码基本表（其中账户密码基本表是用来存放整个系统管理员的账户和密码信息的）。

代码位置：二维码 \ 多媒体 \ 数据库系统开发设计源码 \ 病房管理系统（MySQL+PHP）\ 01_ 数据库课程设计_ 病房管理系统_ SQL 语句。

1）账号密码基本表数据的载入

```
insert into UP(Uname,Password)values('20161004186','123456');
```

2）科室基本表数据的载入

```
insert into Ato(Aname,Atele)values('内科','67881231');
insert into Ato(Aname,Atele)values('外科','67881232');
insert into Ato(Aname,Atele)values('儿科','67881233');
```

3）医护基本表数据的载入

```
insert into Doctor(Dno,Dname,Dsex,Dzc,lz_Aname,Dstate)values('20131004321','李明','男','科主任','内科','1');
insert into Doctor(Dno,Dname,Dsex,Dzc,lz_Aname,Dstate)values('20131004322','李红','女','护士长','内科','1');
insert into Doctor(Dno,Dname,Dsex,Dzc,lz_Aname,Dstate)values('20131004323','李平','男','医生','内科','1');
insert into Doctor(Dno,Dname,Dsex,Dzc,lz_Aname,Dstate)values('20131004324','王平','女','医生','内科','1');
insert into Doctor(Dno,Dname,Dsex,Dzc,lz_Aname,Dstate)values('20131004325','王明','男','医生','外科','1');
insert into Doctor(Dno,Dname,Dsex,Dzc,lz_Aname,Dstate)values('20131004326','王红','女','科主任','外科','1');
insert into Doctor(Dno,Dname,Dsex,Dzc,lz_Aname,Dstate)values('20131004327','张明','女','护士长','外科','1');
insert into Doctor(Dno,Dname,Dsex,Dzc,lz_Aname,Dstate)values('20131004328','张阳','女','科主任','儿科','1');
insert into Doctor(Dno,Dname,Dsex,Dzc,lz_Aname,Dstate)values('20131004329','张红','女','护士长','儿科','1');
```

```
insert into Doctor(Dno,Dname,Dsex,Dzc,lz_Aname,Dstate)values(' 20131004330' ,'
张强' ,' 男' ,' 医生' ,' 儿科' ,' 1' );
```

4）病床基本表数据的载入

```
insert into Bed(Cno,Cuse,bc_Aname)values(' 20101' ,' 0' ,' 内科' );
insert into Bed(Cno,Cuse,bc_Aname)values(' 20102' ,' 0' ,' 内科' );
insert into Bed(Cno,Cuse,bc_Aname)values(' 20103' ,' 0' ,' 内科' );
insert into Bed(Cno,Cuse,bc_Aname)values(' 20201' ,' 0' ,' 外科' );
insert into Bed(Cno,Cuse,bc_Aname)values(' 20202' ,' 0' ,' 外科' );
insert into Bed(Cno,Cuse,bc_Aname)values(' 20203' ,' 0' ,' 外科' );
insert into Bed(Cno,Cuse,bc_Aname)values(' 20301' ,' 0' ,' 儿科' );
insert into Bed(Cno,Cuse,bc_Aname)values(' 20302' ,' 0' ,' 儿科' );
insert into Bed(Cno,Cuse,bc_Aname)values(' 20303' ,' 0' ,' 儿科' );
```

5）患者基本表数据的载入

```
insert into Patient
(Pno,Pname,Psex,Pbirth,Padd,Ptele,Dno,Cno,Idate,Pmark,Odate)
values(' 20150501001' ,' 王甲' ,' 男' ,' 1994-01-01' ,' 洪山区' ,'
18812344321' ,' 20131004321' ,' 20101' ,' 2015-05-01' ,' ' ,' 0000-00-
00' );
insert into Patient
(Pno,Pname,Psex,Pbirth,Padd,Ptele,Dno,Cno,Idate,Pmark,Odate)
values(' 20150502002' ,' 王乙' ,' 男' ,' 1995-02-02' ,' 洪山区' ,'
18812344322' ,' 20131004323' ,' 20102' ,' 2015-05-02' ,' ' ,' 0000-00-
00' );
insert into Patient
(Pno,Pname,Psex,Pbirth,Padd,Ptele,Dno,Cno,Idate,Pmark,Odate)
values(' 20150503003' ,' 王丙' ,' 女' ,' 1994-03-03' ,' 洪山区' ,'
18812344323' ,' 20131004325' ,' 20201' ,' 2015-05-03' ,' ' ,' 0000-00-
00' );
insert into Patient
(Pno,Pname,Psex,Pbirth,Padd,Ptele,Dno,Cno,Idate,Pmark,Odate)
values(' 20150504004' ,' 王丁' ,' 男' ,' 1993-04-04' ,' 洪山区' ,'
18812344324' ,' 20131004326' ,' 20202' ,' 2015-05-04' ,' ' ,' 0000-00-
00' );
insert into Patient
(Pno,Pname,Psex,Pbirth,Padd,Ptele,Dno,Cno,Idate,Pmark,Odate)
values(' 20150505005' ,' 王戊' ,' 女' ,' 1994-05-05' ,' 洪山区' ,'
18812344325' ,' 20131004328' ,' 20301' ,' 2015-05-05' ,' ' ,' 0000-00-
00' );
insert into Patient
(Pno,Pname,Psex,Pbirth,Padd,Ptele,Dno,Cno,Idate,Pmark,Odate)
values(' 20150506006' ,' 王辛' ,' 男' ,' 1993-06-06' ,' 洪山区' ,'
18812344326' ,' 20131004330' ,' 20302' ,' 2015-05-06' ,' ' ,' 0000-00-
```

```
00'  );
    update Bed set Cuse =' 1'  where Cno =' 20101'  ;
    update Bed set Cuse =' 1'  where Cno =' 20102'  ;
    update Bed set Cuse =' 1'  where Cno =' 20201'  ;
    update Bed set Cuse =' 1'  where Cno =' 20202'  ;
    update Bed set Cuse =' 1'  where Cno =' 20301'  ;
    update Bed set Cuse =' 1'  where Cno =' 20302'  ;
```

10.1.6　系统运行结果

1. 系统登录

系统登录界面，如图 10.21 所示。

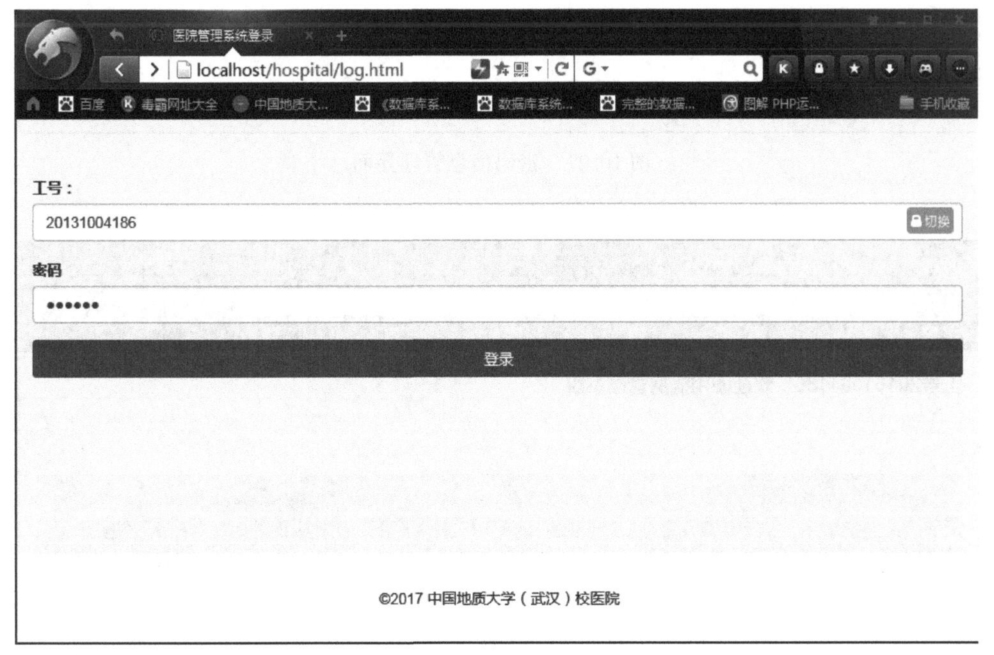

图 10.21　系统登录界面

2. 密码信息管理

密码信息管理界面，如图 10.22 所示。

3. 系统主菜单

系统主菜单界面，如图 10.23 所示。

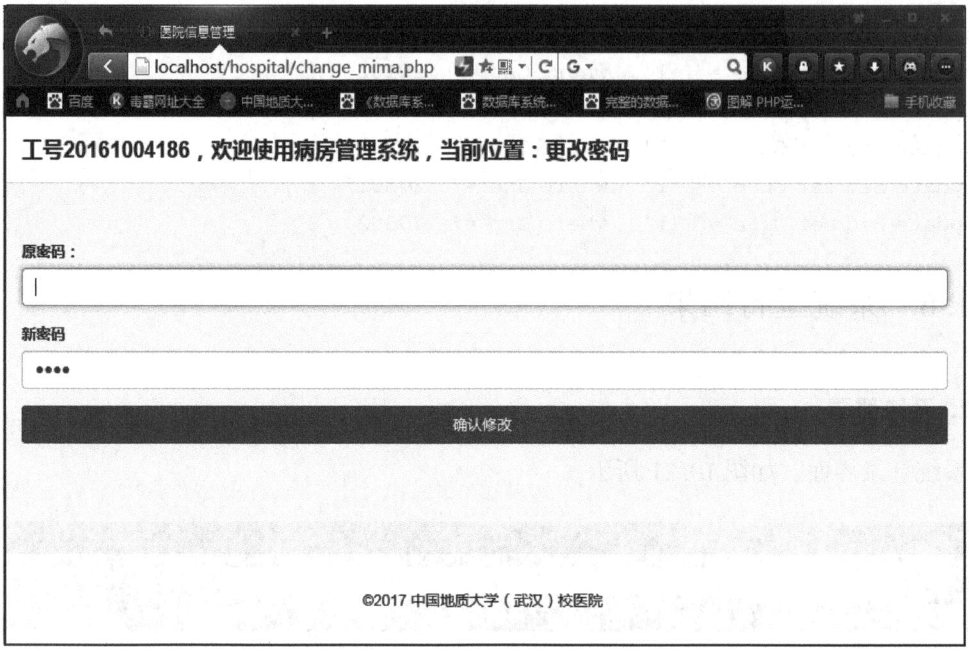

医院信息管理

localhost/hospital/change_mima.php

工号20161004186，欢迎使用病房管理系统，当前位置：更改密码

原密码：

新密码

••••

确认修改

©2017 中国地质大学（武汉）校医院

图 10.22　密码信息管理界面

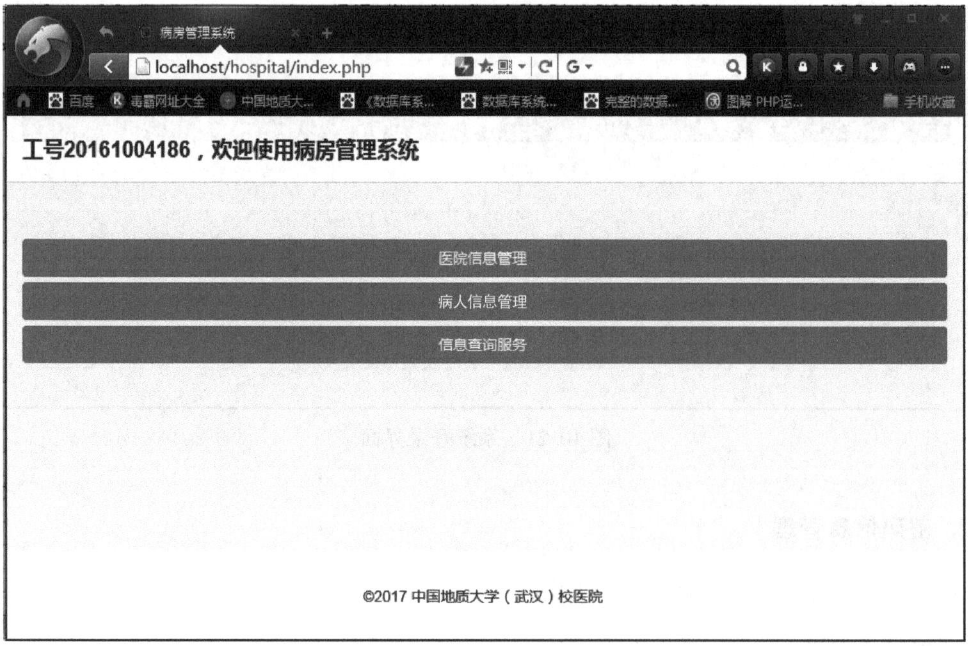

病房管理系统

localhost/hospital/index.php

工号20161004186，欢迎使用病房管理系统

医院信息管理

病人信息管理

信息查询服务

©2017 中国地质大学（武汉）校医院

图 10.23　系统主菜单界面

4. 医院信息管理

（1）医院信息管理模块主菜单界面，如图 10.24 所示。

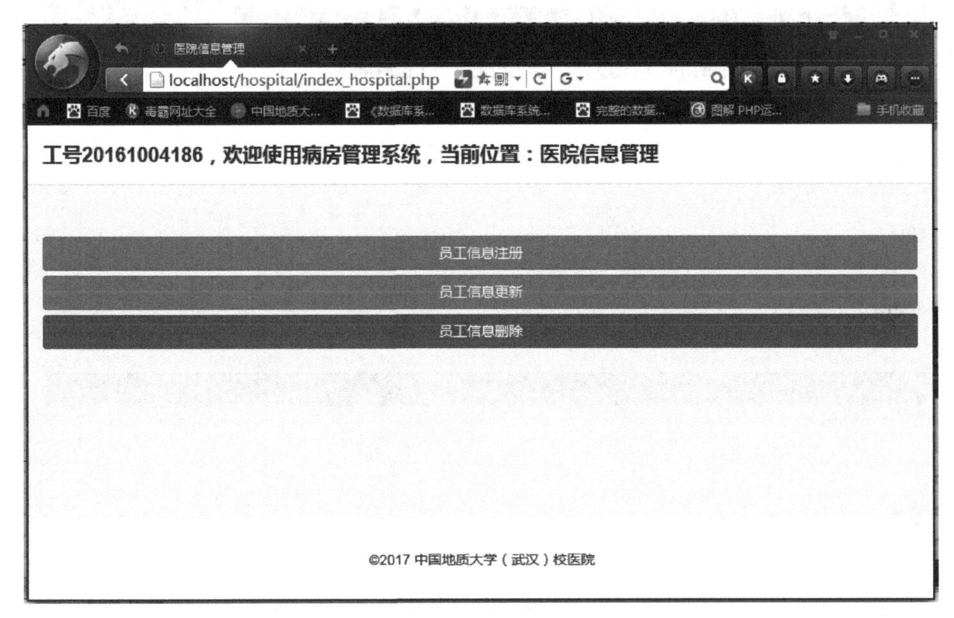

图 10.24　医院信息管理模块主菜单界面

（2）新医生注册界面，如图 10.25 所示。

图 10.25　新医生注册界面

（3）员工信息更新界面，如图 10.26 所示。

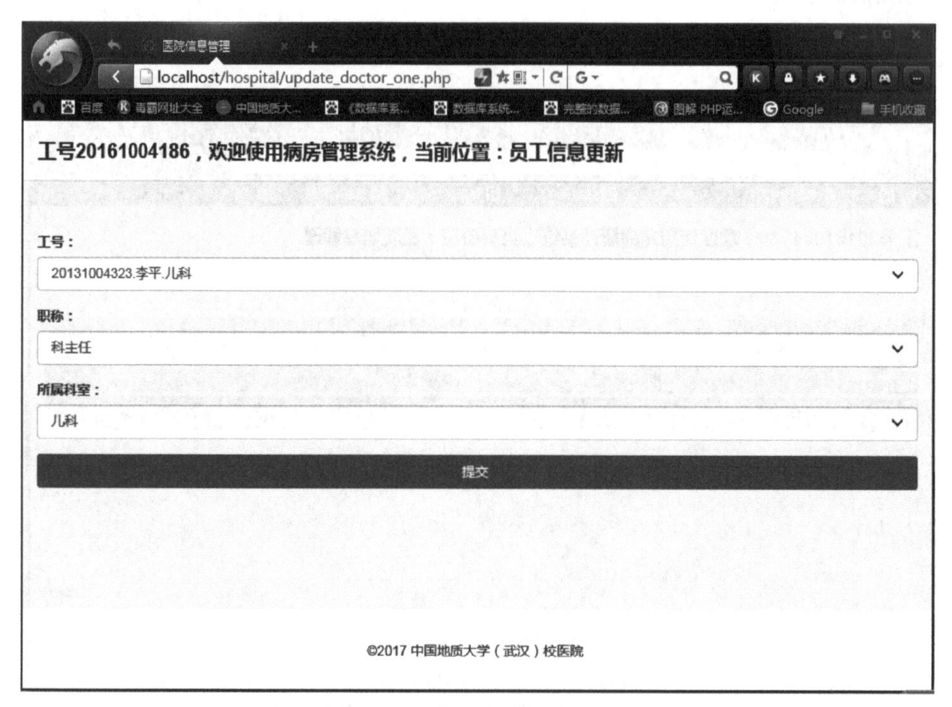

图 10.26　员工信息更新界面

（4）员工信息删除界面，如图 10.27 所示。

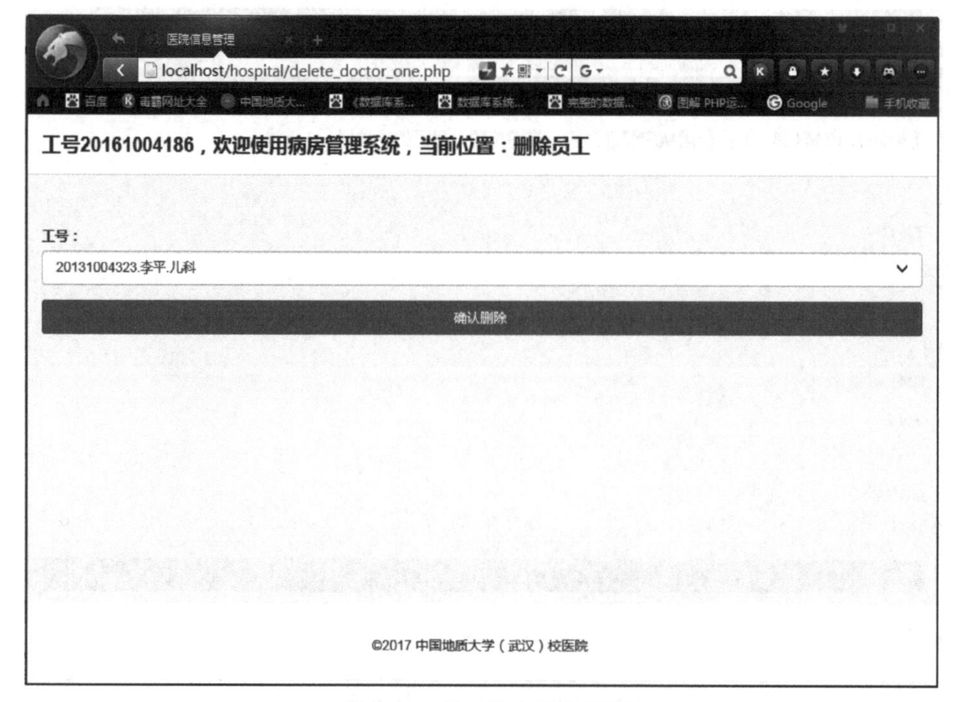

图 10.27　员工信息删除界面

5. 患者信息管理

（1）患者信息管理模块主界面，如图 10.28 所示。

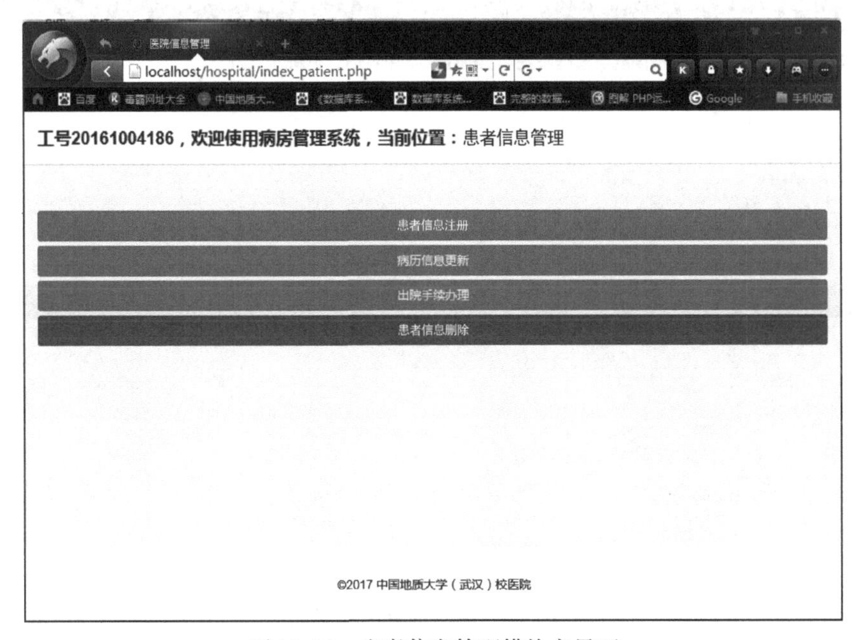

图 10.28　患者信息管理模块主界面

（2）患者信息注册界面，如图 10.29 所示。

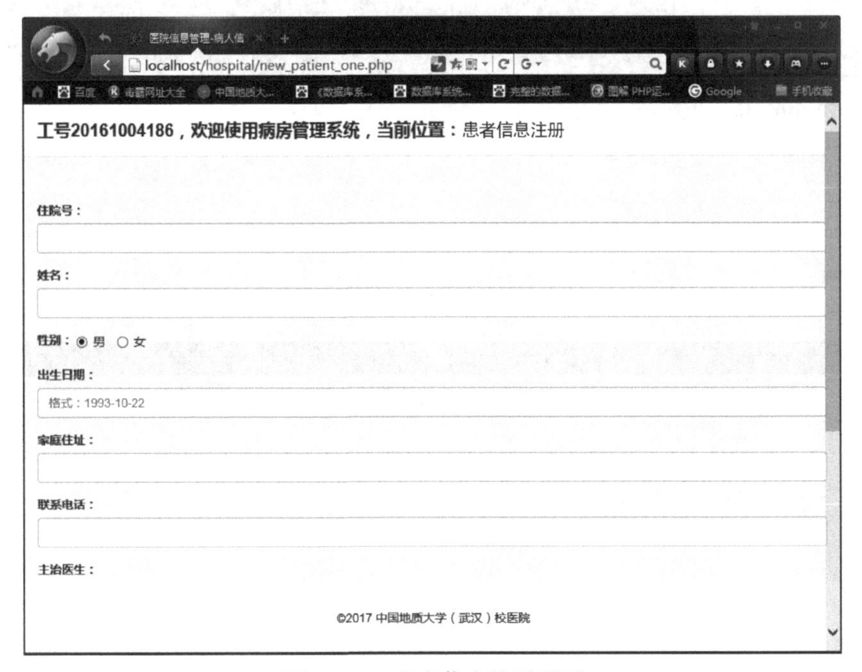

图 10.29　患者信息注册界面

（3）患者信息更新界面，如图 10.30 所示。

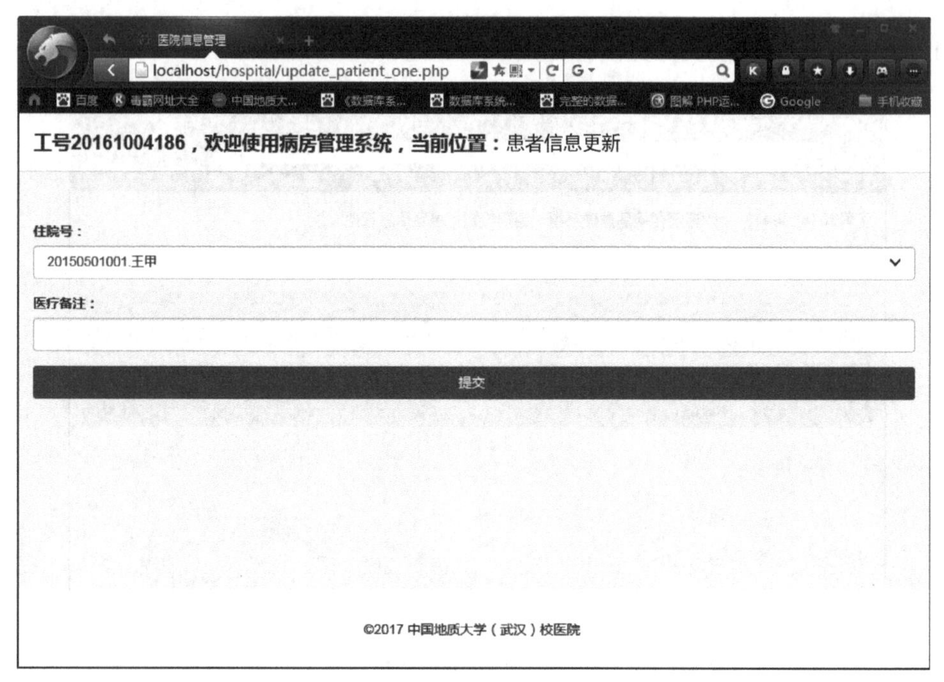

图 10.30　患者信息更新界面

（4）患者办理出院手续界面，如图 10.31 所示。

图 10.31　患者办理出院手续界面

（5）患者信息删除界面，如图 10.32 所示

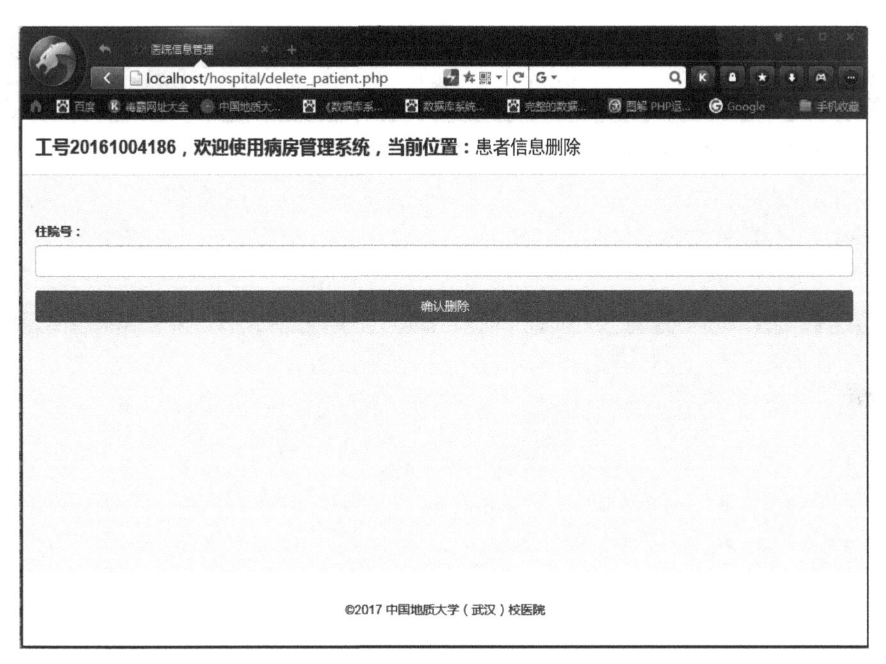

图 10.32　患者信息删除界面

6. 系统查询服务

（1）信息查询服务模块主界面，如图 10.33 所示。

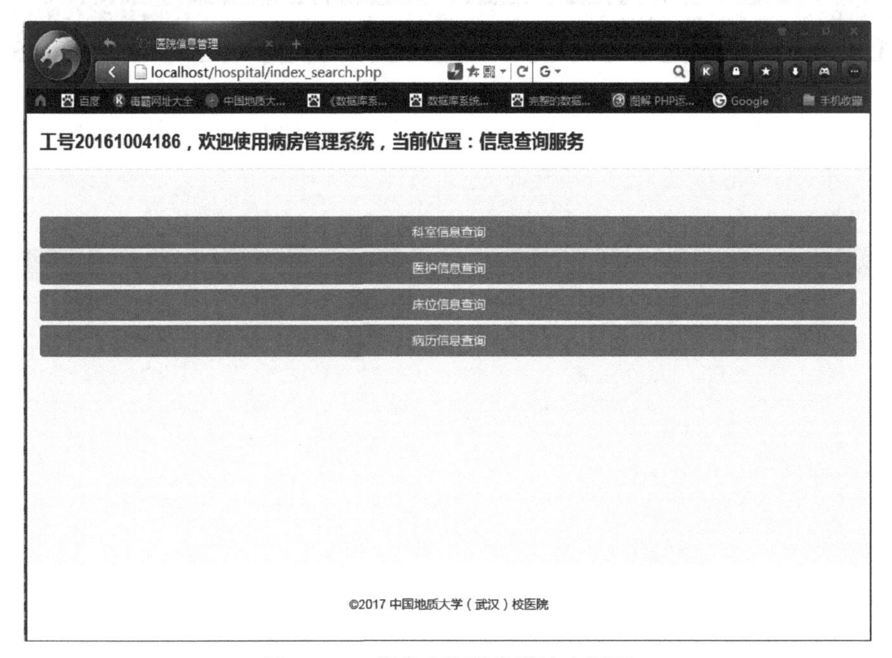

图 10.33　信息查询服务模块主界面

（2）科室信息查询界面，如图 10. 34 所示。

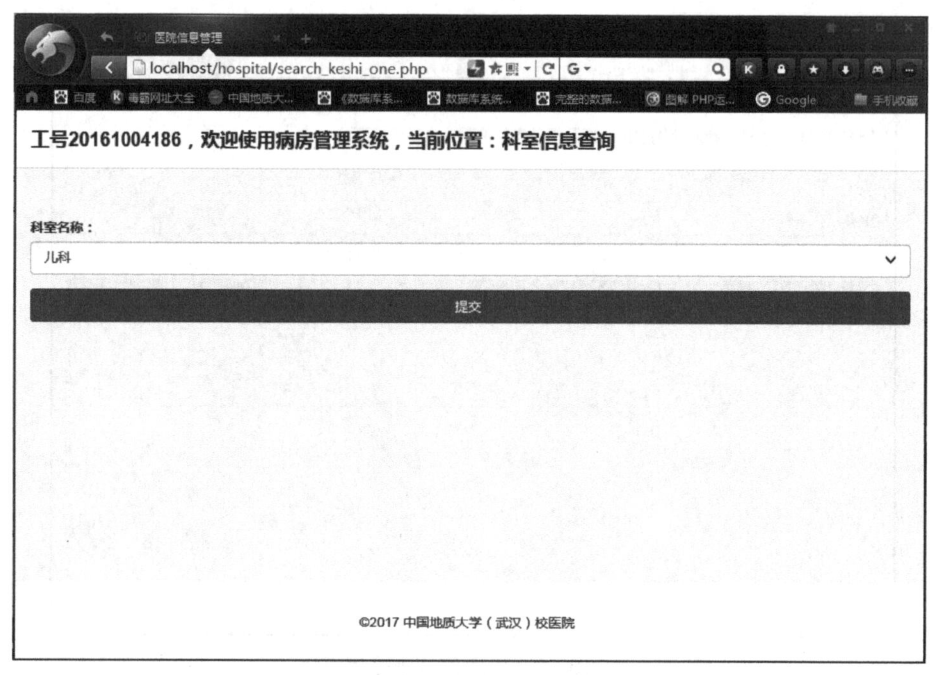

图 10. 34　科室信息查询界面

（3）医护信息查询界面，如图 10. 35 所示。

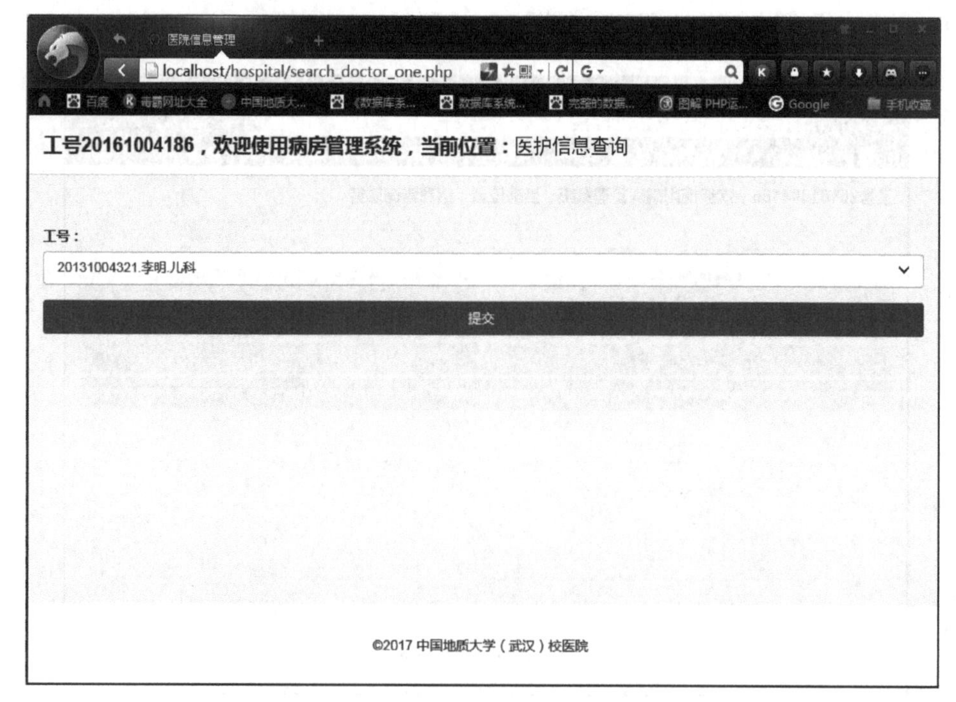

图 10. 35　医护信息查询界面

（4）床位信息查询界面，如图 10.36 所示。

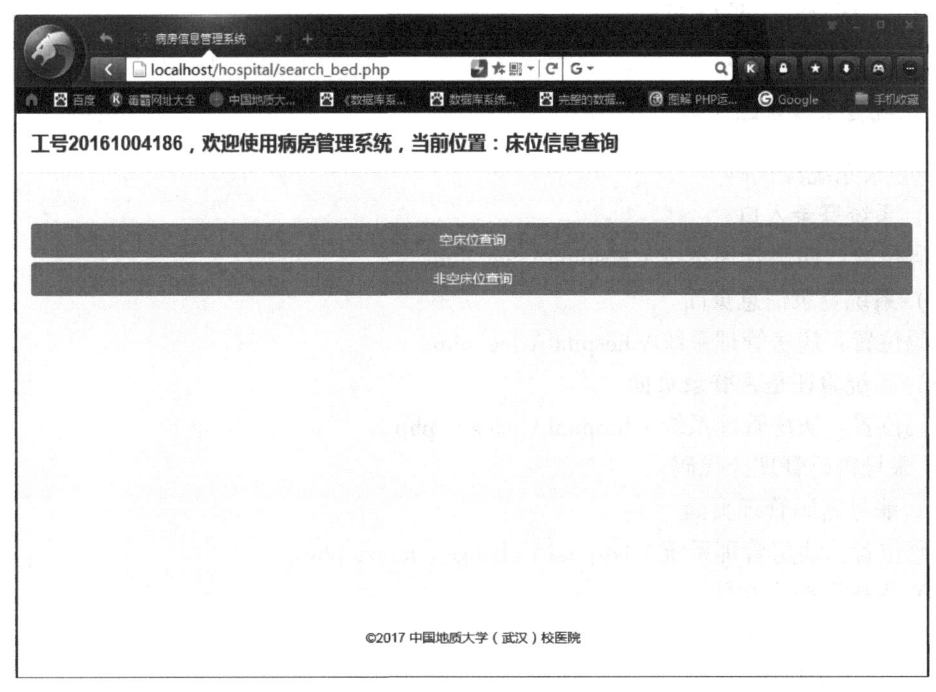

图 10.36　床位信息查询界面

（5）病历信息查询界面，如图 10.37 所示。

图 10.37　病历信息查询界面

10.1.7 分模块源代码

1. 系统登录模块源代码

1）登录系统源代码

（1）系统登录入口

代码位置：病房管理系统\hospital\log.html。

（2）系统登录信息页面

代码位置：病房管理系统\hospital\log.php。

（3）系统验证是否登录页面

代码位置：病房管理系统\hospital\islogin.php。

2）账号密码管理源代码

（1）账号密码管理页面

代码位置：病房管理系统\hospital\change_mima.php。

（2）连接数据库文件

代码位置：病房管理系统\hospital\linkmysql.php。

3）主菜单源代码

（1）系统主菜单页面

代码位置：病房管理系统\hospital\index.php。

（2）信息查询主菜单页面

代码位置：病房管理系统\hospital\index_search.php

2. 医院信息管理模块源代码

医院信息管理模块主菜单页面

代码位置：病房管理系统\hospital\index_hospital.php。

1）新医生注册源代码

（1）新医生注册第一页面

代码位置：病房管理系统\hospital\new_doctor_one.php。

（2）新医生注册第二页面

代码位置：病房管理系统\hospital\new_doctor_two.php。

2）员工信息更新源代码

（1）医生信息更新第一页面

代码位置：病房管理系统\hospital\update_doctor_one.php。

（2）医生信息更新第二页面

代码位置：病房管理系统\hospital\update_doctor_two.php。

3）员工信息删除源代码

（1）医生信息删除第一页面

代码位置：病房管理系统 \ hospital \ delete_ doctor_ one. php。
(2) 医生信息删除第二页面
代码位置：病房管理系统 \ hospital \ delete_ doctor_ two. php。

3. 患者信息管理模块源代码

患者信息管理模块主菜单页面
代码位置：病房管理系统 \ hospital \ index_ patient. php。
1) 患者信息注册源代码
(1) 患者信息注册第一页面
代码位置：病房管理系统 \ hospital \ new_ patient_ one. php。
(2) 患者信息注册第二页面
代码位置：病房管理系统 \ hospital \ new_ patient_ two. php。
2) 病历信息更新源代码
(1) 病历信息更新第一页面
代码位置：病房管理系统 \ hospital \ update_ patient_ one. php。
(2) 病历信息更新第二页面
代码位置：病房管理系统 \ hospital \ update_ patient_ two. php。
3) 出院手续办理源代码
(1) 出院手续办理第一页面
代码位置：病房管理系统 \ hospital \ out_ hospital_ one. php。
(2) 出院手续办理第二页面
代码位置：病房管理系统 \ hospital \ out_ hospital_ two. php。
4) 患者信息删除源代码
(1) 患者信息删除第一页面
代码位置：病房管理系统 \ hospital \ delete_ patient. php。
(2) 患者信息删除第二页面
代码位置：病房管理系统 \ hospital \ delete_ patient. php。

4. 科室信息查询源代码

(1) 科室信息查询第一页面
代码位置：病房管理系统 \ hospital \ search_ one. php。
(2) 科室信息查询第二文件
代码位置：病房管理系统 \ hospital \ search_ two. php。

5. 医护信息查询源代码

医护信息查询页面
代码位置：病房管理系统 \ hospital \ search_ doctor_ two. php。

6. 床位信息查询源代码

（1）床位信息查询页面

代码位置：病房管理系统\hospital\search_ bed. php。

（2）非空床位信息查询页面

代码位置：病房管理系统\hospital\ch_ bed_ feikong. php。

（3）空床位信息查询页面

代码位置：病房管理系统\hospital\search_ bed_ kong. php。

7. 病历信息查询源代码

（1）病历信息查询第一页面

代码位置：病房管理系统\hospital\search_ patient_ one. php。

（2）病历信息查询第二页面

代码位置：病房管理系统\hospital\search_ patient_ two. php。

10. 1. 8　ThinkPHP 框架版本

在上述章节中，我们用原生 PHP+MySQL 完成了病房管理系统。在实际应用中，使用原生 PHP 有一些缺点，而使用 ThinkPHP 框架有很多优点。

1）原生 PHP 缺点

（1）代码不够简洁，会产生很多冗余。

（2）PHP 代码、SQL 语句、HTML 代码混合，维护成本高。

（3）代码没有优化，效率低。

（4）不能有效地防止 SQL 注入、XSS 攻击等，不安全。

2）ThinkPHP 框架优点

（1）使用 MVC 开发模式，使模型、视图和控制器分离，代码更简洁，更容易维护。

（2）可以使用公共代码和类库，提高开发速度。

（3）自动过滤 SQL 注入、XSS 攻击等，使系统更安全。

（4）具有社区支持，可以在相应的框架社区寻求帮助、讨论和反馈等。

（5）动态加载所需类库，性能高。

（6）很有趣，比起枯燥乏味的原生代码，使用框架会为你的工作增加一丝生气。

本书提供了病房管理系统的 ThinkPHP 框架版本，读者可通过扫描封底二维码，点击“多媒体”下载。

10.2　食堂订餐系统（SQL Server+Java）

10.2.1　需求分析

1. 需求背景

本系统由 SQL Server+ Java 实现，由于软件系统的不断发展，应用软件已经遍及到社会的各行各业，大到厂房学校，小到餐饮企业，并且正在以它独特的优势服务于社会的各行各业。将应用软件应用于现在的餐饮业，解决了传统记账、统计、核算方式既费时又容易出错的问题。通过使用食堂订餐系统，可以快速完成营业记账工作，并且可以轻松地对营业额进行统计、核算。原来既费时又费力的工作，现在只需要轻点几下鼠标和键盘就可以轻松完成，既提高工作效率，又节省人力资源，为餐饮企业的巨大发展提供了巨大的空间。

食堂管理的一般流程：根据食堂订餐系统的特点，可以将食堂订餐系统划分为前台服务、后台管理、结账报表、系统安全四大功能模块，其中系统安全模块用来维护系统的正常运行。

系统的主要业务流程如下。

（1）登录系统，选择合适的身份。根据登录用户和密码进行登录。

（2）选择台号，录入顾客消费信息和菜单种类信息等。即吧台查询菜品、菜系、菜品价格等详细资料，选择开单，将信息录入食堂订餐系统的数据库中。一个顾客对应一个台号，台号一定要确保准确无误，以便上菜。

（3）对顾客消费进行签单处理。录入实收金额，对顾客的消费信息进行结账找零服务。

（4）对日、月、年的消费信息进行汇总处理。对整个食堂每日、每月、每年的消费信息进行简单的计算，方便食堂管理人员了解食堂的运行状态和运营趋势。

（5）对食堂台数、菜品、菜系进行实时更新，确保食堂旺淡季、不同季节的不同营销模式。

（6）对食堂管理人员账户进行用户管理和修改密码维护，实现系统的安全登录和日常维护。

这些模块包括的具体功能如图 10.38 所示。

2. 数据字典

1）数据项

数据项如表 10.11 所示。

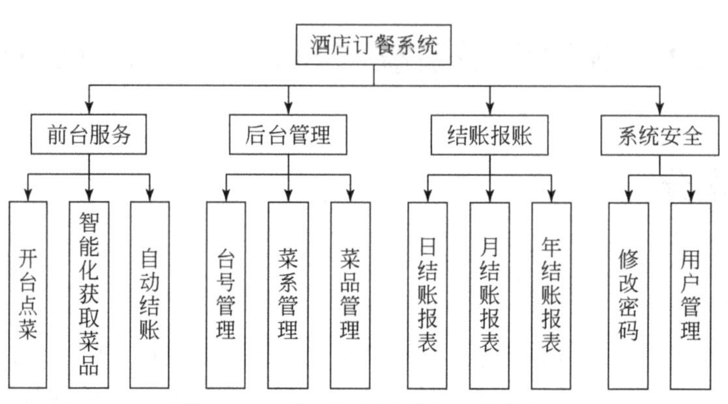

图 10.38　食堂订餐系统组织结构图

表 10.11　数据项

编号	数据项名	数据项含义说明	别名	数据类型	长度
1	姓名	用户登录名	name	varchar	8
2	性别	用户性别	sex	char	2
3	出生日期	用户出生日期	birthday	datetime	
4	身份证号	用户身份证号	id_ card	varchar	20
5	登录密码	用户登录密码	password	varchar	20
6	台号	订餐桌号	num	int	
7	座位数	桌子的数量	seating	varchar	5
8	菜系名称	菜系名称	name	varchar	20
9	菜系	菜系种类	Sort_ id	char	8
10	助记码	菜品助记码	code	varchar	10
11	单位	菜品单位	uint	varchar	4
12	单价	菜品单价	unit_ price	int	
13	订单编码	订单号	order_ form_ num	char	11
14	菜单号	菜单号	menu_ num	char	8
15	数量	菜品数量	amount	int	
16	总共	菜品总共钱数	total	int	
17	桌台号	桌子号码	desk_ num	varchar	5
18	开台时间	下单的时间	datetime	datetime	
19	金额	下单总金额	money	int	
20	用户编号	用户编码	User_ id	int	

2）数据结构

通过分析，该系统具有四个数据结构，即台号信息、菜品信息、菜系信息、用户信息，如表 10.12 所示。

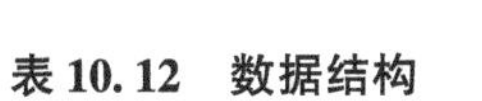

表 10.12　数据结构

编号	数据结构名	含义说明	组成数据项
1	台号信息	顾客点菜的台号数、座位数信息	台号数、座位数
2	菜品信息	菜品的名称、助记码、单位、单价、所属菜系信息	名称、助记码、单位、单价
3	菜系信息	菜品所属的菜系名称信息	菜系名称、菜系编码
4	用户信息	用户的姓名、性别、出生日期、登录密码、身份证号信息	姓名、性别、出生日期、登录密码、身份证号

3）数据流

数据流如表 10.13 所示。

表 10.13　数据流

编号	数据流名	说明	数据流来源	数据流去向	组成
1	用户编号	系统对用户的编号，是用户的唯一标识信息	登录系统	订餐服务台	用户编号
2	用户密码	登录系统中用户设置的密码	登录系统	订餐服务台	用户密码
3	菜品基本信息	菜品的名称、编号等各种标识信息	菜品信息系统	菜品服务台	菜品的编号及基本信息
4	菜系基本信息	菜系的名称、编号等各种标识信息	菜系信息系统	菜系服务台	菜系的编号及基本信息
5	台号信息	桌台的名称、编号等各种标识信息	桌台信息系统	桌台服务台	桌台的编号及基本信息

4）数据存储

数据存储如表 10.14 所示。

表 10.14　数据存储

编号	数据存储名	说明	输入数据流	输出数据流	组成
1	台号信息	存储桌台实体的相关信息	台号原始信息数据	台号信息匹配与查询	台号信息的各属性
2	菜系信息	存储菜系实体的相关信息	菜系原始信息数据	菜系信息匹配与查询	菜系信息的各属性
3	菜品信息	存储菜品实体的相关信息	菜品原始信息数据	菜品信息匹配与查询	菜品信息的各属性
4	登录信息	存储登录系统的账号和密码	管理员的账号和密码	管理员能否正确登录	账号和密码

5）处理过程

处理过程如表 10.15 所示。

表 10.15　处理过程

编号	处理过程名	说明	输入	输出	处理
1	登录名生成	为新用户生成唯一的登录编号	用户凭证	用户编号	根据既定规则生成唯一的用户编号
2	信息录入	手动录入用户信息	用户基本信息	用户基本信息	将用户的基本信息数字化
3	用户编号	系统对用户的编号，是用户的唯一标识信息	用户编号	订餐服务台	登录系统
4	用户密码	登录系统中用户设置的密码	用户密码	订餐服务台	登录系统
5	菜品基本信息	菜品的名称、编号等各种标识信息	菜品信息系统	菜品服务台	菜品的编号及基本信息
6	菜系基本信息	菜系的名称、编号等各种标识信息	菜系信息系统	菜系服务台	菜系的编号及基本信息
7	台号信息	桌台的名称、编号等各种标识信息	桌台信息系统	桌台服务台	桌台的编号及基本信息

3. 数据流图

1）一级数据流图

食堂订餐管理系统总数据流图，如图 10.39 所示。

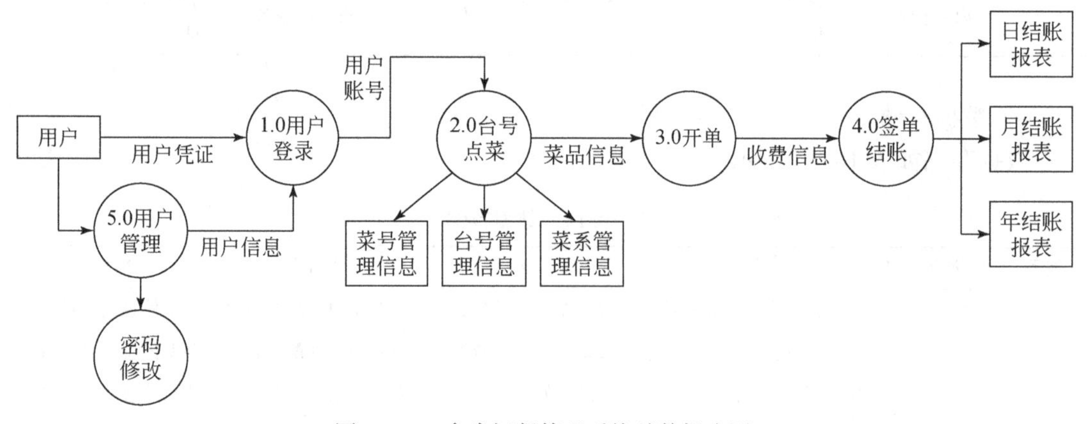

图 10.39　食堂订餐管理系统总数据流图

2）二级数据流图

（1）食堂订餐系统用户登录环节分数据流图，如图 10.40 所示。

（2）食堂订餐系统台号点菜环节分数据流图，如图 10.41 所示。

（3）食堂订餐系统开单环节分数据流图，如图 10.42 所示。

（4）食堂订餐系统签单结账环节分数据流图，如图 10.43 所示。

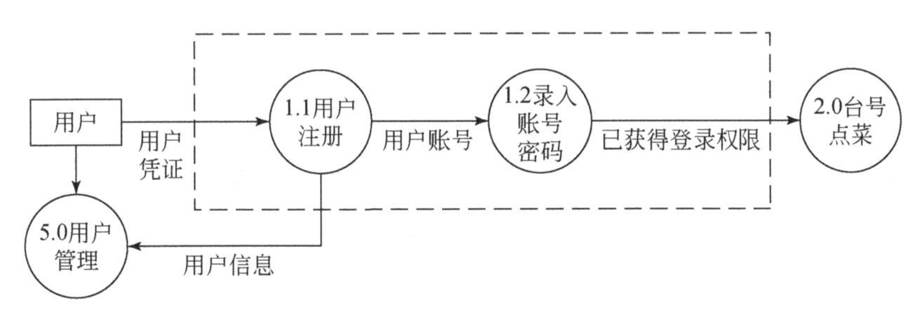

图 10.40　用户登录环节分数据流图

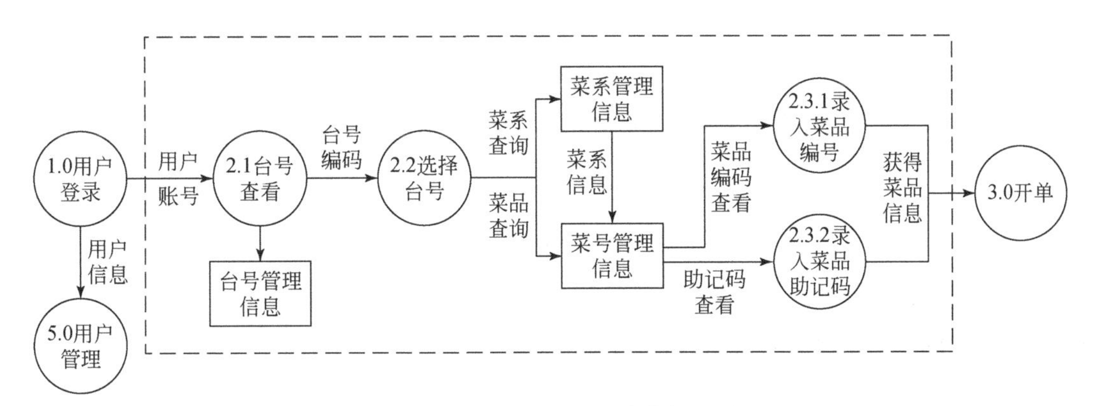

图 10.41　台号点菜环节分数据流图

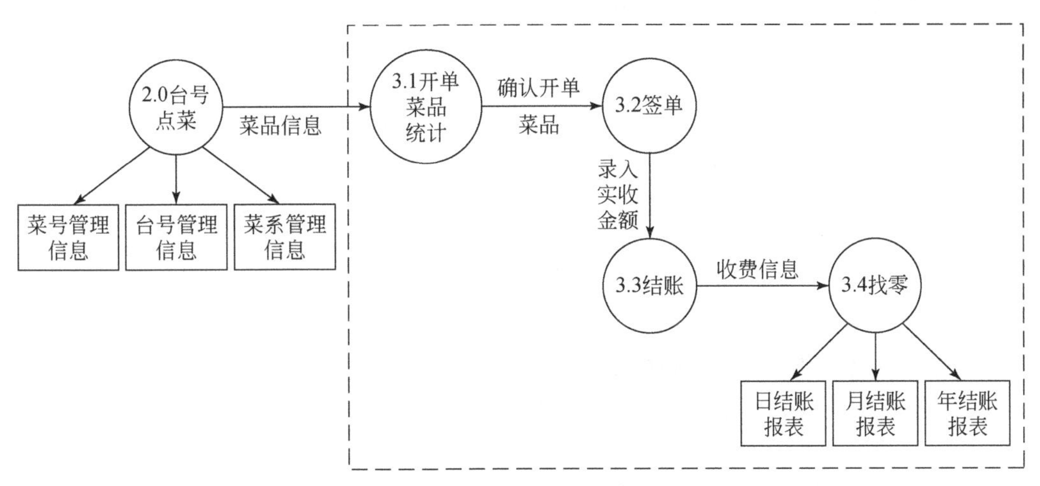

图 10.42　开单环节分数据流图

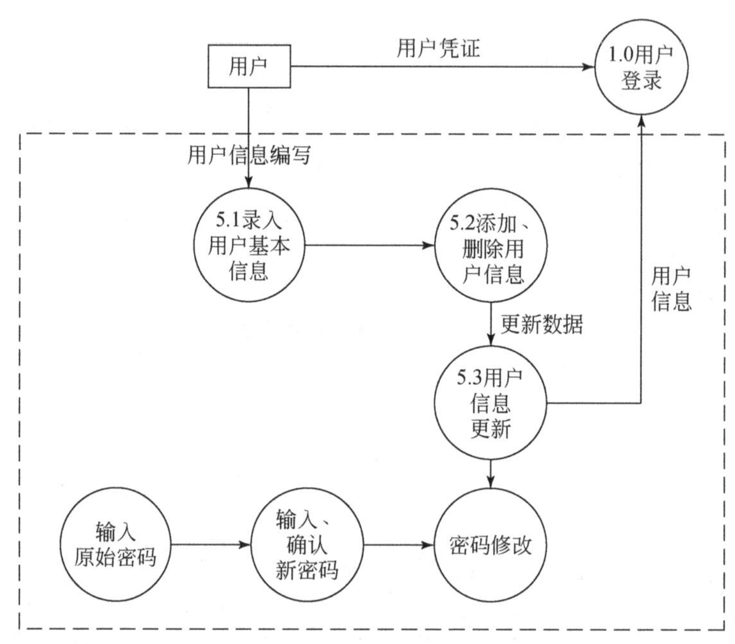

图 10.43　签单结账环节分数据流图

10.2.2　概念设计

1. 分 E–R 图

（1）菜品实体分 E–R 图，如图 10.44 所示。

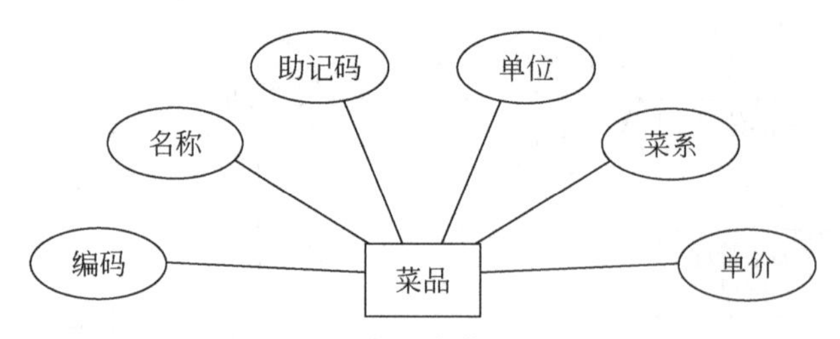

图 10.44　菜品实体分 E–R 图

（2）菜系实体分 E–R 图，如图 10.45 所示。
（3）桌台实体分 E–R 图，如图 10.46 所示。

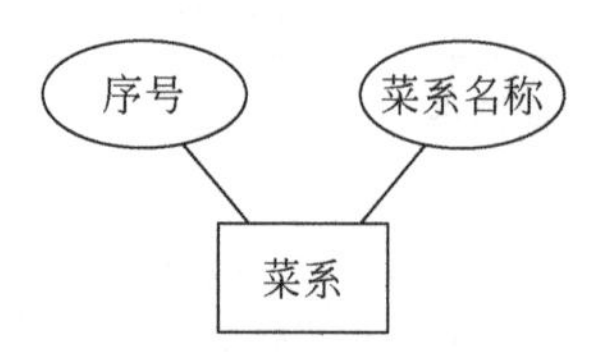

图 10.45　菜系实体分 E–R 图

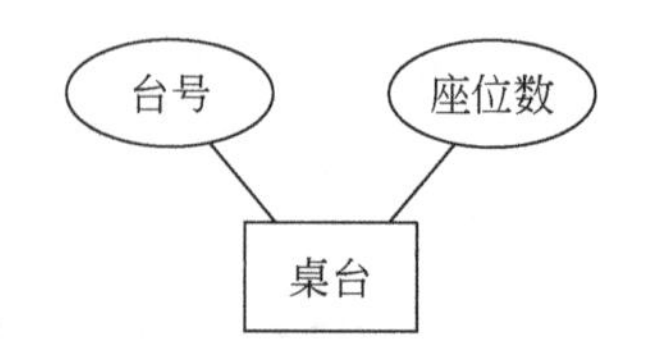

图 10.46　桌台实体分 E–R 图

（4）用户实体分E-R图，如图10.47所示。

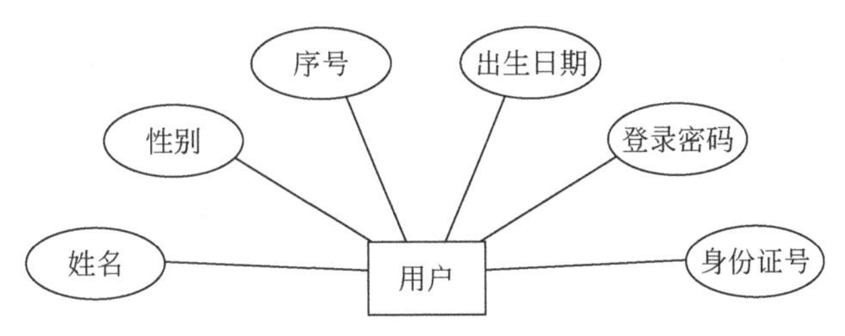

图10.47 用户实体分E-R图

2. 局部E-R图

（1）菜品–菜系实体局部E-R图，如图10.48所示。

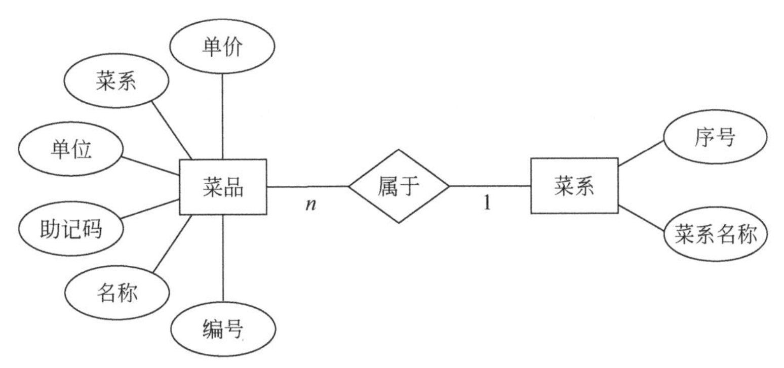

图10.48 菜品–菜系实体局部E-R图

（2）菜品–桌台实体局部E-R图，如图10.49所示。

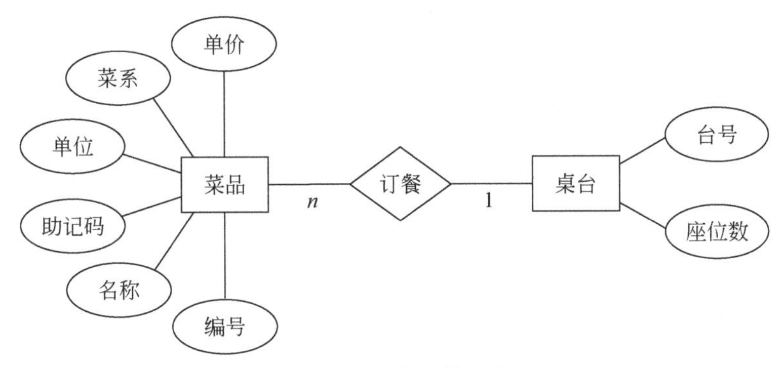

图10.49 菜品–桌台实体局部E-R图

（3）菜系–桌台实体局部E-R图，如图10.50所示。
（4）桌台–用户实体局部E-R图，如图10.51所示。

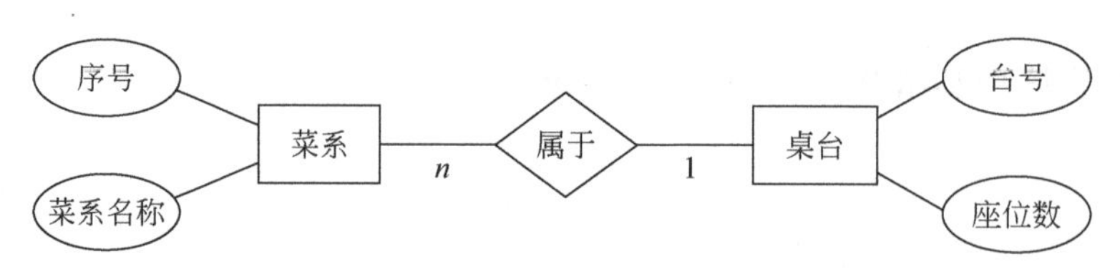

图 10.50　菜系-桌台实体局部 E-R 图

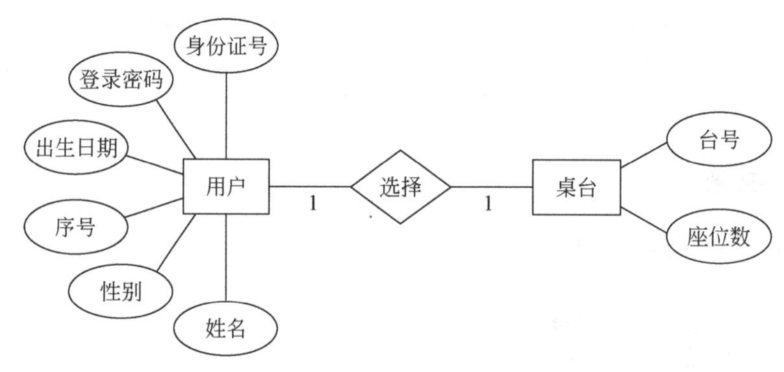

图 10.51　桌台-用户实体局部 E-R 图

3. 总 E-R 图

总 E-R 图如图 10.52 所示。

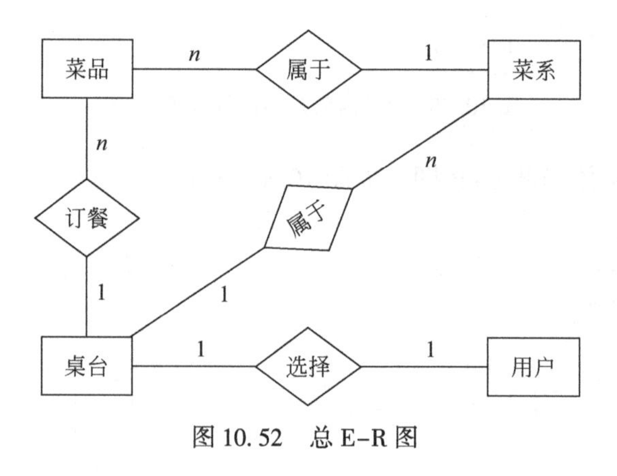

图 10.52　总 E-R 图

10.2.3　逻辑结构设计

1. E-R 图向关系模型的转换

1）实体间的联系分析

关系模型的逻辑结构是一组关系模式的集合。E-R 图则是由实体型、实体的属性和实

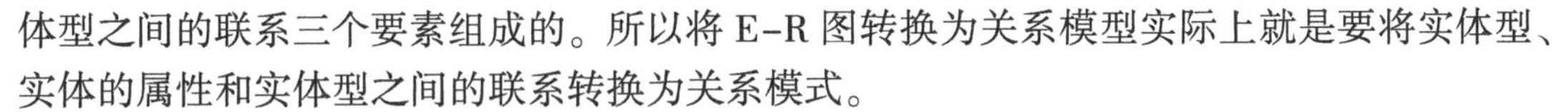

体型之间的联系三个要素组成的。所以将 E–R 图转换为关系模型实际上就是要将实体型、实体的属性和实体型之间的联系转换为关系模式。

从概念设计得出的各级 E–R 图及两个实体之间的相互关系可以知道，食堂订餐系统有四个联系（菜品与菜系之间的联系、菜品与桌台之间的联系、菜系与桌台之间的联系、桌台与用户之间的联系）。一个 $1:n$ 联系可以转换为一个独立的关系模式，也可以与 n 端对应的关系模式合并。如果转换为一个独立的关系模式，则与该联系相连的各实体的码以及联系本身的属性均转换为关系的属性，而关系的码为 n 端实体的码。

2）关系模式

从上述的总 E–R 图中可以转换出以下四个关系模式，即菜品、菜系、桌台、用户。

其中关系的码用下横线标出。

菜品（<u>编号</u>，名称，助记码，单位，菜系，单价）

此为菜品实体对应的关系模式。编号为该关系模式的主码，菜系为该关系模式的外码。

菜系（<u>序号</u>，菜系名称）

此为菜系实体对应的关系模式。序号为该关系模式的主码，菜系名称为关系模式的候选码。

桌台（<u>台号</u>，座位数）

此为桌台实体对应的关系模式，台号为该关系模式的主码。

用户（<u>序号</u>，姓名，性别，出生日期，登录密码，身份证号）

此为用户实体对应的关系模式。序号为该关系模式的主码，姓名为该关系模式的候选码。

2. 数据模型的优化

数据库逻辑设计的结果不是唯一的。为了进一步提高数据库应用系统的性能，还应该根据应用需要适当修改、调整数据模型的结构，这就是数据模型的优化。以下为关系数据模型的优化。

3. 设计用户子模式

定义数据库全局模式主要是从系统的时间效率、空间效率、易维护等角度出发。由于用户外模式与模式是相对独立的，所以在定义用户外模式时，可以注重考虑用户的习惯与方便。

（1）使用更符合用户习惯的别名。

（2）可以对不同级别的用户定义不同的视图，以保证系统的安全性。

（3）简化用户对系统的使用。

根据需求分析中的要求进行菜品查询（菜品名称、助记码、单价、单位等）、菜系有关信息查询（所属菜系种类）、桌台查询（台号、座位数查询等）以及用户信息查询（用户名称、出生日期、性别、身份证号、密码修改）等。因此，在进行视图设计时，设计了以上四个功能的视图，即菜品查询视图、菜系查询视图、台号查询视图与用户管理查询视图。

10.2.4 物理设计

1. 物理存取结构（数据库/数据库表）设计、基本表及SQL语句

（1）菜品表，如表10.16所示。

表10.16 菜品表

属性名	属性中文名	类型	长度	取值范围	唯一性	说明
num	菜品编号	char	8	食堂所有菜品编号	唯一	主码
sort_ id	菜系编号	int	20	食堂所有菜系编号	唯一	外码
name	菜品名称	varchar	10	食堂所有菜品名称		
code	助记码	varchar	4	帮助每个菜品记忆编码		
unit	单位	varchar		每个菜品的单位		
unit_ price	单价	int	4	每个菜品的单价		

SQL语句：

```
create table dbo. tb_menu(
num char(8)NOT NULL,
sort_id int NOT NULL,
name varchar(20)NOT NULL,
code varchar(10)NOT NULL,
unit varchar(4)NOT NULL,
unit_price int NOT NULL,
stat char(4)NOT NULL,
constraint PK_TB_MENU primary key(num)
);
```

（2）菜系表如表10.17所示。

表10.17 菜系表

属性名	属性中文名	类型	长度	取值范围	唯一性	说明
id	序号	int		菜系序号	唯一	主码
Name	菜系名称	varchar	20	食堂所有菜系名称	唯一	候选码

SQL语句：

```
create table dbo. tb_sort(
id int identity(1,1)NOT NULL,
name varchar(20)NOT NULL,
constraint PK_TB_SORT primary key(id)
```

```
);
```

(3) 桌台表如表 10.18 所示。

表 10.18　桌台表

属性名	属性中文名	类型	长度	取值范围	唯一性	说明
Num	台号	varchar	5	桌台编码	唯一	主码
Seating	座位数	Int		每个桌台座位数		

SQL 语句：

```
create table dbo.tb_desk(
num varchar(5)NOT NULL,
seating int NOT NULL,
constraint PK_TB_DESK primary key(num)
);
```

(4) 用户信息表如表 10.19 所示。

表 10.19　用户信息表

属性名	属性中文名	类型	长度	取值范围	唯一性	说明
Id	用户编号	int		食堂所有菜品编号	唯一	主码
Name	用户名	varchar	8	食堂所有菜系编号	唯一	候选码
Sex	用户性别	char	2	男/女		
Birthday	用户生日	datetime		帮助每个菜品记忆编码		
Id_ card	用户身份证号码	varchar	20	每个菜品的单位		
Password	用户登录密码	varchar	20	每个菜品的单价		

SQL 语句：

```
create table dbo.tb_user(
    id int identity(1,1)NOT NULL,
    name varchar(8)NOT NULL,
    sex char(2)NOT NULL,
    birthday datetime NOT NULL,
    id_card varchar(20)NOT NULL,
    password varchar(20)NOT NULL,
    freeze char(4)NOT NULL,
constraint PK_TB_USER primary key(id)
);
```

2. 增、删、改、查操作及 SQL 语句

分模块介绍系统中各过程出现的增、删、改、查操作的 SQL 语句及其用途。

1) 登录模块

(1) 系统登录。

SQL 语句：

```
select name,sex,birthday,id_card,freeze from tb_user where freeze='  正常'  ;
```

语句作用：在 tb_user 表中搜索与管理员输入账号所对应的密码，用于判断是否与用户所输入的密码一致。

（2）密码修改服务。

①SQL 语句：

```
select *  from tb_user where name= 'Tsoft';
```

语句作用：在 tb_ user 表中选择管理员账号名为“Tsoft”的信息。

②SQL 语句：

```
update tb_user set password='111'where name='Tsoft';
```

语句作用：将 name 为 Tsoft 的管理员密码修改为“111”。

2）菜品信息管理模块

（1）菜品选择。

①SQL 语句：

```
select *  from tb_menu;
```

语句作用：在菜品表中查询所有菜品信息，供顾客选择。

②SQL 语句：

```
insert into tb_menu values('08011510','22','油焖大虾','ymdx','斤','128','销售');
```

语句作用：将新菜品的编号、名称、助记码、所属菜系编号、单位以及单价等属性插入菜品表中。

（2）菜品信息删除。

SQL 语句：

```
delete from tb_menu where name='油焖大虾';
```

语句作用：在菜品表中删除 name 为“油焖大虾”的记录。

（3）菜品信息更新。

SQL 语句：

```
update tb_menu set sort_id='23',unit_price='150'  where name='油焖大虾';
```

语句作用：在菜品表中更新 name 为“油焖大虾”的信息，并对所属菜系编号、单位以及单价进行更新。

3）菜系信息管理模块

（1）菜系选择。

①SQL 语句：

```
select name from tb_sort;
```

语句作用：在菜系表中查询所有菜系信息，供顾客选择。

②SQL 语句：

```
insert into tb_sort(id,name)values('30','甜品');
```

语句作用：将新菜品的编号、菜系名称插入菜品表中。

注意：若出现错误：当 IDENTITY_ INSERT 设置为 OFF 时，不能为表 tb_ sort 中的标识列

插入显式值，则运行“set IDENTITY_ INSERT　tb_ sort ON;”即可解决。

（2）菜系信息删除。

SQL 语句：

```
delete from tb_sort where name='甜品';
```

语句作用：在菜品表中删除 name 为“甜品”的信息。

10.2.5　系统实施与系统维护

1. DBMS 与开发语言的选择

（1）数据库选择的是 SQL Server 2008 R2。

（2）开发语言选择的是 Java。

（3）使用 Eclipse 软件编辑 Java。

2. 数据库的载入

整个系统一共有 4 张基本表，即菜品基本表、菜系基本表、桌台基本表、用户信息基本表，其中用户信息基本表用来存放整个系统登录的账户和密码信息。

10.2.6　系统运行结果

以截图的形式展现各个工作模块的效果 。

1. 系统登录界面

系统登录界面如图 10.53 所示。

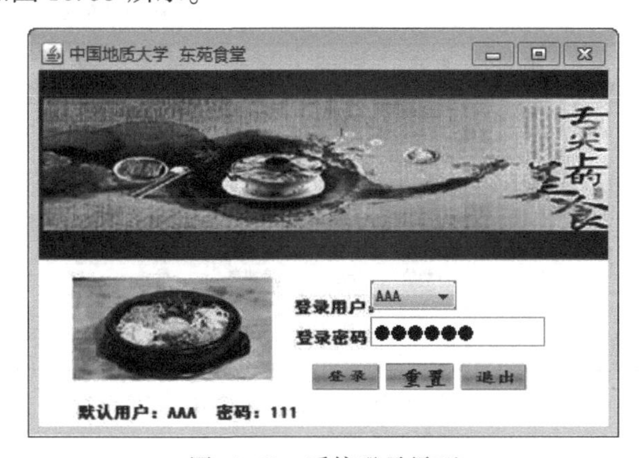

图 10.53　系统登录界面

2. 系统主界面

系统主界面如图 10.54 所示。

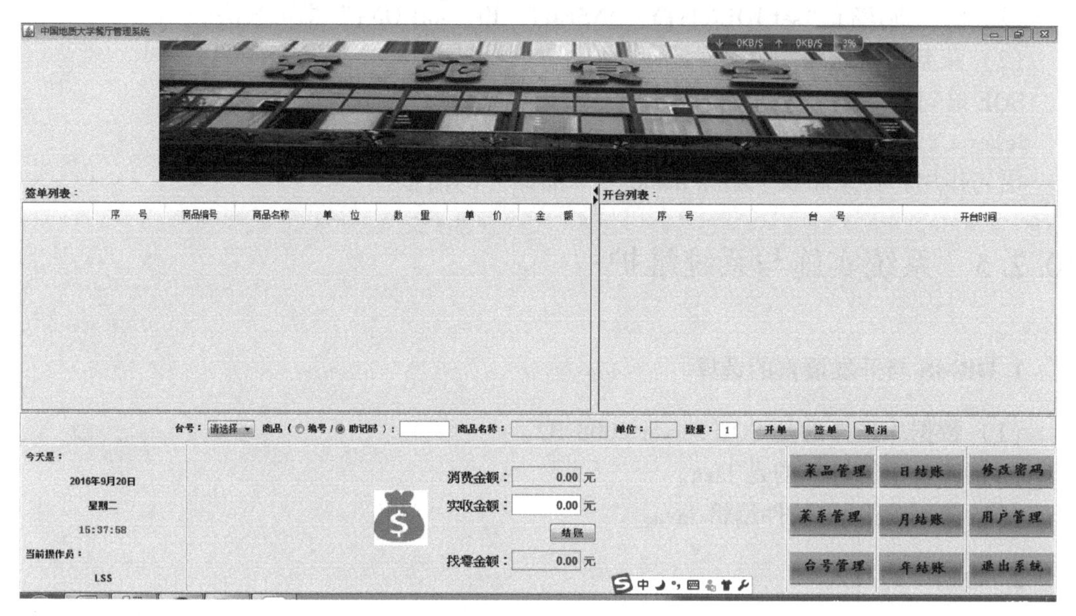

图 10.54　系统主界面

3. 菜品管理界面

菜品管理界面如图 10.55 所示。

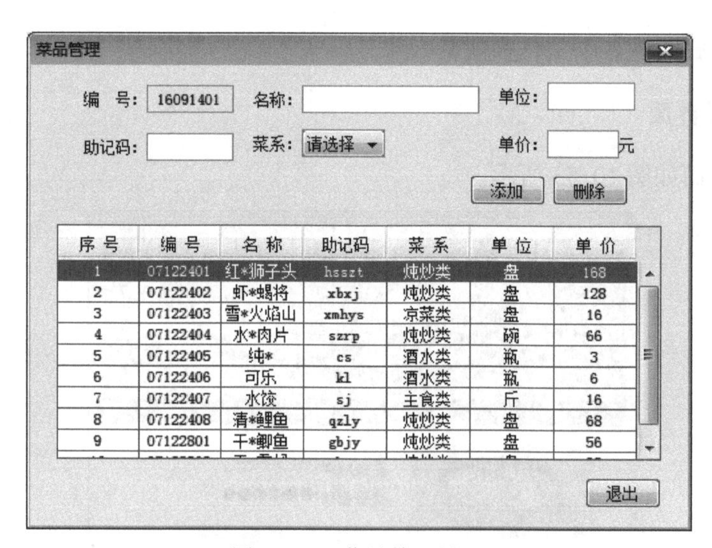

图 10.55　菜品管理界面

4. 菜系管理界面

菜系管理界面如图 10.56 所示。

图 10.56　菜系管理界面

5. 台号管理界面

台号管理界面如图 10.57 所示。

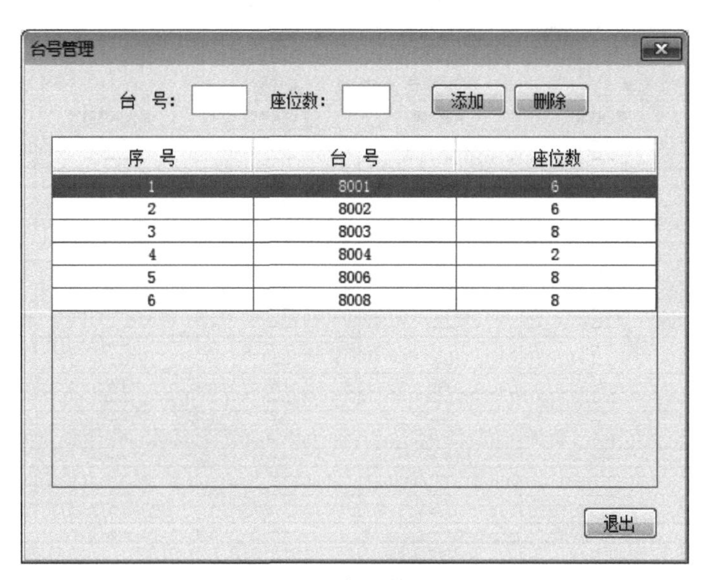

图 10.57　台号管理界面

6. 结账界面

（1）日结账界面如图 10.58 所示。

（2）月结账界面如图 10.59 所示。

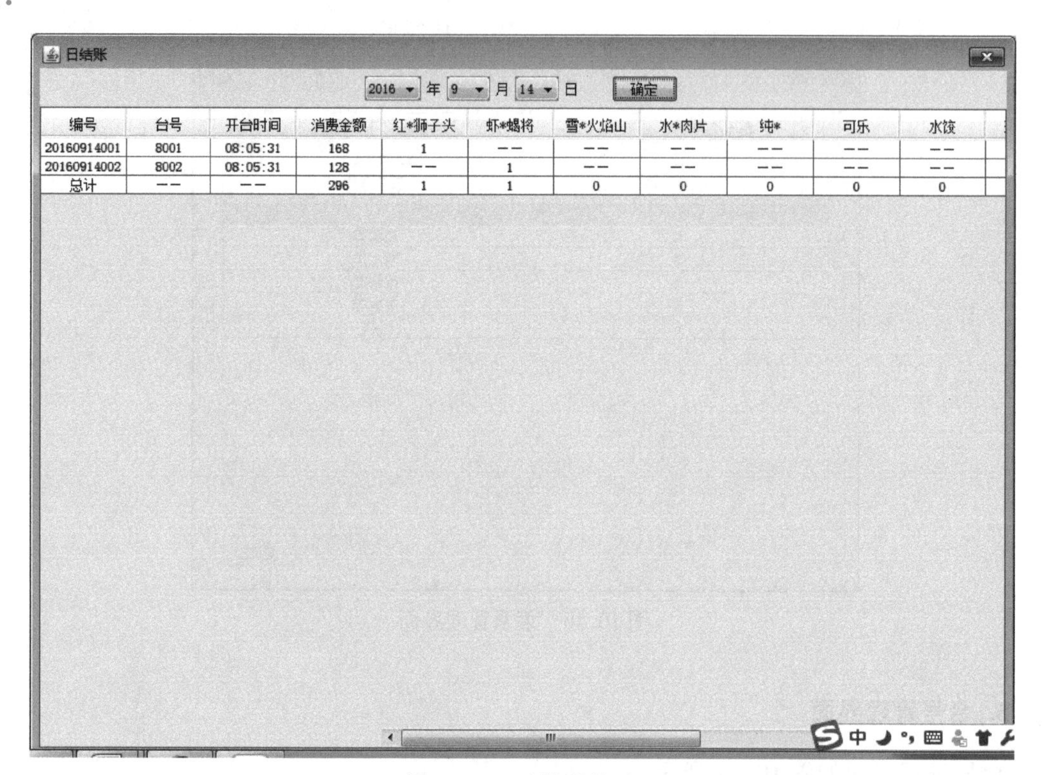

编号	台号	开台时间	消费金额	红*狮子头	虾*蝎将	雪*火焰山	水*肉片	纯*	可乐	水饺
20160914001	8001	08:05:31	168	1	——	——	——	——	——	——
20160914002	8002	08:05:31	128	——	1	——	——	——	——	——
总计	——	——	296	1	1	0	0	0	0	0

图 10.58　日结账界面

月结账

2016 年 9 月 确定

日期	开台总数	消费总额	平均消费额	最大消费额	最小消费额
1	——	——	——	——	——
2	——	——	——	——	——
3	——	——	——	——	——
4	——	——	——	——	——
5	——	——	——	——	——
6	——	——	——	——	——
7	——	——	——	——	——
8	——	——	——	——	——
9	——	——	——	——	——
10	——	——	——	——	——
11	——	——	——	——	——
12	——	——	——	——	——
13	——	——	——	——	——
14	2	296	148	168	128
15	——	——	——	——	——
16	——	——	——	——	——
17	——	——	——	——	——
18	——	——	——	——	——
19	——	——	——	——	——
20	——	——	——	——	——
21	——	——	——	——	——
22	——	——	——	——	——
23	——	——	——	——	——
24	——	——	——	——	——
25	——	——	——	——	——
26	——	——	——	——	——
27	——	——	——	——	——
28	——	——	——	——	——
29	——	——	——	——	——
30	——	——	——	——	——
总计	2	296	148	168	128

图 10.59　月结账界面

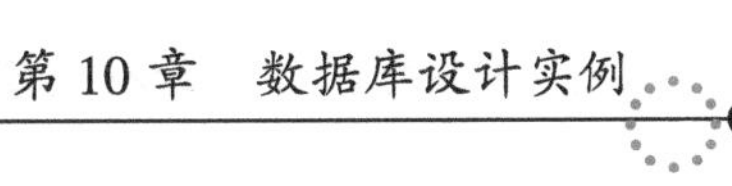

（3）年结账界面如图 10.60 所示。

年结账

2016 年　确定

日期	4 月	5 月	6 月	7 月	8 月	9 月	10 月	11 月	12 月	总计
1	——	——	——	——	——	——	——	——	——	——
2	——	——	——	——	——	——	——	——	——	——
3	——	——	——	——	——	——	——	——	——	——
4	——	——	——	——	——	——	——	——	——	——
5	——	——	——	——	——	——	——	——	——	——
6	——	——	——	——	——	——	——	——	——	——
7	——	——	——	——	——	——	——	——	——	——
8	——	——	——	——	——	——	——	——	——	——
9	——	——	——	——	——	——	——	——	——	——
10	——	——	——	——	——	——	——	——	——	——
11	——	——	——	——	——	——	——	——	——	——
12	——	——	——	——	——	——	——	——	——	——
13	——	——	——	——	——	——	——	——	——	——
14	——	——	——	——	——	296	——	——	——	296
15	——	——	——	——	——	——	——	——	——	——
16	——	——	——	——	——	——	——	——	——	——
17	——	——	——	——	——	——	——	——	——	——
18	——	——	——	——	——	——	——	——	——	——
19	——	——	——	——	——	——	——	——	——	——
20	——	——	——	——	——	——	——	——	——	——
21	——	——	——	——	——	——	——	——	——	——
22	——	——	——	——	——	——	——	——	——	——
23	——	——	——	——	——	——	——	——	——	——
24	——	——	——	——	——	——	——	——	——	——
25	——	——	——	——	——	——	——	——	——	——
26	——	——	——	——	——	——	——	——	——	——
27	——	——	——	——	——	——	——	——	——	——
28	——	——	——	——	——	——	——	——	——	——
29	——	——	——	——	——	——	——	——	——	——
30	——	——	——	——	——	——	——	——	——	——
31	——	——	——	——	——	——	——	——	——	——
总计	——	——	——	——	——	296	——	——	——	296

图 10.60　年结账界面

7. 用户管理界面

用户管理界面如图 10.61 所示。

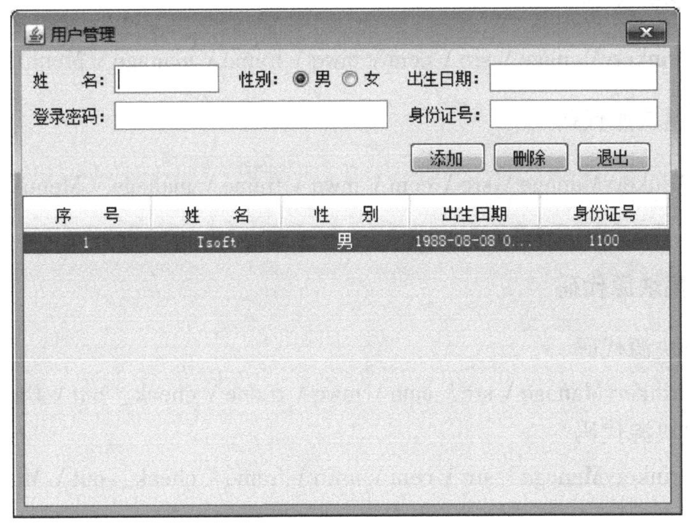

图 10.61　用户管理界面

8. 密码修改界面

密码修改界面如图 10.62 所示。

图 10.62　密码修改界面

10.2.7　分模块源代码

1. 系统登录模块源代码

代码位置：DrinkeryManage \ src \ com \ mwq \ frame \ LandFrame。

2. 系统主界面模块源代码

代码位置：DrinkeryManage \ src \ com \ mwq \ frame \ TipWizardFrame。

3. 系统菜品模块源代码

代码位置：DrinkeryManage \ src \ com \ mwq \ frame \ manage \ SortDialog。

4. 系统菜系模块源代码

代码位置：DrinkeryManage \ src \ com \ mwq \ frame \ manage \ MenuDialog。

5. 系统台号模块源代码

代码位置：DrinkeryManage \ src \ com \ mwq \ frame \ manage \ MenuDialog \ DeskNum-Dialog。

6. 系统报账模块源代码

1） 日报账模块源代码
代码位置：DrinkeryManage \ src \ com \ mwq \ frame \ check_ out \ DayDialog。
2） 月报账模块源代码
代码位置：DrinkeryManage \ src \ com \ mwq \ frame \ check_ out \ MonthDialog。

3）年报账模块源代码
代码位置：DrinkeryManage \ src \ com \ mwq \ frame \ check_ out \ YearDialog。

7. 用户管理和密码修改模块源代码

1）用户管理模块源代码
代码位置：DrinkeryManage \ src \ com \ mwq \ frame \ user \ UserManagerDialog。
2）密码修改模块源代码
代码位置：DrinkeryManage \ src \ com \ mwq \ frame \ user \ UpdatePasswordDialog。

10.3　家庭理财系统（Android：SQLite+Java）

10.3.1　需求分析

1. 需求说明

你是“月光族”族吗？你能说出每个月的钱都花到哪里去了吗？当今社会，人们挣得钱越来越多，可是存款却越来越少。或许你有记账的习惯，但一直以来人们使用传统的人工记账方式即文件或纸张记账管理模式，但这种管理方式存在着许多缺点，如效率低、保密性差。同时，随着使用时间的增长，产生的大量数据文件给查找、更新和维护都带来了不少困难，实现财务信息自动化管理将成为未来大部分人的选择。故本节结合 SQLite 数据库开发了一款基于 Android 系统的家庭理财通系统。

基于该软件，用户可以随时随地记录收入、支出、便签及信息查询信息。同时，为了保护个人隐私，还为该家庭理财通系统设计了登录密码。

2. 需求理解

该系统的设计是为了方便对个人收入、支出、便签、信息查询进行管理。结合用户的实际情况，对收入、支出、便签等信息进行增、删、改、查等操作，同时设置密码，增加系统的安全性能。

3. 系统目标

（1）操作简单方便。
（2）对收入、支出及便签信息进行增、删、改、查等操作。
（3）结合便签备注收入、支出信息，并设定个人计划。
（4）设置密码确保系统的安全性。
（5）系统运行稳定，安全可靠。

4. 系统功能结构

家庭理财功能结构图，如图 10.63 所示。

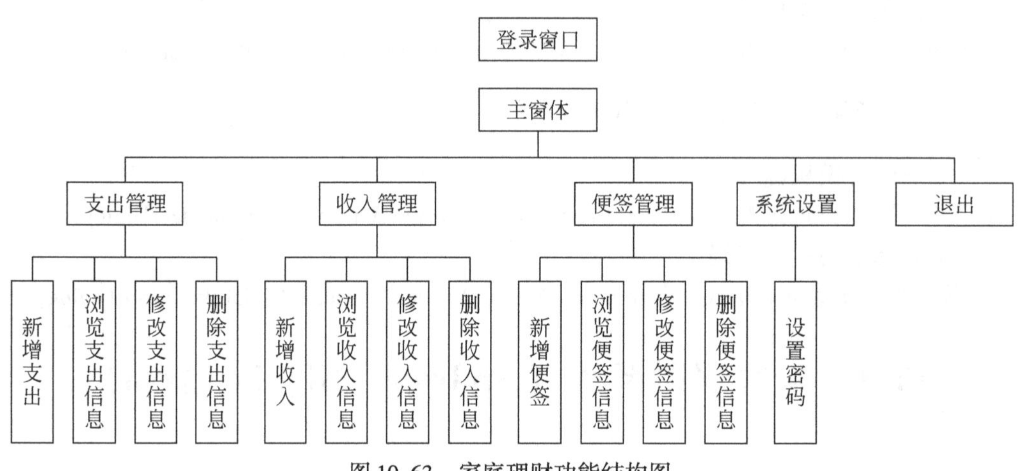

图 10.63　家庭理财功能结构图

5. 数据字典

（1）数据项如表 10.20 所示。

表 10.20　数据项

编号	数据项名	数据项含义说明	别名	数据类型	长度	取值范围
1	用户密码	保证系统的安全性	password	varchar	20	0～9 或 a～z 随机六位密码
2	编号	支出费用的登记	paypay_id	int	10	支出顺序从 1 依次往下
3	支出金额	支出钱数	pay_money	float	20	支出金额多少
4	支出时间	花费金额的日期	pay_time	time		yyyy-mm-dd
5	支出用途	花费的去处	pay_type	varchar	20	
6	支出地点	花费地点	pay_address	varchar	100	
7	备注	其他较为详细的说明，帮助记忆	pay_mark	varchar	200	文本
8	编号	收入费用的登记	incomepay_id	int	10	收入顺序从 1 依次往下
9	收入金额	财产的收入	income_money	float	20	收入金额多少
10	收入时间	什么时候增加的财产	income_time	time		yyyy-mm-dd
11	收入来源	增加的收入方式	income_type	varchar	100	
12	收入付款人	增加的收入是谁付给的	income_handler	varchar	20	
13	备注	其他较为详细的说明，帮助记忆	income_mark	varchar	200	文本
14	编号	便签的编号	note_id	int	10	便签顺序从 1 依次往下
15	便签内容	增加便签信息，便于查询	note_flag	varchar	200	文本

（2）数据结构如表 10. 21 所示。

表 10. 21　数据结构

编号	数据结构名	含义说明	组成数据项
1	用户	家庭理财通系统的使用者	用户登录密码
2	支出	使用者的花费金额，付出的钱数	支出金额的编号、金额数、支出时间、支出用途、支出地点、备注
3	收入	使用者的财产收入来源	收入编号、收入金额、收入时间、收入类型、付款人、付款方、备注
4	便签	用于保存，方便存储记忆信息	便签编号、便签内容

（3）数据流如图 10. 22 所示。

表 10. 22　数据流

编号	数据流名	说明	数据流来源	数据流去向	组成
1	密码	用户登录该系统的密码，确保系统安全性	用户	家庭理财通系统	0 ~ 9 或 a ~ z 随机六位密码
2	收入信息	对收入情况进行记录，并加以注释，确保每笔金额的来源的相关信息	收入的相关情况	收入管理系统	收入编号、收入金额、收入时间、收入类型、付款人、付款方、备注
3	支出信息	对支出情况进行记录，并加以注释，确保每笔金额的花费去向的相关信息	支出的相关情况	支出管理系统	支出金额的编号、金额数、支出时间、支出用途、支出地点、备注
4	便签信息	对支出、收入信息的简单说明，方便查询	便签情况	便签管理器	便签编号、便签内容

（4）数据存储如表 10. 23 所示。

表 10. 23　数据存储

编号	数据存储名	说明	输入数据流	输出数据流
1	新增支出	根据个人实际消费情况，再新增收入模块，增加消费信息，包括支出金额、时间、类型、地点等信息	支出信息	支出管理系统
2	我的支出	在用户添加支出信息后，系统会将存储的信息保存在我的支出模块中，方便用户查阅	新增支出信息	我的支出管理系统

续表

编号	数据存储名	说明	输入数据流	输出数据流
3	新增收入	根据个人实际收入来源，再新增收入模块，增加消费信息，包括支出金额、时间、付款人、类型、地点等信息	收入信息	收入管理系统
4	我的收入	在用户添加收入信息后，系统会将存储的信息保存在我的收入模块中，方便用户查阅	新增收入信息	我的收入管理系统
5	收支便签	通过新增便签，用户能快速且准确地进行收支信息的查询	便签信息	收支便签管理系统
6	系统密码	确保系统安全性	密码	系统设置

（5）处理过程如表 10.24 所示。

表 10.24 处理过程

编号	处理过程名	说明	输入	输出	处理
1	输入密码，进入家庭理财系统	为了确保个人隐私，该系统特地进行了登录密码的设置	密码		确认密码是否正确
2	新增支出	进入新增支出系统，输入相关信息，保存支出信息	支出信息	我的支出系统	系统进行支出信息的保存
3	新增收入	进入新增收入系统，输入相关信息，保存收入信息	收入信息	我的收入系统	系统进行收入信息的保存
4	收支便签	对收支信息进行简单描述	收支的简单描述	收支便签管理系统	收支信息的存储

6. 数据流图

1）顶层数据流图

顶层数据流图，如图 10.64 所示。

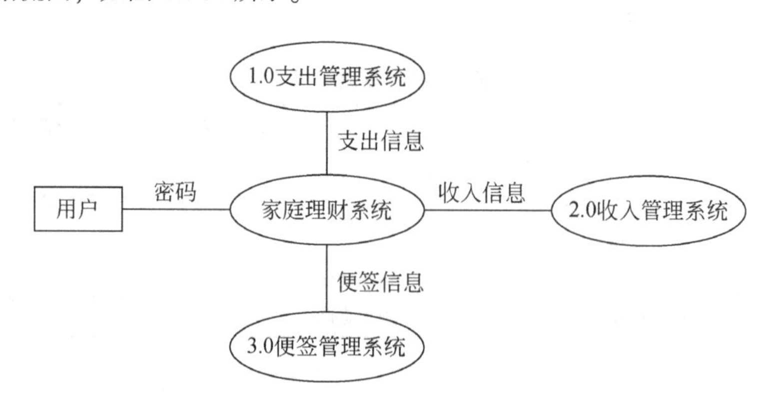

图 10.64 顶层数据流图

2）二级数据流图

（1）支出管理二级数据流图，如图 10.65 所示。

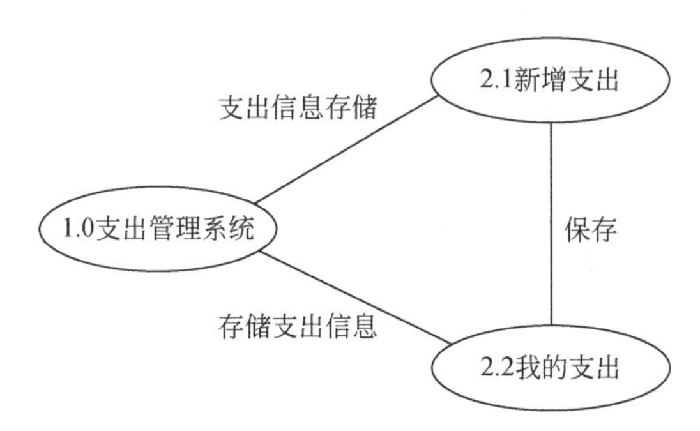

图 10.65　支出管理二级数据流图

（2）收入管理二级数据流图，如图 10.66 所示。

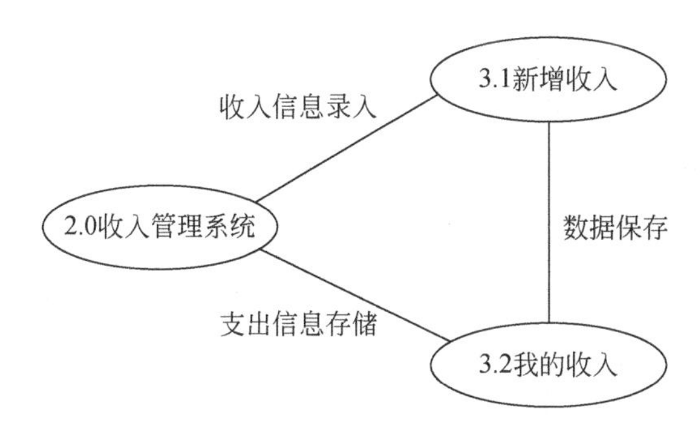

图 10.66　收入管理二级数据流图

10.3.2　概念设计

1. 局部 E-R 图

用户-软件 E-R 图，如图 10.67 所示。

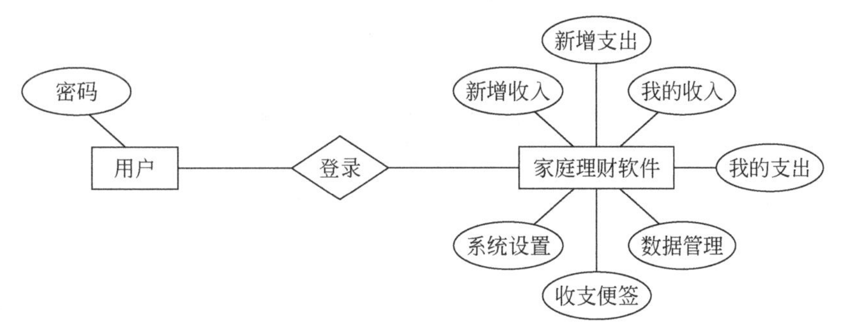

图 10.67　用户-软件 E-R 图

支出-我的支出 E-R，如图 10.68 所示。

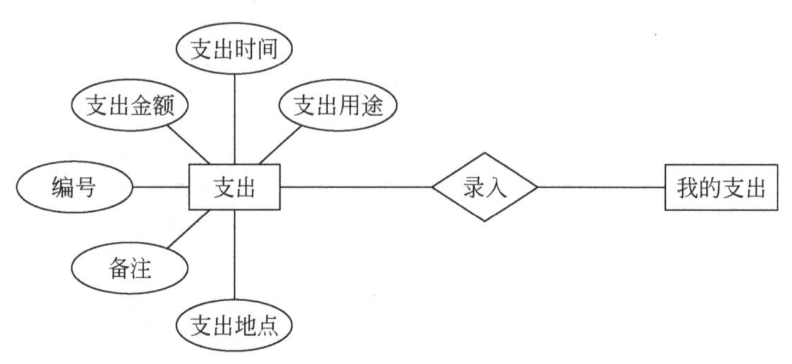

图 10.68　支出-我的支出 E-R 图

收入-我的收入 E-R 图，如图 10.69 所示。

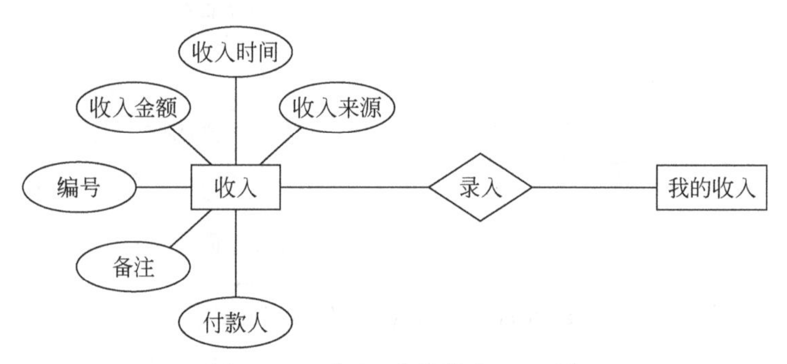

图 10.69　收入-我的收入 E-R 图

便签-收支便签 E-R 图，如图 10.70 所示。

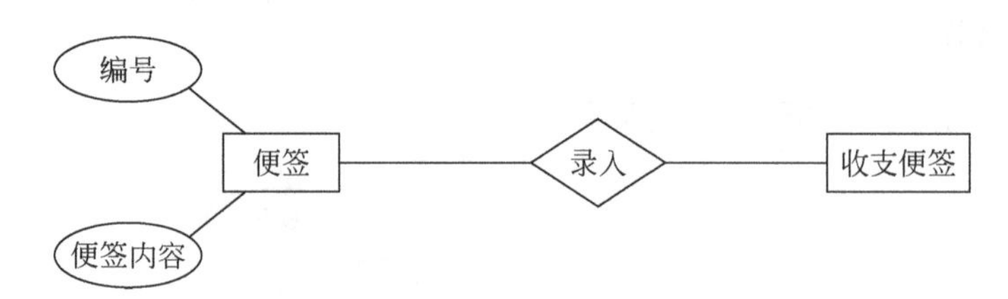

图 10.70　便签-收支便签 E-R 图

2. 总 E-R 图

总 E-R 图如图 10.71 所示。

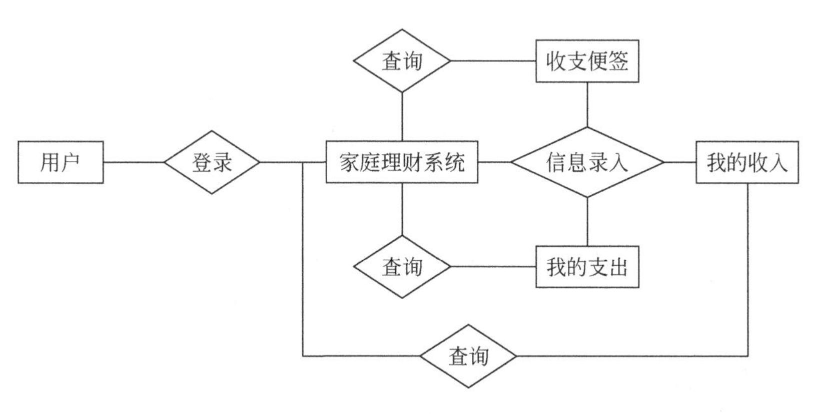

图10.71 总E-R图

10.3.3 逻辑结构设计

1. 实体间的联系分析

（1）实体“用户”和“家庭理财系统”之间的联系是 $n:1$，可以转换为一个独立的关系模式，也可以与 n 端对应的关系模式合并。将该联系与一端对应的关系模式合并，在“用户”实体中添加“密码”属性。

（2）实体“支出”和“我的支出”之间的联系是 $n:m$，可以转换为一个独立的关系模式，也可以与 n 端对应的关系模式合并。将该联系与 m 端对应的关系模式合并，则在“我的支出”实体中添加“支出信息”属性。

（3）“收入”和“我的收入”之间的联系是 $n:m$，可以转换为一个独立的关系模式，也可以与 n 端对应的关系模式合并。将该联系与 m 端对应的关系模式合并，则在“我的收入”实体中添加“收入信息”属性。

（4）“我的支出”、“我的收入”和“收支便签”之间的联系是 $n:m$，可以转换为一个独立的关系模式，也可以与 n 端对应的关系模式合并。将该联系与 m 端对应的关系模式合并，则在“我的收入”、“我的支出”实体中添加“便签”属性。

2. 关系模式

按需求分析阶段得到的语义，分别写出每个关系模式内部各属性之间的数据依赖以及不同关系模式属性之间的数据依赖。

（1）用户（密码）。

代码表示：(password)

（2）支出（支出金额的编号，金额数，支出时间，支出用途，支出地点，备注）。

代码表示：(pay_ id，pay_ money，pay_ time，pay_ type，pay_ address，pay_ mark)

支出关系中存在的函数依赖为 pay_ id→pay_ money，pay_ id→pay_ time，pay_ id→

pay_ type, pay_ id→, pay_ address, pay_ id→pay_ mark。

(3) 收入 (收入的编号, 收入金额, 收入时间, 收入类型, 付款人, 付款方, 备注)。

代码表示: (income_ id, income_ moeny, income_ time, income_ type, income_ handler,

income_ mark)

收入关系中存在的函数依赖为 income_ id→income_ moeny, income_ id→income_ time, income_ id→income_ type, income_ id→income_ handler, income_ id→income_ mark。

(4) 便签 (便签编号, 便签内容)。

代码表示: (notepay_ id, note_ flag)

便签关系中存在的函数依赖为 notepay_ id→note_ flag。

10.3.4 物理设计

1) 数据库

家庭理财系统在创建数据库时, 是通过 SQLiteOpenHelper 类的构造函数来实现的, 代码如下:

```
public class DBOpenHelper extends SQLiteOpenHelper {
    private static final int VERSION = 1;// 定义数据库版本号
    private static final String DBNAME = "account.db";// 定义数据库名
    public DBOpenHelper(Context context){// 定义构造函数
    super(context,DBNAME,null,VERSION);// 重写基类的构造函数
    }
```

2) 基本表

(1) 用户信息表: 用于用户登录的信息, 并设置密码, 确定系统安全性, 如表 10.25 所示。

表 10.25　用户信息表 tb_ pwd

字段名	数据类型	长度	是否主键	描述
password	varchar	20	否	用户登录密码

创建语句:

```
db.execSQL("create table tb_pwd(password varchar(20))");
```

(2) 支出信息表: 用于保存用户的支出信息, 如表 10.26 所示。

表 10.26 支出信息表 tb_ outaccount

字段名	数据类型	长度	是否主键	描述
pay_id	int	10	是	编号
pay_money	float	20	否	支出金额
pay_time	date		否	支出时间
pay_type	varchar	10	否	支出类型
pay_address	varchar	100	否	支出地点
pay_mark	varchar	200	否	备注

创建语句：

```
db.execSQL("create table tb_outaccount(pay_id int(10)primary key,pay_money
float,pay_time date,pay_type varchar(10),pay_address varchar(100),pay_mark
varchar(200))");
```

（3）收入信息表：用于保存用户的收入信息，如表 10.27 所示。

表 10.27 收入信息表 tb_ inaccount

字段名	数据类型	长度	是否主键	描述
income_ id	int	10	是	编号
income_ money	flaot	20	否	收入金额
income_ time	date		否	收入时间
income_ type	varchar	10	否	收入类型
income_ handler	varchar	100	否	付款人
income_ mark	varchar	200	否	备注

创建语句：

```
db.execSQL("create table tb_inaccount(_id integer primary key,money decimal,
time varchar(10),type varchar(10),handler varchar(100),mark varchar(200))");
```

（4）便签信息表：用于保存家庭理财通系统的便签信息，如表 10.28 所示。

表 10.28 便签信息表 tb_ inaccount

字段名	数据类型	长度	是否主键	描述
note_ id	int	10	是	编号
note_ flag	varchar	200	否	便签内容

10.3.5 系统实施与设计分析

1. DBMS 与开发语言的选择

（1）数据库选择的是 SQLite。

（2）开发语言选择的是 Java。

（3）使用 Eclipse + Android SDK。

SQLite 是一款轻型的遵守 ACID 的关系型数据库管理系统。它包含在一个相对小的 C 库中。不同于常见范例“客户-服务器”，SQLite 引擎不是程序与通信间的独立进程，而是连接到程序中成为一个主要部分，其主要通信协议是直接调用 API 使用的，对消耗总量、延迟时间和整体简单性上有积极作用。整个数据库（定义、表、索引和数据本身）都在宿主主机上存储的一个单一文件中，它的轻便设计是通过在开始一个事务时锁定整个数据文件而完成的。

2. 公共类的设计分析

公共类是代码的一种重要形式，它将各个功能模块经常调用的方法提取到公用的 Java 类中，不但实现了项目代码的重用，还提供了程序的性能和代码的可读性，本节将介绍家庭理财系统使用的公共类设计。

1）数据模型公共类

数据模型是对数据表中所有字段的封装，主要用于存储数据，并通过 get（）和 set（）方法实现不同属性的访问原则，本节以支出信息表为例，介绍它的实现方法，主要代码如下：

```
package com.xiaoke.accountsoft.model;
public class Tb_outaccount                          //支出信息实体类
{
    private int pay_id;                             //存储支出编号
    private double pay_money;                       //存储支出金额
    private String pay_time;                        //存储支出时间
    private String pay_type;                        //存储支出类别
    private String pay_address;                     //存储支出地点
    private String pay_mark;                        //存储支出备注
    public Tb_outaccount()                          //默认构造函数
    {
        super();
    }
    //定义有参构造函数,用来初始化支出信息实体类中的各个字段
    public tb_outaccount(int id,double money,String time,String type,String ad-
dress,String mark){
        super();
        this.pay_id = id;// 为支出编号赋值
        this pay_money = money;// 为支出金额赋值
        this.pay_time = time;// 为支出时间赋值
        this.pay_type = type;// 为支出类别赋值
        this.pay_address = address;// 为支出地点赋值
        this.pay_mark = mark;// 为支出备注赋值
```

```
}
public int getid()//设置支出编号的可读属性
{
    return pay_id;
}
public void setid(int id)//设置支出编号的可写属性
{
    this.pay_id = id;
}
public double getMoney()//设置支出金额的可读属性
{
    returnpay_ money;
}
public void setMoney(double money)//设置支出金额的可写属性
{
    this.pay_money = money;
}
public String getTime()//设置支出时间的可读属性
{
    return pay_time;
}
public void setTime(String time)//设置支出时间的可写属性
{
    this.pay_time = time;
}
public String getType()//设置支出类别的可读属性
{
    return pay_ type;
}
public void setType(String type)//设置支出类别的可写属性
{
    this.pay_type = type;
}
public String getAddress()//设置支出地点的可读属性
{
    return pay_address;
}
public void setAddress(String address)//设置支出地点的可写属性
{
    this.pay_address = address;
}
public String getMark()//设置支出备注的可读属性
```

```
        {
            return pay_mark;
        }
        public void setMark(String mark)//设置支出备注的可写属性
        {
            this.mark = pay_mark;
        }
}
```

2）DAO公共类分析

DAO的全称是 data access object，即数据访问对象，包含 DBOpenHelper、FlagDAO、InaccountDAO和PwdDAO四个数据访问类，下面对DBOpenHelper和InaccountDAO类进行说明。

（1）DBOpenHelper类。

DBOpenHelper类主要用来实现创建数据库、数据表，该类继SQLiteOpenHelper类。在该类中，首先需要在构造函数中创建数据库，然后在重写的onCreate（）方法中使用SQLiteDatabase对象的execSQL（）方法分别创建tb_ inaccount、tb_ outaccount、tb_ pwd和tb_ flag数据表。DBOpenHelper实现的主要代码如下：

```
package com.xiaoke.accountsoft.dao;
import android.content.Context;
import android.database.SQLite.SQLiteDatabase;
import android.database.SQLite.SQLiteOpenHelper;
public class DBOpenHelper extendsSQLiteOpenHelper
{
    private static final int VERSION = 1;                   //定义数据库版本号
    private static final String DBNAME = "account.db";        //定义数据库名
    public DBOpenHelper(Context context){                    //定义构造函数
        super(context,DBNAME,null,VERSION);           // 重写基类的构造函数
    }
    public void onCreate(SQLiteDatabase db){                       // 创建数据库
    db.execSQL("create table tb_outaccount(pay_id integer primary key,pay_
money decimal,pay_time varchar(10),pay_type varchar(10),pay_address varchar(100),
pay_mark varchar(200))");     // 创建支出信息表
    db.execSQL("create table tb_inaccount(income_id integer primary key,income
_money decimal,income_time varchar(10),type varchar(10),income_handler varchar
(100),income_mark varchar(200))");    // 创建收入信息表
    db.execSQL("create table tb_pwd(password varchar(20))");  // 创建密码表
    db.execSQL("create table tb_flag(note_id integer primary key,note_flag
varchar(200))");// 创建便签信息表
    }
public void onUpgrade(SQLiteDatabase db,int oldVersion,int new Version)
    {
```

```
    }
}
```

（2）InaccountDAO 类。

InaccountDAO 类主要用来对收入信息进行管理，包括收入信息的添加、修改、删除及获取最大编号、总记录数等，下面对构造函数和所使用的方法进行介绍。

①InaccountDAO 类构造函数

InaccountDAO 类中定义 DBOpenHelper 和 SQLiteDatabase 对象，然后创建该类的构造函数，在构造函数中初始化 DBOpenHelper 对象。主要代码如下：

```
public class InaccountDAO
{
    private DBOpenHelper helper;              //创建 DBOpenHelper 对象
    privateSQLiteDatabase db;                // 创建 SQLiteDatabase 对象
    public InaccountDAO(Context context)       //定义构造函数
    {
      helper = new DBOpenHelper(context);  // 初始化 DBOpenHelper 对象
    }
```

②add（Tb_ inaccount tb_ inaccount）方法

该方法的主要功能是添加收入信息，tb_ inaccount 表示收入数据对象。主要代码如下：

```
public void add(Tb_inaccount tb_inaccount)
{
    db = helper.getWritableDatabase();          //初始化 SQLiteDatabase 对象
    //执行添加收入信息操作
    db.execSQL(
"insert into tb_inaccount(income_id,money,income_time,income_type,income_
handler,income_mark)values(?,?,?,?,?,?)",new Object[]
{
tb_inaccount.get income_id(),tb_inaccount.get income_Money(),tb_inaccount.get
income_Time(),tb_inaccount.get income_Type(),
tb_inaccount.get income_Handler(),tb_inaccount.get income_Mark()});
}
```

③update（Tb_ inaccount tb_ inaccount）方法

该方法的主要功能是根据指定的编号修改收入信息，tb_ inaccount 表示收入数据对象。主要代码如下：

```
public void update(Tb_inaccount tb_inaccount){
db = helper.getwritableDatabase();      // 初始化 SQLiteDatabase 对象
        // 执行修改收入信息操作
db.execSQL(
"update tb_inaccount set income_money = ?,income_time = ?,income_type = ?,
income_handler = ?,income_mark = ? where income__id = ?",new Object[]
{
```

```
    tb_inaccount. get income_Money(),tb_inaccount. get
income_Time(),tb_inaccount. get income_Type(),tb_inaccount. get
income_Handler(),tb_inaccount. get
income_Mark(),tb_inaccount. get income_id()});
    }
```

④find (int id)

该方法的主要功能是根据指定的编号查找收入信息，其中，参数 id 表示要查找的收入编号，返回值为 Tb_ inaccount 对象。主要代码如下：

```
    public Tb_inaccount find(int id)
    {
            db = helper. getwritableDatabase();          // 初始化 SQLiteDatabase 对象
            Cursor cursor = db. rawQuery(
    "select income__id, income_money, income_time, income_type, income_handler,
income_mark from tb_inaccountwhere income__id = ?",new String[]
{ String. valueOf(id)});             // 根据编号查找收入信息,并存储到 Cursor 类中
            if(cursor. moveToNext())// 遍历查找到的收入信息
            {
                // 将遍历到的收入信息存储到 Tb_inaccount 类中
              return new Tb_inaccount(
                      cursor. getInt(cursor. getColumnIndex("income__id")),

    cursor. getDouble(cursor. getColumnIndex("income_money")),
                      cursor. getString(cursor. getColumnIndex("income_time")),
                      cursor. getString(cursor. getColumnIndex("income_type")),

    cursor. getString(cursor. getColumnIndex("income_handler")),

    cursor. getString(cursor. getColumnIndex("income_mark")));
        }
        return null;// 如果没有信息,则返回 null
    }
```

⑤delete (Integer…ids) 方法

该方法的主要功能是根据指定的一系列编号删除信息，其中 ids 表示要删除的收入编号的集合，主要代码如下：

```
    public void detele(Integer…ids){
            if(ids. length > 0)// 判断是否存在要删除的 id
            {
                StringBuffer sb = new StringBuffer();// 创建 StringBuffer 对象
                for(int i = 0;i < ids. length;i++)// 遍历要删除的 id 集合
                {
                        sb. append ( '  ?  '  ) . append ( '  ,  '  );// 将 删 除 条 件 添 加 到
```

```
StringBuffer 对象中
            }
            sb.deleteCharAt(sb.length()-1);// 去掉最后一个“,”字符
            db = helper.getwritableDatabase();// 初始化 SQLiteDatabase 对象
            // 执行删除收入信息操作
            db.execSQL("delete from tb_inaccount where _id in(" + sb + ")",
                    (Object[])ids);
        }
    }
```

⑥getScrollData（int start，int count）方法

该方法的主要功能是从收入数据表的指定索引处获取指定数量的收入数据，其中，参数 start 表示要从此处开始获取数据的索引；参数 count 表示要获取的数量；返回 List<Tb_inaccount>对象。主要代码如下：

```
   public List<Tb_inaccount> getScrollData(int start,int count){
         List<Tb_inaccount> tb_inaccount = new ArrayList<Tb_inaccount>();// 创建
集合对象
         db = helper.getwritableDatabase();// 初始化 SQLiteDatabase 对象
         // 获取所有收入信息
         Cursor cursor = db.rawQuery("select *  from tb_inaccount limit ?,?",
                new String[]{ String.valueOf(start),
String.valueOf(count)});
         while(cursor.moveToNext())// 遍历所有的收入信息
         {
            // 将遍历到的收入信息添加到集合中
            tb_inaccount.add(new Tb_inaccount(cursor.getInt(cursor
                  .getColumnIndex("income__id")),cursor.getDouble(cursor
                  .getColumnIndex("income_money")),
cursor.getString(cursor
                  .getColumnIndex("income_time")),
cursor.getString(cursor
                  .getColumnIndex("income_type")),
cursor.getString(cursor
                  .getColumnIndex("income_handler")),
cursor.getString(cursor
                  .getColumnIndex("income_mark"))));
         }
         return tb_inaccount;// 返回集合
      }
```

⑦getCount（）方法

该方法的主要功能是获取收入数据表中的总记录数，返回值为获取的总记录数。主要代码如下：

```
public long getCount(){
        db = helper.getwritableDatabase();// 初始化 SQLiteDatabase 对象
          Cursor cursor = db.rawQuery("select count(income__id) from tb_
inaccount",null);// 获取收入信息的记录数
        if(cursor.moveToNext())// 判断 Cursor 中是否有数据
        {
          return cursor.getLong(0);// 返回总记录数
        }
        return 0;// 如果没有数据,则返回 0
    }
```

⑧getMaxId（）方法

该方法的主要功能是获取收入数据表中的最大编号，返回值为获取的最大编号。主要代码如下：

```
public int getMaxId(){
        db = helper.getwritableDatabase();// 初始化 SQLiteDatabase 对象
        Cursor cursor = db.rawQuery("select max(income__id)from tb_inaccount",
null);// 获取收入信息表中的最大编号
        while(cursor.moveToLast()){// 访问 Cursor 中的最后一条数据
            return cursor.getInt(0);// 获取访问到的数据,即最大编号
        }
        return 0;// 如果没有数据,则返回 0
    }
```

10.3.6 系统运行结果

1. 登录模块页面布局

登录界面如图 10.72 所示。

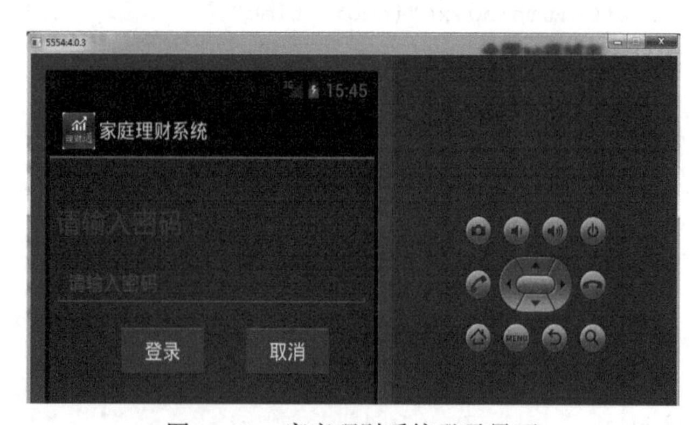

图 10.72 家庭理财系统登录界面

该界面主要用于用户需要输入密码才能进入此系统，它可以提高系统的安全性和隐私

性。详见代码位置：AccountMS \ res \ login. xml。

2. 收入模块布局

该模块主要实现的功能包括新增金额、新增时间、收入类别、付款方和备注。详见代码位置：AccountMS \ res \ addinaccount. xml。家庭理财新增收入界面，如图 10. 73 所示。

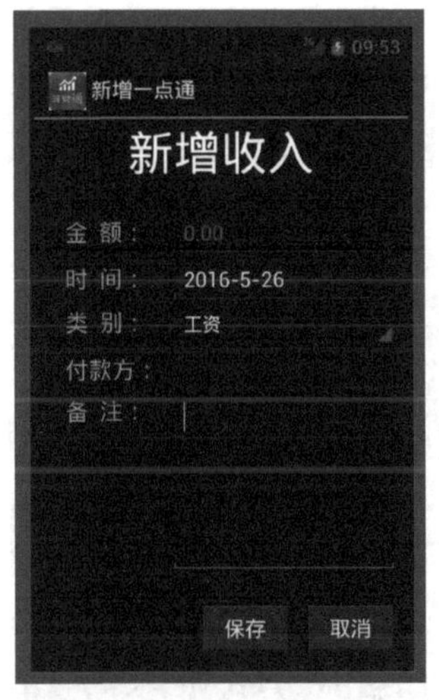

图 10. 73　家庭理财新增收入界面

进入主界面的“新增一点通”模块，出现新增收入界面，添加新增金额、自动获取当前时间、收入的类别、付款方和简单的备注。

3. 支出模块布局

家庭理财新增支出界面，如图 10. 74 所示。

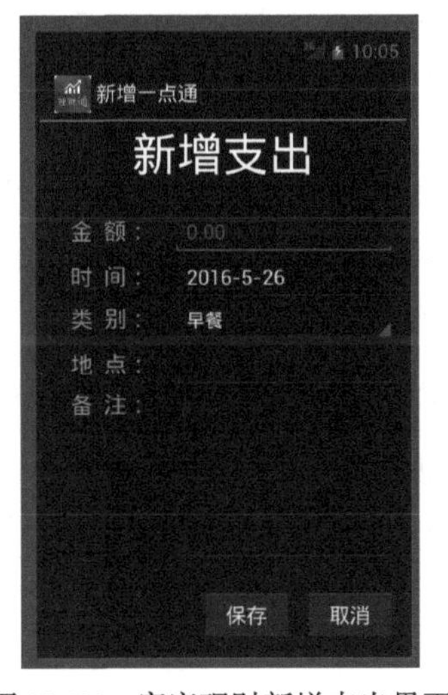

图 10. 74　家庭理财新增支出界面

进入主界面的“新增一点通”模块，出现新增支出界面，添加新增支出的金额、自动获取当前时间、支出类别、地点和简单的备注。

4. 收支便签

进入主界面的“收支便签”模块，出现新增便签，添加便签内容，如图 10.75 所示。

图 10.75　收支便签图

10.3.7　分模块源代码

1. 登录功能实现模块

1）登录界面文件

代码位置：AccountMS \ src \ com \ xiaoke \ accountsoft \ activity \ Login. java。

2）重置密码模块

代码位置：AccountMS \ src \ com \ xiaoke \ accountsoft \ activity \ Sysset. java。

2. 支出功能实现模块

1）支出界面文件

代码位置：AccountMS \ src \ com \ xiaoke \ accountsoft \ activity \ Outaccountinfo. java。

2）增、删、改、查支出信息模块

代码位置：AccountMS \ src \ com \ xiaoke \ accountsoft \ dao \ OutaccountDAO. java。

3. 收入功能实现模块

1）收入界面文件

代码位置：AccountMS \ src \ com \ xiaoke \ accountsoft \ activity \ Inaccountinfo. java。

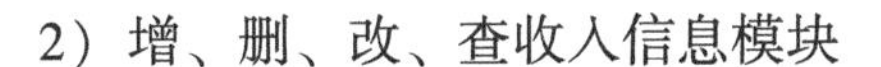

2）增、删、改、查收入信息模块

代码位置：AccountMS \ src \ com \ xiaoke \ accountsoft \ dao \ InaccountDAO. java。

4. 便签管理功能实现模块

1）便签界面文件

代码位置：AccountMS \ src \ com \ xiaoke \ accountsoft \ activity \ Accountflag. java。

2）增、删、改、查收入信息模块

代码位置：AccountMS \ src \ com \ xiaoke \ accountsoft \ dao \ FlagDAO. java。

5. 数据库管理功能模块

1）连接数据库文件

代码位置：AccountMS \ . metadata \ . plugins \ com. genuitec. eclipse. sqlexplorer \ SQLDrivers. xml。

2）创建数据表文件

代码位置：AccountMS \ src \ com \ xiaoke \ accountsoft \ dao \ DBOpenHelper. java。

第四篇　数据库实验指导

- □实验一　数据库定义与基础操作
- □实验二　权限与安全
- □实验三　完整性语言
- □实验四　存储过程
- □实验五　触发器
- □实验六　性能优化
- □实验七　数据库备份与恢复

实验一　数据库定义与基础操作

数据库学习要了解数据库的定义及“增删改查”的基础操作，当前比较流行的数据库操作软件有 Workbench 和 Navicat，本章对这两款数据库均有介绍。

本章需要掌握的实验（请在掌握的内容方框前面打钩）
□数据库定义实验
□数据库查询实验
□数据库更新实验

实验 1.1　数据库定义实验

1. 实验目的和要求

（1）要求学生熟练掌握和使用 Workbench 或 Navicat 创建数据库、表、索引及修改表结构。
（2）理解和掌握 SQL 语句的语法，特别是各种参数的具体含义和使用方法。
（3）掌握 SQL 常见语法错误的调试方法。

2. 实验的重点和难点

实验重点：创建数据库，基本表。
实验难点：创建表时，判断主码、约束及列表值是否为空等操作。

3. 实验内容

（1）熟悉 Workbench 创建、修改和删除数据库等操作。
（2）熟悉 Workbench 创建数据表、主码、约束条件及为主码创建索引等操作。

4. 实验要求

（1）在 Workbench 中创建图书管理数据库。
（2）查看图书管理数据库的属性，进行修改，使之符合要求。
（3）创建图书、读者和借阅三个表，并进行相关主键、非空、索引等操作，表结构如下：
图书（书号，类别，出版社，作者，书名，定价，作者）
读者（编号，姓名，单位，性别，电话）
借阅（书号，读者编号，借阅日期）

注意：为各属性选择合适的数据类型，定义每个表的主码是否为空及默认值等约束条件。

5. 实验步骤

1）使用 Workbench

（1）创建图书管理数据库。

```
create database BOOK default character set utf8 collate utf8_general_ci;
```

注意：default character set utf8：数据库字符集。设置数据库的默认编码为 utf8，这里 utf8 中间不要“-”；collate utf8_ general_ ci：数据库校对规则。该部分设置数据库字符集格式，区分大小写。MySQL 在 Windows 下面是不区分大小写的。所以为了兼容性，一般建议全部小写。

①查看是否创建成功

```
show databases;
```

Workbench 显示数据库，如图 1 所示。

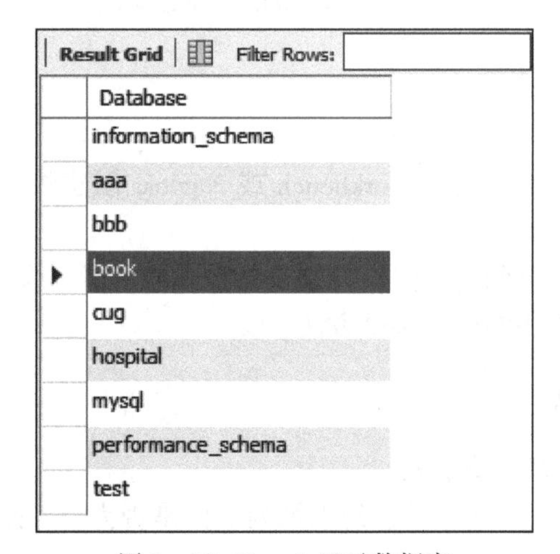

图 1　Workbench 显示数据库

②修改图书管理数据库

在视图左侧找到刚刚创建的数据库 BOOK，右击选择“alter schema”。

在“Collation”中，设置字符集为 utf8_ general_ ci，防止乱码出现，如图 2 所示。

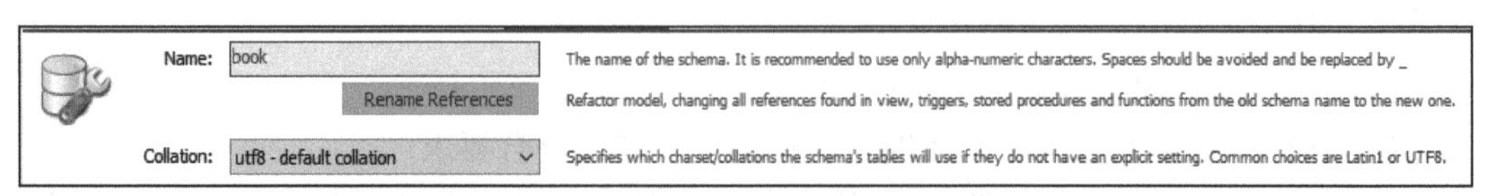

图 2　Workbench 修改数据库

③删除图书读者数据库

在视图左侧找到刚刚创建的数据库 BOOK，右击，选择“Drop Schema”，如图 3 所示。

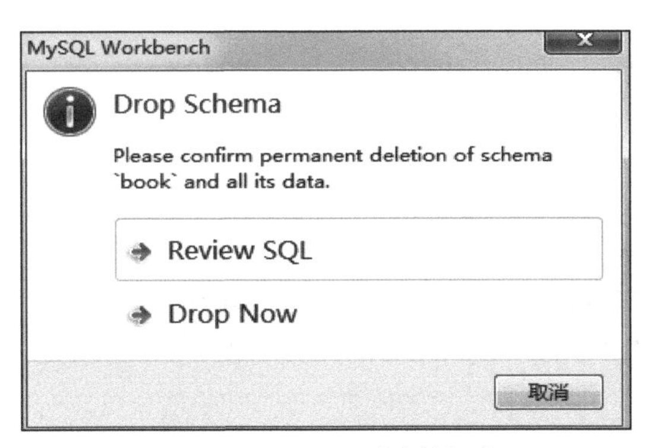

图 3　Workbench 删除数据库

（2）创建数据表。

选择 BOOK 数据库：

```
use BOOK;
```

或者在 Workbench 左侧找到 BOOK 数据库，右击选择“set as default schema”，数据表结构如表 1 所示：

表 1　图书管理数据库基本表结构和约束

基本表名	属性中文名	属性名	数据类型	长度	列级约束	表级约束
图书	书号	bookid	char	10	非空，唯一值	书号为主键
	类别	bookclass	char	15		
	出版社	publisher	char	30		
	作者	author	char	20	非空	
	书名	bookname	char	50		
	定价	price	float	10		
读者	编号	readerid	char	10	非空，唯一值	编号为主键
	姓名	name	char	20	非空	
	单位	company	char	40		
	性别	sex	enum	10	男、女	
	电话	tel	int	11		
借阅	书号	bookid	char	10	非空	读者编号为主键
	读者编号	readerid	char	10	非空，主键	
	借阅日期	time	date		非空	

在 Workbench 中实现创建表。

①创建图书表

```
create table bookinfo(
bookid char(10)primary key,
```

```
bookclass char(15),
publisher char(30),
author char(20),
bookname char(50),
price float(10)
)DEFAULT CHARSET=utf8;
```

为了方便对图书进行查找，在主键书号上创建索引：

```
create index index_book_id on bookinfo(bookid);
```

②创建读者表

```
create table reader(
readerid char(10)primary key,
name char(20)not null,
company char(40),
sex enum(' 男' ,' 女' ),
tel int(11)
)DEFAULT CHARSET=utf8;
```

为了方便对读者信息进行查找、管理，对读者编号创建索引：

```
create index index_reader_id on reader(readerid);
```

③创建借阅表

```
create table borrowinfo(
bookid char(10)not null,
readerid char(10)primary key not null,
time date
)DEFAULT CHARSET=utf8;
```

2）使用 Navicat

快捷键 F6 弹出命令界面。

（1）创建图书管理数据库。

```
create database BOOK default character set utf8 default collate utf8 _general _ci;
```

Navicat 创建数据库，如图 4 所示。

①查看是否创建成功

```
show databases;
```

Navicat 显示数据库，如图 5 所示。

②修改图书读者数据库

右击选择“数据库属性”，对字符集和排序规则进行修改，将排序规则选择“utf8_ general_ ci”，防止乱码出现。具体设置如图 6 所示。

③删除图书读者数据库

```
dropdatabase BOOK;
```

（2）创建数据表。

在 Navicat 中实现创建图书、读者、借阅表。

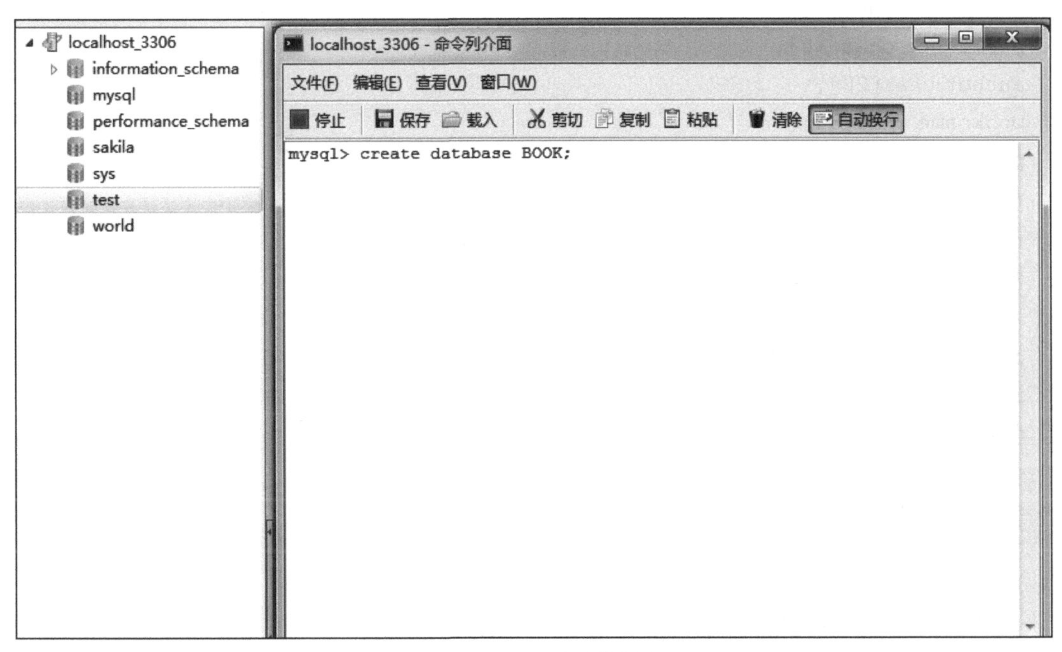

图 4　Navicat 创建数据库

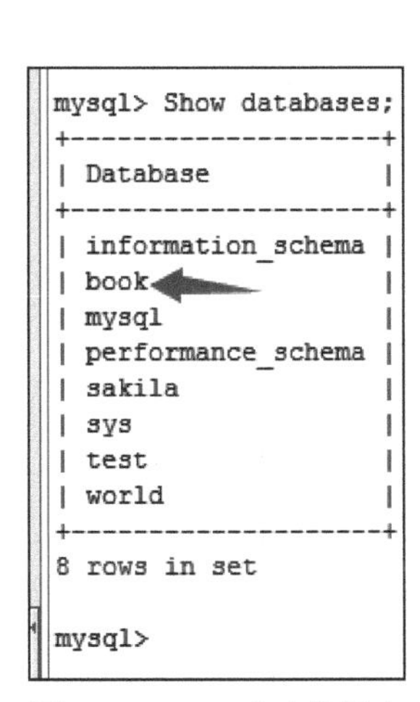

图 5　Navicat 显示数据库

图 6　Navicat 修改数据库

①创建图书表:

```
use BOOK;     //选择创建的 BOOK 数据库
create table bookinfo(
bookid  char(10)  primary key,
```

```
bookclass char(15),
publisher char(30),
author char(20),
bookname char(50),
price float(10)
);
```

为了方便对图书进行查找，在主键书号上创建索引：

```
create index index_book_id on bookinfo(bookid);
```

②创建读者表

```
create table reader(
readerid char(10)primary key,
name char(20)not null,
company char(40),
sex enum(' 男' ,' 女' ),
tel int(11)
);
```

为了方便对读者信息进行查找、管理，在读者编号创建索引：

```
create index index_reader_id on reader(readerid);
```

③创建借阅表

```
create table borrowinfo(
bookid char(10)not null,
readerid char(10)primary key not null,
time date
);
```

查看图书表是否创建成功：

```
desc bookinfo;
```

Navicat 创建图书表成功，如图 7 所示。

```
mysql> desc bookinfo;
+-----------+----------+------+-----+---------+-------
| Field     | Type     | Null | Key | Default | Extra |
+-----------+----------+------+-----+---------+-------
| bookid    | char(10) | NO   | PRI | NULL    |       |
| bookclass | char(15) | YES  |     | NULL    |       |
| publisher | char(30) | YES  |     | NULL    |       |
| author    | char(20) | YES  |     | NULL    |       |
| bookname  | char(50) | YES  |     | NULL    |       |
| price     | float    | YES  |     | NULL    |       |
+-----------+----------+------+-----+---------+-------
6 rows in set
```

图 7　Navicat 创建图书表成功

查看读者表、借阅表是否创建成功：

```
desc reader;
desc borrowinfo;
```

实验 1.2　数据库查询实验

1. 实验目的

（1）了解 select 语句作用。
（2）熟练运用并掌握 select 语句。
（3）熟练掌握简单表的数据查询、数据排序及数据连接查询语句。

2. 实验内容

了解 SQL 语句程序设计基本规范，熟练运用 SQL 语句实现基本查询，包括单表查询、分组查询和连接查询和视图查询。

1）使用 Workbench

（1）单表查询。

在 Workbench 中创建考试信息表（在此之前，需选择 BOOK 数据库）。

```
create table examinfo(
id int(10)primary key not null,
name char(10),
expense float(10),
subject char(10),
tel int(11)
)DEFAULT CHARSET=utf8;
```

①查看 examinfo 表

```
describe examinfo;
```

Workbench 显示数据表，如图 8 所示。

Result Grid | Filter Rows: | Export: | Wrap Cell Content:

Field	Type	Null	Key	Default	Extra
id	int(10)	YES		NULL	
name	varchar(10)	YES		NULL	
expense	float	YES		NULL	
subject	varchar(10)	YES		NULL	
tel	int(10)	YES		NULL	

图 8　Workbench 显示数据表

②查询 examinfo 表中的全部数据

```
select *  from examinfo;
```

Workbench 查询表中的全部数据，如图 9 所示。

③查询指定字段

```
select name,subject from examinfo;
```

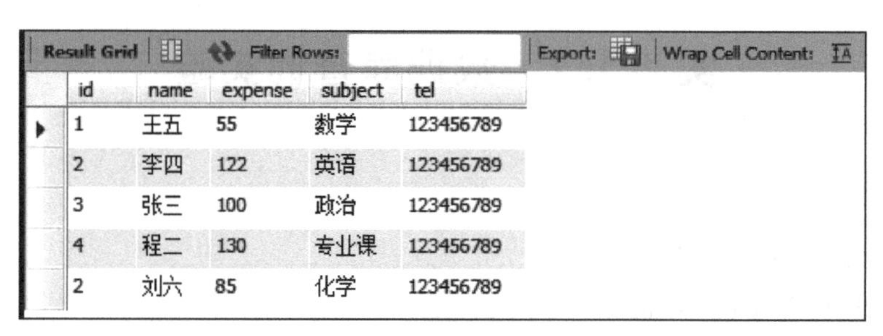

id	name	expense	subject	tel
1	王五	55	数学	123456789
2	李四	122	英语	123456789
3	张三	100	政治	123456789
4	程二	130	专业课	123456789
2	刘六	85	化学	123456789

图 9　Workbench 查询表中的全部数据

Workbench 查询指定字段数据，如图 10 所示。

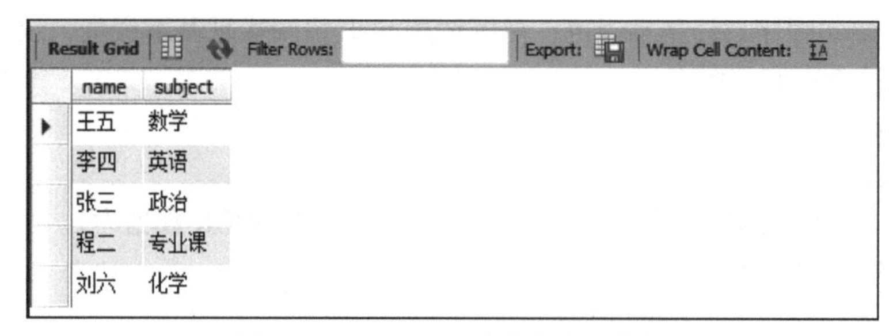

name	subject
王五	数学
李四	英语
张三	政治
程二	专业课
刘六	化学

图 10　Workbench 查询指定字段数据

④查询结果排序

```
select *  from examinfo order by expense desc;
```

⑤查询表中某列，并修改该列的名称

```
select name as ' 姓名' ,expense as ' 报名费用' from examinfo;
```

Workbench 使用别名查询，如图 11 所示。

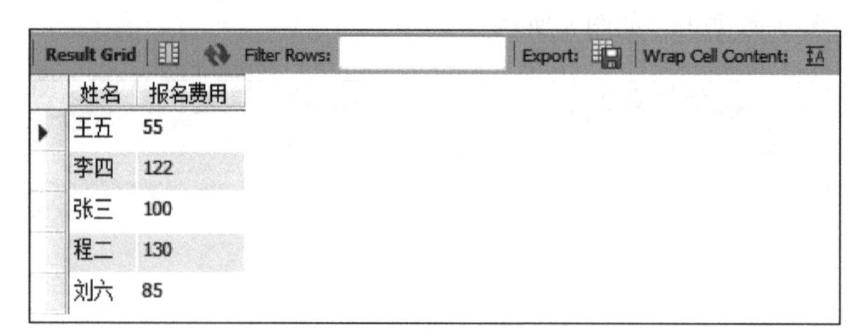

姓名	报名费用
王五	55
李四	122
张三	100
程二	130
刘六	85

图 11　Workbench 使用别名查询

⑥单一条件查询

```
select subject from examinfo where expense>100;
```

单一条件查询，如图 12 所示。

（2）分组查询（以学生成绩信息表为例）。

①单列分组查询

在 Workbench 中创建学生成绩信息表（在此之前，需选择 BOOK 数据库）。

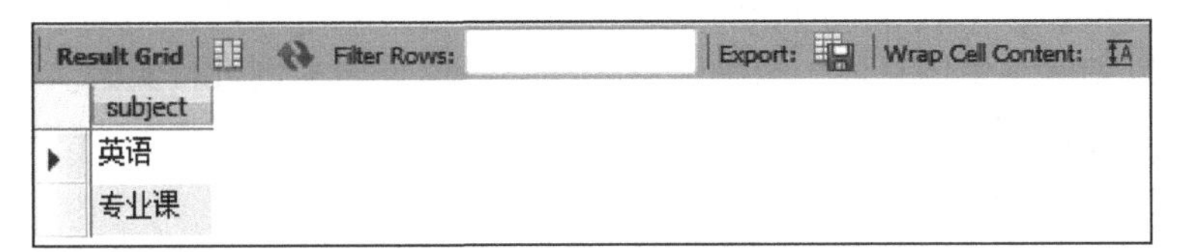

subject
英语
专业课

图 12　单一条件查询

创建学生成绩信息表 studentinfo

```
create table studentinfo(
id int(8)primary key,
name char(10),
subject char(20),
teacher char(20),
score char(10)
)DEFAULT CHARSET=utf8;
```

查询学生成绩信息表，计算数据库设计考试的平均成绩。

```
select subject,AVG(score)from studentinfo group by subject having subject='
数据库设计'  ;
```

Workbench 使用 having 查询结果，如图 13 所示。

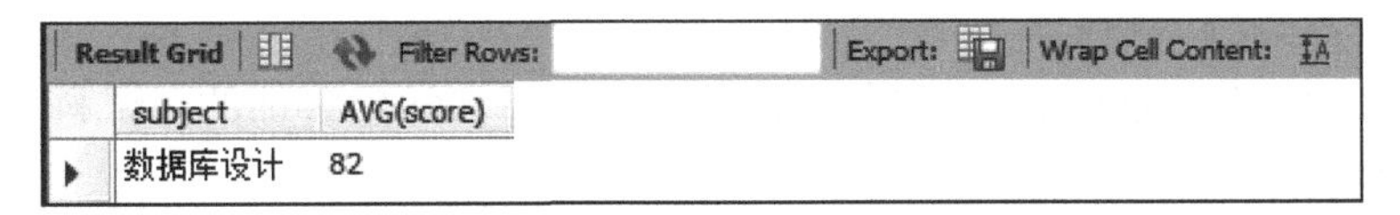

subject	AVG(score)
数据库设计	82

图 13　Workbench 使用 having 查询结果

②多列分组查询

查询学生成绩信息表中任课教师及其对应学生总成绩，并按照每组学生的总成绩进行降序排列。注意：order by 必须放在查询语句的后面。

```
select teacher,sum(score)from studentinfo group by teacher order by sum(score)
DESC;
```

Workbench 使用 order by 查询结果，如图 14 所示。

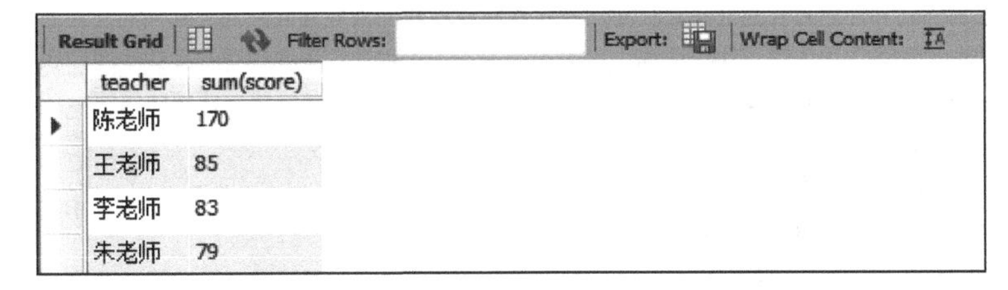

teacher	sum(score)
陈老师	170
王老师	85
李老师	83
朱老师	79

图 14　Workbench 使用 order by 查询结果

（3）连接查询。

①等值连接

等值连接就是将多个表之间的相同字段作为条件进行数据查询，因此需创建多个表进行实验。这里以创建学生信息表、教师信息表和科目信息表为例进行实验。

a. 创建学生信息表 student

```
create table student(
id int(8)primary key,
name varchar(10),
score varchar(10),
subjectid int(8),
teacherid int(8)
)DEFAULT CHARSET=utf8;
```

b. 创建教师信息表 teacher

```
create table teacher(
id int(8),
teachername varchar(20)
)DEFAULT CHARSET=utf8;
```

c. 创建科目信息表 subject

```
create table subject(
id int(8),
subjectname varchar(20)
)DEFAULT CHARSET=utf8;
```

通过学生信息表、教师信息表和科目信息表查询每名学生参加的考试科目名称，该科目的授课教师名称。

```
select student.name,teacher.teachername,subject.subjectname
from student,teacher,subject
where student.teacherid=teacher.id and student.subjectid=subject.id;
```

②外连接

a. 使用左外连接

```
select student.name,subject.subjectname from student left outer join subject on
student.subjectid=subject.id;
```

Workbench 使用左外连接查询结果，如图 15 所示。

Result Grid | Filter Rows: | Export: | Wrap Cell Content:

name	subjectname
王丹	英语
孙悟空	英语
李云龙	地理信息系统
杨过	地理信息系统
郭靖	遥感

图 15　Workbench 使用左外连接查询结果

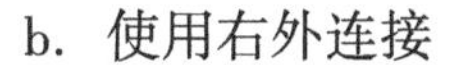
b. 使用右外连接

```
select student.name,subject.subjectname from student right outer join subject on student.subjectid=subject.id;
```

Workbench 使用右外连接查询结果，如图 16 所示。

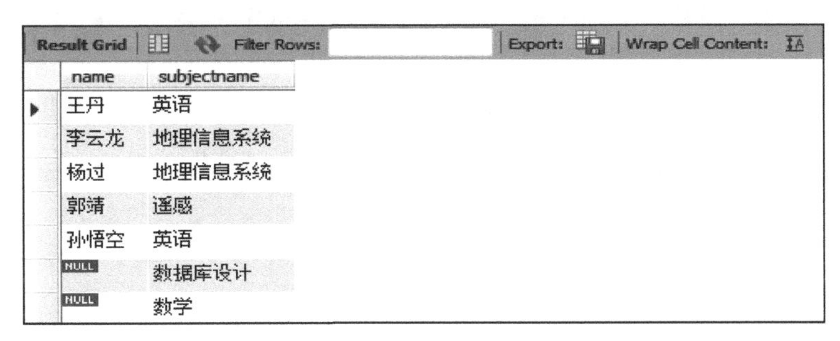

name	subjectname
王丹	英语
李云龙	地理信息系统
杨过	地理信息系统
郭靖	遥感
孙悟空	英语
NULL	数据库设计
NULL	数学

图 16　Workbench 使用右外连接查询结果

③内连接

使用内连接查询学生成绩信息表和教师信息表，查询结果显示学生姓名和任课教师姓名。

```
select student.name, teacher.teachername from student inner join teacher on student.teacherid=teacher.id;
```

Workbench 使用内连接查询结果，如图 17 所示。

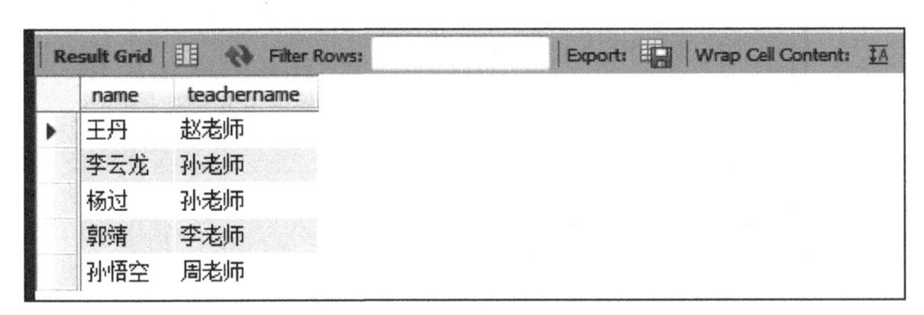

name	teachername
王丹	赵老师
李云龙	孙老师
杨过	孙老师
郭靖	李老师
孙悟空	周老师

图 17　Workbench 使用内连接查询结果

（4）视图查询。

创建产品表（product）和购买记录表（purchase），再创建视图（purchase_ detail）查询购买详细信息。

这里主要介绍使用 Navicat 图形界面进行操作，操作步骤如下。

①产品表（product）

单击视图菜单栏中“新建表”，弹出如下页面，在弹出的界面进行视图操作，如图 18 所示。

当第一个字段属性设置好之后，单击“添加栏位”，继续进行下面字段属性的设置，如图 19 所示。

单击“SQL 预览”标签，可看到自动生成的代码，单击“保存”之后，修改数据表名，如图 20 所示。

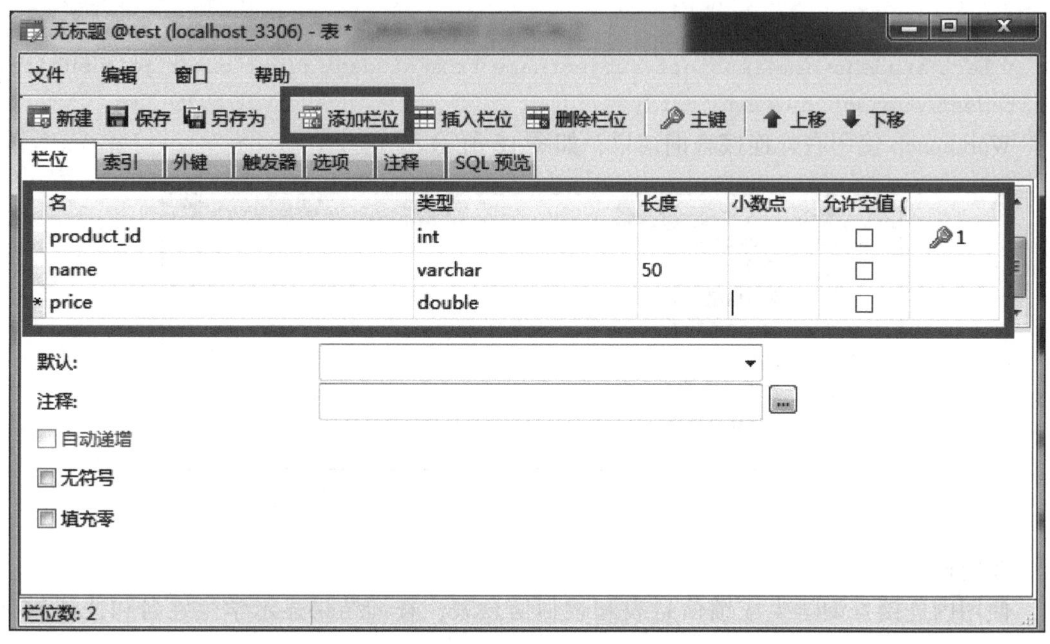

图 18 Navicat 图形界面建表

图 19 Navicat SQL 语句预览图

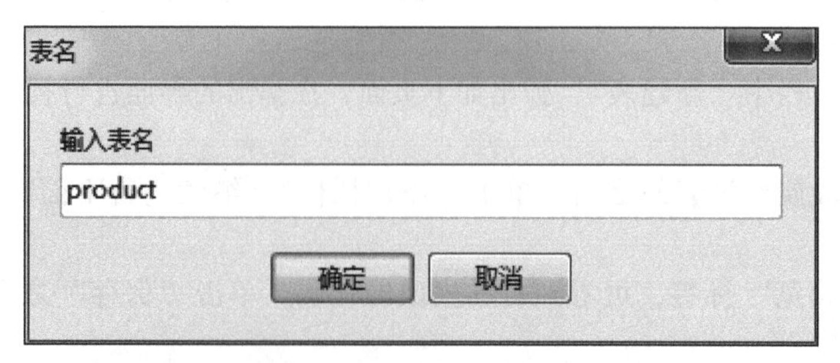

图 20 Navicat 修改数据表名

打开表（product），在表中添加数据，如图 21 所示。

图 21　Navicat 数据表中插入数据

同理，创建购买记录表（purchase）。

②创建视图

```
create view purchase_detail AS
select product. name as name,product. price as price,
purchase. qty as qty,
product. price *  purchase. qty as total_value from product,
purchase where product. product_id = purchase. product_id;
```

创建成功后，输入：

```
select *  from purchase_detail;
```

运行效果如图 22 所示。

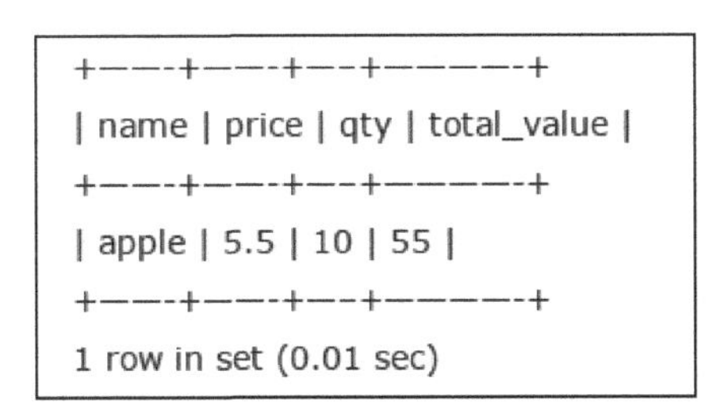

```
+——-+——-+——+——+
| name | price | qty | total_value |
+——-+——-+——+——+
| apple | 5.5 | 10 | 55 |
+——-+——-+——+——+
1 row in set (0.01 sec)
```

图 22　Navicat 视图查询结果图

附代码：（可直接在 Workbench、Navicat 中运行）

创建产品表

```
create table product(
product_id INT primary key NOT NULL,
name VARCHAR(50)NOT NULL,
price DOUBLE()NOT NULL
)default charset=utf8;
```

插入数据

```
insert into product values(1,'  apple '  ,5.5);
```

创建购买记录表

```
create table purchase(
id INT primary key NOT NULL,
```

```
product_id INT NOT NULL,
qty INT NOT NULL DEFAULT 0,
gen_time DATETIME NOT NULL
)default charset=utf8;
```

插入数据

```
insert into purchase values(1,1,10,NOW());
```

创建视图

```
create view purchase_detail AS
select product. name as name,product. price as price,
purchase. qty as qty,
product. price * purchase. qty as total_value from product,
purchase where product. product_id = purchase. product_id;
```

创建成功后，输入：

```
select * from purchase_detail;
```

在 Workbench 运行结果如图 23 所示。

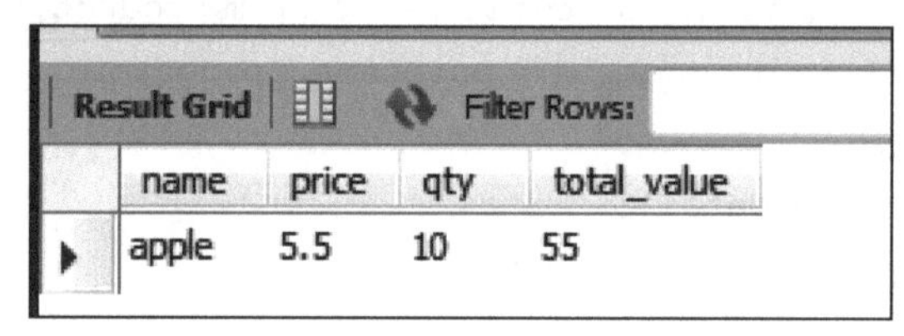

图 23　Workbench 视图查询结果图

2）使用 Navicat

（1）单表查询。

①创建考试信息表 examinfo

```
create table examinfo(
id int(10)primary key,
name nvarchar(10),
expense float(10),
subject varchar(10),
tel int(10)
);
```

②查看 examinfo 表

```
desc examinfo;
```

Navicat 显示数据表结果，如图 24 所示。

③查询 examinfo 表中全部数据

```
select * from examinfo;
```

Navicat 显示查询全部表数据，如图 25 所示。

④查询指定字段

```
select name,subject from examinfo;
```

```
mysql> desc examinfo;
+---------+-------------+------+-----+---------+-------+
| Field   | Type        | Null | Key | Default | Extra |
+---------+-------------+------+-----+---------+-------+
| id      | int(10)     | YES  |     | NULL    |       |
| name    | varchar(10) | YES  |     | NULL    |       |
| expense | float       | YES  |     | NULL    |       |
| subject | varchar(10) | YES  |     | NULL    |       |
| tel     | int(10)     | YES  |     | NULL    |       |
+---------+-------------+------+-----+---------+-------+
5 rows in set
```

图 24　Navicat 显示数据表结果

```
mysql> select *from examinfo;
+----+------+---------+---------+-----------+
| id | name | expense | subject | tel       |
+----+------+---------+---------+-----------+
|  1 | 王五 |      55 | 数学    | 123456789 |
|  2 | 李四 |      55 | 英语    | 123456789 |
|  3 | 张三 |     100 | 政治    | 123456789 |
|  4 | 程二 |     130 | 专业课  | 123456789 |
|  5 | 刘六 |      85 | 化学    | 123456789 |
+----+------+---------+---------+-----------+
5 rows in set
```

图 25　Navicat 显示查询全部表数据

Navicat 显示查询指定字段数据，如图 26 所示。

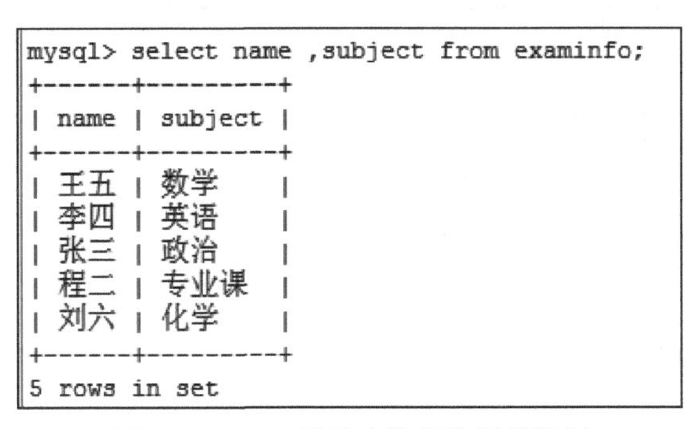

```
mysql> select name ,subject from examinfo;
+------+---------+
| name | subject |
+------+---------+
| 王五 | 数学    |
| 李四 | 英语    |
| 张三 | 政治    |
| 程二 | 专业课  |
| 刘六 | 化学    |
+------+---------+
5 rows in set
```

图 26　Navicat 显示查询指定字段数据

⑤查询结果排序

```
select * from examinfo order by expense desc;
```

Navicat 使用 order by 查询表数据，如图 27 所示。

⑥查询表中某列，并起别名

```
select name as ' 姓名' ,expense as ' 报名费用' from examinfo;
```

Navicat 修改列名结果，如图 28 所示。

```
mysql> select *from examinfo order by expense desc;
+----+------+---------+---------+-----------+
| id | name | expense | subject | tel       |
+----+------+---------+---------+-----------+
|  4 | 程二 |     130 | 专业课  | 123456789 |
|  3 | 张三 |     100 | 政治    | 123456789 |
|  5 | 刘六 |      85 | 化学    | 123456789 |
|  1 | 王五 |      55 | 数学    | 123456789 |
|  2 | 李四 |      55 | 英语    | 123456789 |
+----+------+---------+---------+-----------+
5 rows in set
```

图 27　Navicat 使用 order by 查询表数据

```
mysql> select name as '姓名',expense as '报名费用'from examinfo;
+------+----------+
| 姓名 | 报名费用 |
+------+----------+
| 王五 |       55 |
| 李四 |       55 |
| 张三 |      100 |
| 程二 |      130 |
| 刘六 |       85 |
+------+----------+
5 rows in set
```

图 28　Navicat 修改列名结果

⑦单一条件查询

```
select subject from examinfowhere expense>100;
```

Navicat 单一条件查询结果，如图 29 所示。

```
mysql> select subject from examinfo where expense>100;
+---------+
| subject |
+---------+
| 专业课  |
+---------+
1 row in set
```

图 29　Navicat 单一条件查询结果

（2）分组查询（以为学生成绩信息表为例）。

①单列分组查询

在 Navicat 中创建学生成绩信息表（在此之前，需选择 BOOK 数据库）。

创建学生成绩信息表 studentinfo

```
create table studentinfo(
id int(8)primary key,
name char(10),
subject char(20),
teacher char(20),
score char(10)
```

```
)DEFAULT CHARSET=utf8;
```

查询学生信息表，得出数据库设计考试的平均成绩。

```
select subject,AVG(score)from studentinfo group by subject having subject='
数据库设计'  ;
```

Navicot 使用 having 查询结果，如图 30 所示。

```
mysql> select subject,AVG(score) from studentinfo group by subject having subject='数据库设计
';
+------------+------------+
| subject    | AVG(score) |
+------------+------------+
| 数据库设计 | 85.0000    |
+------------+------------+
1 row in set
```

图 30　Navicat 使用 having 查询结果

②多列分组查询

查询学生成绩信息表中任课教师及其对应学生总成绩，并按照每组学生的总成绩进行降序排列。注意：order by 必须放在查询语句的后面。

```
select teacher,sum(score)from studentinfo group by teacher order by sum(score)
DESC;
```

Navicat 使用 order 列查询结果，如图 31 所示。

```
mysql> select teacher,sum(score) from studentinfo group by teacher order by sum
(score) DESC;
+---------+------------+
| teacher | sum(score) |
+---------+------------+
| 陈老师  | 170        |
| 王老师  | 85         |
| 李老师  | 83         |
| 朱老师  | 79         |
+---------+------------+
4 rows in set
```

图 31　Navicat 使用 order by 查询结果

（3）连接查询。

①等值连接

在 Navicat 中，分别创建学生信息表（student）、教师信息表（teacher）、科目信息表（subject），语句同 Workbench。

通过学生信息表、教师信息表和科目信息表，查询每名学生参加的考试科目名称及授课教师名称。

```
select name, teachername, subjectname from student, teacher, subject where
student.teacherid=teacher.id and student.subjectid=subject.id;
```

Navicat 使用等值连接查询结果，如图 32 所示。

②外连接

a. 使用左外连接：

```
select student.name,subject.subjectname from student left outer join subject on
```

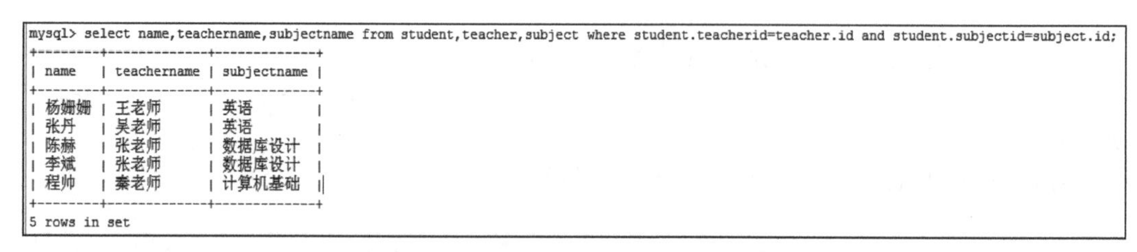

```
mysql> select name,teachername,subjectname from student,teacher,subject where student.teacherid=teacher.id and student.subjectid=subject.id;
+--------+-------------+-------------+
| name   | teachername | subjectname |
+--------+-------------+-------------+
| 杨姗姗 | 王老师      | 英语        |
| 张丹   | 吴老师      | 英语        |
| 陈赫   | 张老师      | 数据库设计  |
| 李斌   | 张老师      | 数据库设计  |
| 程帅   | 秦老师      | 计算机基础  |
+--------+-------------+-------------+
5 rows in set
```

图 32　Navicat 使用等值连接查询结果

```
student.subjectid=subject.id;
```

Navicat 使用左外连接查询结果，如图 33 所示。

```
mysql> select student.name,subject.subjectname from student left outer join subject on student.subjectid=subject.id ;
+--------+-------------+
| name   | subjectname |
+--------+-------------+
| 杨姗姗 | 英语        |
| 张丹   | 英语        |
| 陈赫   | 数据库设计  |
| 李斌   | 数据库设计  |
| 程帅   | 计算机基础  |
+--------+-------------+
5 rows in set
```

图 33　Navicat 使用左外连接查询结果

b. 使用右外连接：

```
select student.name,subject.subjectname from student right outer join subject on student.subjectid=subject.id;
```

Navicat 使用右外连接查询结果，如图 34 所示。

```
mysql> select student.name,subject.subjectname from student right outer join subject on student.subjectid=subject.id ;
+--------+-------------+
| name   | subjectname |
+--------+-------------+
| 杨姗姗 | 英语        |
| 陈赫   | 数据库设计  |
| 李斌   | 数据库设计  |
| 程帅   | 计算机基础  |
| 张丹   | 英语        |
| NULL   | 数据库技术  |
| NULL   | 高数        |
+--------+-------------+
7 rows in set
```

图 34　Navicat 使用右外连接查询结果

③内连接

使用内连接查询学生成绩信息表和教师信息表，查询结果显示学生姓名和任课教师姓名。

```
select student.name, teacher.teachername from student inner join teacher on student.teacherid=teacher.id;
```

Navicat 使用内连接查询结果，如图 35 所示。

```
mysql> select student.name,teacher.teachername from student inner join teacher on student.teacherid=teacher.id;
+--------+-------------+
| name   | teachername |
+--------+-------------+
| 杨姗姗 | 王老师      |
| 陈赫   | 张老师      |
| 李斌   | 张老师      |
| 程帅   | 秦老师      |
| 张丹   | 吴老师      |
+--------+-------------+
5 rows in set
```

图 35　Navicat 使用内连接查询结果

实验 1.3　数据库更新实验

1. 实验目的

掌握数据库、数据表的数据更新操作，熟练运用 SQL 语句对数据库进行数据插入、修改、删除的操作。

2. 实验内容

（1）在实验 1.2 的基础上，分别在学生信息表、教师信息表、科目信息表中练习添加、修改、删除数据操作。

（2）在学生信息表中插入某个学生的特定信息（如学号为“20160201”，姓名为“张三”，成绩待定）。

（3）在教师信息表中，删除学号为 1 的记录。

（4）在科目信息表中，将科目为“数据库设计”的改为“遥感”。

（5）在学生成绩信息表中，将科目为英语的成绩增加 10 分。

3. 实验步骤及程序编写

1）使用 Workbench

（1）在实验 1.2 的基础上，分别在学生信息表、教师信息表、科目信息表中练习添加、修改、删除数据操作。

```
insert into student values(8,'周云',78,'2','1');
insert into student values(7,'李涛',98,'3','2');
```

Workbench 插入成功图，如图 36 所示。

将“王丹”记录所在行改名为“黄飞鸿”：

```
update student set name='黄飞鸿' where name='王丹';
```

Workbend 修改成功图，如图 37 所示。

删除成绩为 78 的记录：

```
delete from student where score=78;
```

注意：在 Workbench 中输入以上代码时，如出现 Error Code：1175. You are using safe

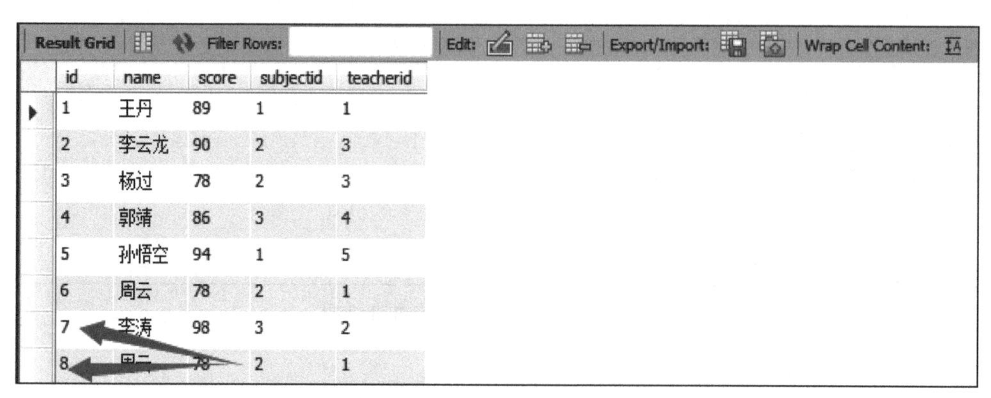

id	name	score	subjectid	teacherid
1	王丹	89	1	1
2	李云龙	90	2	3
3	杨过	78	2	3
4	郭靖	86	3	4
5	孙悟空	94	1	5
6	周云	78	2	1
7	李涛	98	3	2
8	[illegible]	78	2	1

图 36　Workbench 插入成功图

id	name	score	subjectid	teacherid
1	黄飞鸿	89	1	1
2	李云龙	90	2	3
3	杨过	78	2	3
4	郭靖	86	3	4
5	孙悟空	94	1	5
6	周云	78	2	1

图 37　Workbench 修改成功图

update mode and you tried to update a table without a WHERE that uses a KEY column To disable safe mode，toggle the option in Preferences，则说明此时 MySQL 运行在 safe-updates 模式下，该模式会导致非主键条件下无法执行 update 或者 delete 命令，解决方法：输入 SET SQL_SAFE_ UPDATES=0；即可。

Workbench 删除成功图，如图 38 所示。

id	name	score	subjectid	teacherid
1	黄飞鸿	89	1	1
2	李云龙	90	2	3
4	郭靖	86	3	4
5	孙悟空	94	1	5
7	李涛	98	3	2

图 38　Workbench 删除成功图

（2）在学生信息表中插入某个学生的特定信息（如学号为“20160201”，姓名为“张三”，成绩待定）。

```
insert into student(id,name,score)values(20160201,' 张三' ,null);
```

Workbench 插入特定信息，如图 39 所示。

Result Grid | Filter Rows: | Export: | Wrap Cell Content:

id	name	score	subjectid	teacherid
1	黄飞鸿	89	1	1
2	李云龙	90	2	3
4	郭靖	86	3	4
5	孙悟空	94	1	5
7	李涛	98	3	2
20160201	张三	NULL	NULL	NULL

图 39　Workbench 插入特定信息

(3) 在教师信息表中，删除学号为 1 的记录。

```
delete from teacher where id=1;
```

(4) 在科目信息表中，将科目为“数据库设计”的改为“遥感”。

查看科目信息表：

```
select * from subject;
```

Workbench 科目信息图，如图 40 所示。

Result Grid | Filter Rows: | Export: | Wrap Cell Content:

id	subjectname
1	英语
2	地理信息系统
3	遥感
4	数据库设计
5	数学

图 40　Workbench 科目信息图

将科目“数据库设计”改为“遥感”：

```
upadate subject set subjectname =' 遥感' where subjectname = ' 数据库设计' ;
```

Workbench 修改科目信息图，如图 41 所示。

(5) 在学生成绩信息表中，将科目为英语的成绩增加 10 分。

Workbench 修改前学生信息图，如图 42 所示。

```
update student set score=score+10 where subjectid = 1;
```

Workbench 修改后学生信息图，如图 43 所示。

2) 使用 Navicat

(1) 在实验 1.2 的基础上，分别在学生信息表、教师信息表、科目信息表中练习添

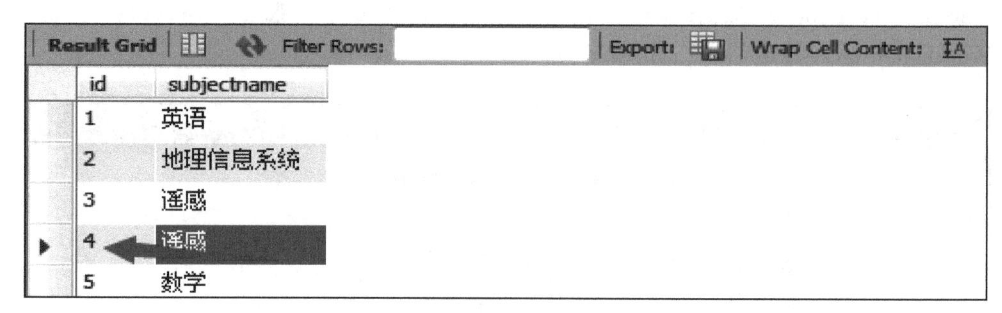

id	subjectname
1	英语
2	地理信息系统
3	遥感
4	遥感
5	数学

图 41　Workbench 修改科目信息图

id	name	score	subjectid	teacherid
1	黄飞鸿	89	1	1
2	李云龙	90	2	3
4	郭靖	86	3	4
5	孙悟空	94	1	5
7	李涛	98	3	2
20160201	张三	NULL	NULL	NULL

图 42　Workbench 修改前学生信息图

id	name	score	subjectid	teacherid
1	黄飞鸿	99	1	1
2	李云龙	100	2	3
4	郭靖	96	3	4
5	孙悟空	104	1	5
7	李涛	108	3	2
20160201	张三	NULL	NULL	NULL

图 43　Workbench 修改后学生信息图

加、修改、删除数据操作。

```
insert into student values(6,' 陈冉冉' ,99,1,1);
insert into student values(7,' 王芸' ,98,1,5);
```

查看插入结果：

```
select * from student;
```

Navicat 插入成功图，如图 44 所示。

将“王芸”记录所在行改名为“李云龙”：

```
mysql> select *from student;
+----+--------+-------+-----------+-----------+
| id | name   | score | subjectid | teacherid |
+----+--------+-------+-----------+-----------+
|  1 | 杨姗姗 | 88    |         1 |         1 |
|  2 | 陈赫   | 79    |         2 |         3 |
|  3 | 李斌   | 97    |         2 |         3 |
|  4 | 程帅   | 84    |         3 |         4 |
|  5 | 张丹   | 68    |         1 |         5 |
|  6 | 陈冉冉 | 99    |         1 |         1 |
|  7 | 王芸   | 98    |         1 |         5 |
+----+--------+-------+-----------+-----------+
7 rows in set
```

图 44　Navicat 插入成功图

update student set name=' 李云龙' wherename=' 王芸' ;

Navicat 修改成功图，如图 45 所示。

```
mysql> select *from student;
+----+--------+-------+-----------+-----------+
| id | name   | score | subjectid | teacherid |
+----+--------+-------+-----------+-----------+
|  1 | 杨姗姗 | 88    |         1 |         1 |
|  2 | 陈赫   | 79    |         2 |         3 |
|  3 | 李斌   | 97    |         2 |         3 |
|  4 | 程帅   | 84    |         3 |         4 |
|  5 | 张丹   | 68    |         1 |         5 |
|  6 | 陈冉冉 | 99    |         1 |         1 |
|  7 | 李云龙 | 98    |         1 |         5 |
+----+--------+-------+-----------+-----------+
7 rows in set
```

图 45　Navicat 修改成功图

删除成绩为 88 的记录：

delete from student where score=88;

Naviat 删除成功图，如图 46 所示。

```
mysql> select *from student;
+----+--------+-------+-----------+-----------+
| id | name   | score | subjectid | teacherid |
+----+--------+-------+-----------+-----------+
|  2 | 陈赫   | 79    |         2 |         3 |
|  3 | 李斌   | 97    |         2 |         3 |
|  4 | 程帅   | 84    |         3 |         4 |
|  5 | 张丹   | 68    |         1 |         5 |
|  6 | 陈冉冉 | 99    |         1 |         1 |
|  7 | 李云龙 | 98    |         1 |         5 |
+----+--------+-------+-----------+-----------+
6 rows in set
```

图 46　Navicat 删除成功图

此时，id=1的那条记录就被删除了。

（2）在学生信息表中插入某个学生的特定信息（如学号为“20160201”，姓名为“张三”，成绩待定）。

```
insert into student(id,name,score)values(20160201,' 张三' ,null);
```

Navicat特定信息插入，如图47所示。

mysql> select *from student;

id	name	score	subjectid	teacherid
2	陈赫	79	2	3
3	李斌	97	2	3
4	程帅	84	3	4
5	张丹	68	1	5
6	陈冉冉	99	1	1
7	李云龙	98	1	5
20160201	张三	NULL	NULL	NULL

7 rows in set

图47　Navicat特定信息插入

（3）在教师信息表中，删除学号为1的记录。

```
delete from teacher where id=1;
```

（4）在科目信息表中，将科目为“数据库设计”的改为“遥感”。

查看科目信息表：

```
select * from subject;
```

科目信息图；如图48所示。

将科目“数据库设计”改为“遥感”：

```
upadate subject set subjectname =' 遥感' where subjectname = ' 数据库设计' ;
```

Navicat修改科目信息，如图49所示。

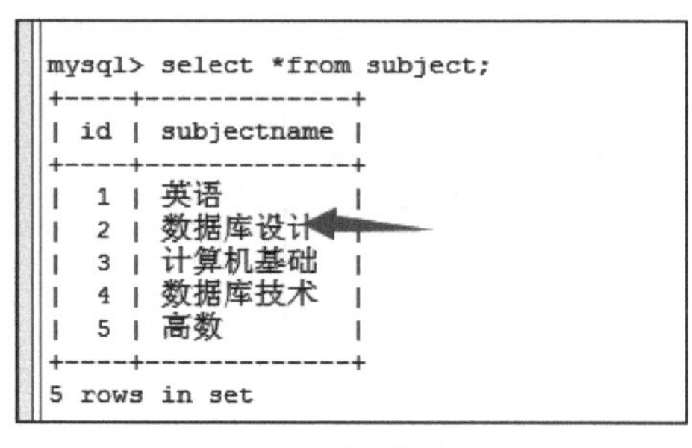

mysql> select *from subject;

id	subjectname
1	英语
2	数据库设计
3	计算机基础
4	数据库技术
5	高数

5 rows in set

图48　科目信息图

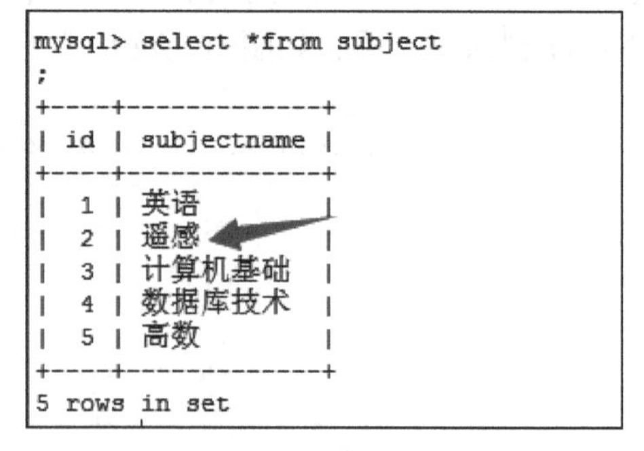

mysql> select *from subject
;

id	subjectname
1	英语
2	遥感
3	计算机基础
4	数据库技术
5	高数

5 rows in set

图49　Navicat修改科目信息

（5）在学生成绩信息表中，将科目为英语的成绩增加10分。

```
update student set score=score+10 where subjectid = 1;
```

Navicat修改后科目信息，如图50所示。

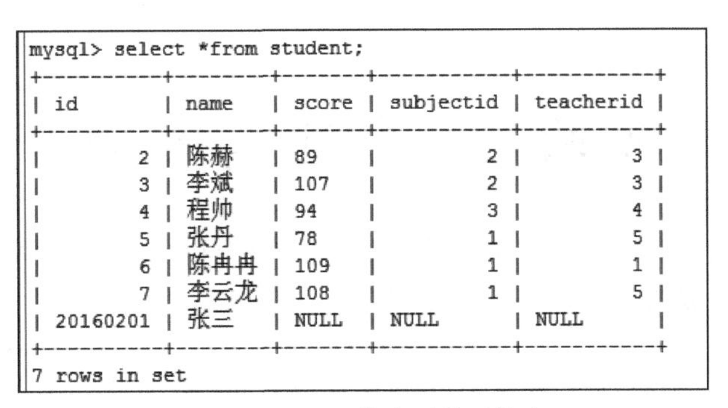

```
mysql> select *from student;
+----------+--------+-------+-----------+-----------+
| id       | name   | score | subjectid | teacherid |
+----------+--------+-------+-----------+-----------+
|        2 | 陈赫   | 89    |         2 |         3 |
|        3 | 李斌   | 107   |         2 |         3 |
|        4 | 程帅   | 94    |         3 |         4 |
|        5 | 张丹   | 78    |         1 |         5 |
|        6 | 陈冉冉 | 109   |         1 |         1 |
|        7 | 李云龙 | 108   |         1 |         5 |
| 20160201 | 张三   | NULL  | NULL      | NULL      |
+----------+--------+-------+-----------+-----------+
7 rows in set
```

图 50　Navicat 修改后科目信息

实验二　权限与安全

本实验涉及数据库的权限与安全问题，对数据库进行授权、设置密码等操作，防止数据库信息被泄露，是数据库设计的重中之重。

本实验需要掌握的数据库操作（请在掌握的内容方框前面打钩）
□定义用户、角色，分配权限给用户、角色
□删除、回收权限，修改用户密码、用户名
□找回超级管理员 root 账号密码

1. 实验目的

（1）理解 MySQL 权限管理的工作原理。
（2）掌握 MySQL 账号管理。

2. 实验过程

1）创建用户

（1）利用 create user 语句创建用户 user1、user2、user3，密码均为'123456'。

```
create user 'user1'@'localhost' identified by '123456';
create user 'user2'@'localhost' identified by '123456';
create user 'user3'@'localhost' identified by '123456';
```

（2）利用 insert into 语句向 user 表创建用户 user4，密码均为'123456'。
创建 user 表

```
create table user(
host char(20),
user char(10)primary key,
password char(20),
ssl_cipher char(10),
x509_issuer char(10),
x509_subject char(10)
);
insert into user(host,user,password,ssl_cipher,x509_issuer,x509_subject)
values('localhost','user4','123456','null','null','null');
```

（3）利用 grant 语句创建用户 user5，密码均为'123456'，且为全局级用户。

```
grant select,insert,update on *.* to 'user5'@'localhost' identified
by'123456';
```

2）用户授权（利用 grant 语句）

（1）授予 user1 用户为数据库级用户，对 BOOK 数据库拥有所有权。

```
grant all on *.* to ' user1' @ ' localhost' identified by' 123456' ;
```

（2）授予 user2 用户为表级用户，对 BOOK 数据库中的 student 表设置 select、create、drop 权限。

```
grant select, create, drop onBOOK.student to ' user2 ' @ ' localhost '
identified by ' 123456' ;
```

（3）授予 user3 用户为列级用户，对 BOOK 中的 student 表的 name 列的用户设置 select 和 update 权限。

```
grant select, update ( name ) on BOOK.student to ' user2 ' @ ' localhost '
identified by' 123456' ;
```

（4）授予 user4 用户为过程级用户，对 BOOK 中的 get_ student_ by_ sno 存储过程拥有 EXECUTE 执行的权限（创建存储过程见实验四）。

①创建存储过程

```
delimiter //
create procedure get_student_by_sno(out a int)
begin
select * from student order by sno;
end//
```

②授予 user4 用户 EXECUTE 权限

```
grant execute on procedure get_student_by_sno to ' user4' @ ' localhost' i-
dentified by' 123456' ;
```

通过上述创建的用户，连接、登录 MySQL 数据库，对相关权限进行验证。

③查看权限

```
select * from user where user=' test1' ;
show grants for ' root' @ ' localhost' ;
select * from user where user=' root' ;
```

④删除权限

```
drop user ' user4' @ ' localhost' ;
flush privileges;
```

3）收回权限

（1）收回 user3 用户对 STM 中的 student 表的 sname 列的 update 权限。

```
revoke update on *.* from ' user3' @ ' localhost' ;
```

（2）收回 user4 用户对 STM 中的 get_ student_ by_ sno 存储过程拥有 EXECUTE 执行的权限。

```
revoke execute on procedure get _ student _ by _ sno from ' user4 ' @ '
localhost' ;
```

利用上述建立的用户连接并登录 MySQL 数据库，对相关权限进行验证。

4）修改用户名、用户密码

（1）修改 root 用户密码。

```
set password=password("123456");
update user set password=password(' 123' )where user=' root' and host =
```

```
'  localhost '  ;
flush privileges;
```

（2）修改 user1 用户密码。

```
set password for '用户'@ '主机'=password('新密码');
```

修改 user1 用户密码为“111111”。

```
set password for user1@ localhost = password('  111111'  );
```

5）找回 root 用户密码

（1）停止 MySQL 服务，cmd 打开 DOS 窗口，输入：

```
net stop mysql;
```

（2）在 cmd 命令行窗口，进入 MySQL 安装 bin 目录，如本书是：

E:\Program Files\MySQL\MySQL Server 5.0\bin。

输入命令：

```
e:回车;
cd  E:\Program Files\MySQL\MySQL Server 5.0\bin;
```

这样就进入 MySQL 安装 bin 目录了。

（3）输入以下命令，进入 MySQL 安全模式，即当 MySQL 启动后，不用输入密码就能进入数据库。

```
mysqld-nt--skip-grant-tables;
```

（4）重新打开一个 cmd 命令行窗口，输入 mysql-uroot - p，使用空密码的方式登录 MySQL（不用输入密码，直接按回车）。

（5）输入以下命令开始修改 root 用户的密码（注意：命令中 mysql. user 中间有个“点”）。

```
update mysql.user set password=password('  新密码'  )where User='  root'  ;
```

（6）刷新权限表。

```
flush privileges;
```

（7）退出。

```
Quit;
```

MySQL 超级管理员 root 账号已经重新设置好，接下来在任务管理器里结束 mysql-nt. exe 这个进程，重新启动 MySQL 即可（也可以直接重新启动服务器）。

MySQL 重新启动后，就可以用新设置的 root 密码登录 MySQL 了。

实验三　完整性语言

1. 实体完整性

例 1　将 Student 表中的 Sno 定义为主码，Course 表中的 Con 定义为主码（列级实体完整性）。

创建学生表 Student

```
create table Student
(Sno char(9),
Sname char(20)not null,
Ssex char(2),
Sage smallint,
Sdept char(20),
primary key(Sno)
);
```

创建课程表 Course

```
create table Course
(
Cno char(9)primary key,
Cname char(20),
Cpno char(20),
Ccredit smallint,
foreign key(Cpno)references Course(Cno)/* 说明被参照表可以是同一个表* /
);
```

例 2　将 SC 表中的 Sno、Cno 属性组定义为码（表级实体完整性）。

```
create table SC
(
Sno CHAR(9),
Cno CHAR(9),
Grade smallint,
Primary key(Sno,Cno)
);
```

2. 参照完整性

例 3　定义 SC 中的参照完整性。

```
create table SC
(Sno CHAR(9),
```

```
Cno CHAR(4),
Grade smallint,
Primary key(Sno,Cno),/* 在表级定义实体完整性* /
FOREIGN KEY(Sno)REFERENCES Student(Sno),/* 在表级定义参照完整性* /
FOREIGN KEY(Cno)REFERENCES Course(Cno)/* 在表级定义参照完整性* /
);
```

例 4 参照完整性的违约处理实例。

```
create table SC(
Sno char(9)not null,
Cno char(9)not null,
Grade smallint,
Primary key(Sno,Cno),/* 在表级定义实体完整性* /
FOREIGN KEY(Sno)REFERENCES Student(Sno),/* 在表级定义参照完整性* /
FOREIGN KEY(Cno)REFERENCES Course(Cno)/* 在表级定义参照完整性* /
on delete cascade/* 当删除 student 表中的元组时,级连删除 SC 表中相应的元组* /
on update cascade /* 当更新 student 表中的 sno 时,级连更新 SC 表中相应的元组* /
);
```

另外一种情况如下：

```
on delete no action /* 当删除 course 表中元组造成与 SC 表中不一致时,拒绝删除* /
on update cascade  /* 当更新 student 表中的 cno 时,级连更新 SC 表中相应元组* /
```

3. 用户定义的完整性

1）属性上的约束条件的定义

（1）列值非空。

例 5 在定义 SC 表时，说明 Sno，Cno，Grade 属性不为空。

```
create table SC
(Sno CHAR(9)not null,
Cno CHAR(4)not null,
Grade smallint not null,
Primary key(Sno,Cno)
);
```

（2）列值唯一。

例 6 建立部门 DEPT，要求部门名称 Dname 列取值唯一，部门编号 Deptno 为列主码。

```
create table DEPT
(Deptno NUMERIC(2),
Dname char(9)UNIQUE,
Location char(10),
PRIMARY KEY(Deptno)
)
```

（3）check 短语。

MySQL 中不支持 check 约束（SQL Server 支持），如果创建表，则加上 check 约束也是不起作用的，MySQL 的解决办法：加一个触发器实现约束功能。故本节例 7、例 8、例 9、例 12、例 13 是在 SQL Server 中实现的，例 10、例 11 通过在 MySQL 中加触发器实现 check 功能。

例 7　Student 表的 Ssex 只允许取“男”或“女”。

```
create table Student
(Sno char(9)PRIMARY KEY,
Sname char(8)not null,
Ssex char(2)CONSTRAINT C1 CHECK(Ssex IN(' 男' ,' 女' )),
Sage smallint,
Sdept char(20)
);
```

例 8　SC 表的 Grade 的值应该在 0 ~ 100。

```
create table SC
(Sno CHAR(9)not null,
Cno CHAR(9)not null,
Grade smallint CONSTRAINT C2 CHECK(Grade >=0 AND Grade <=100),
Primary key(Sno,Cno),
FOREIGN KEY(Sno)REFERENCES Student(Sno),
FOREIGN KEY(Cno)REFERENCES Course(Cno)
);
```

2）元组上的约束条件的定义

例 9　当学生的性别是男时，其名字不能以 Ms. 打头。

```
create table Student
(Sno char(9)PRIMARY KEY,
Sname char(8)not null,
Ssex char(2),
Sage smallint,
Sdept char(20),
CONSTRAINT C3 CHECK(Ssex = ' 女'  OR Sname NOT LIKE ' MS.% ' )
);
```

4. 完整性约束命名子句

1）完整性约束命名

例 10　建立学生登记表 Student，要求学号在 90000 ~ 99999，姓名不能取空值，年龄小于 30，性别只能是男或女（提示：MySQL 不支持 check 语句，解决办法：加一个触发器实现约束功能）。

```
create table Student
(Sno numeric(6)NOT NULL PRIMARY KEY check(Sno>90000 and Sno<99999),
Sname char(20)  not null,
Ssex enum(' 男' ,' 女' ),
Sage numeric(3),check(Sage < 30)
```

```
);
DELIMITER $ $
create trigger test before insert on Student
for each row
begin
if new. Sno<90000 then
set new. Sno= 90000;
end if;
if new. Sno>99999 then
set new. Sno= 99999;
end if;
end $ $
```

例 11 创建教师表 TEACHER，要求每个教师的应发工资不低于 3000 元（提示：MySQL 不支持 check 语句，解决办法：加一个触发器实现约束功能）。

```
create table TEACHER
(Eno NUMERIC(4)PRIMARY KEY,
Ename CHAR(10),
Job CHAR(8),
Sal NUMERIC(7,2),
Deduct NUMERIC(7,2),
Deptno NUMERIC(7,2),
CONSTRAINT C1 CHECK(Sal + Deduct >= 3000)
);
DELIMITER $ $
create trigger test before insert on TEACHER
for each row
begin
if(new. Sal-new. Deduct)<3000 then
set new. Sal= null;
set new. Deduct= null;
set new. Deptno= 3000;
else
set new. Deptno=new. Sal-new. Deduct;
end if;
end $ $
```

2）修改表中的完整性限制

例 12 添加 student 表中对性别的限制

```
alter table Student add CONSTRAINT C4 CHECK(Ssex IN('  m'  ,'  w'  ));
```

例 13 修改 student 表中的约束条件

```
alter table Student drop CONSTRAINT C1;/* 删除约束* /
alter table Student add CONSTRAINT C1 check(Sno between 900000 AND 999999);
```

```
/* 增加 CHECK 约束* /
alter table Student drop CONSTRAINT C3;/* 删除约束* /
alter table Student add CONSTRAINT C3 check(Sage < 40);/* 增加 CHECK 约束* /
```

实验四　存储过程

存储过程可以用来转换数据、数据迁移，它类似编程语言，一次执行成功就可以随时被调用，完成指定的功能操作。存储过程就相当于将一系列的操作都放在一起，当需要执行的时候直接调用，不必再重新编写。调用存储过程不仅可以提高数据库的访问效率，还可以提高数据库的安全性能。

本实验需要掌握的知识点（请在掌握的内容方框前面打钩）
□理解什么是存储过程
□如何创建存储过程
□如何管理存储过程

创建存储过程的语法：

```
create procedure sp_name([[in |out |inout]param_name type[…]]);
```

create procedure：创建存储过程的关键词。

sp_ name：创建的存储过程的名称。

in | out | inout：参数类型为输入类型、输出类型、输入输出类型。

param_ name：参数名称。

type：参数类型。

1）使用 Workbench

(1) 创建存储过程。

①创建带有 out 参数的存储过程

a. 使用代码创建存储过程：

创建 sexinfo 表：

```
create table sexinfo(
id int primary key,
sex varchar(4)
);
```

向 sexinfo 表中添加两条记录：

```
insert into sexinfo values(1,' 男' ),(2,' 女' );
```

创建存储过程：

```
delimiter //
create procedure sp_mypro1(out a int)
begin
select count(* )into a from sexinfo;
end//
```

b. 使用 Workbench 图形界面创建：

右击选择“Create Stored Procured”，弹出窗口；单击“Apply”，创建成功，如图 51 所示。

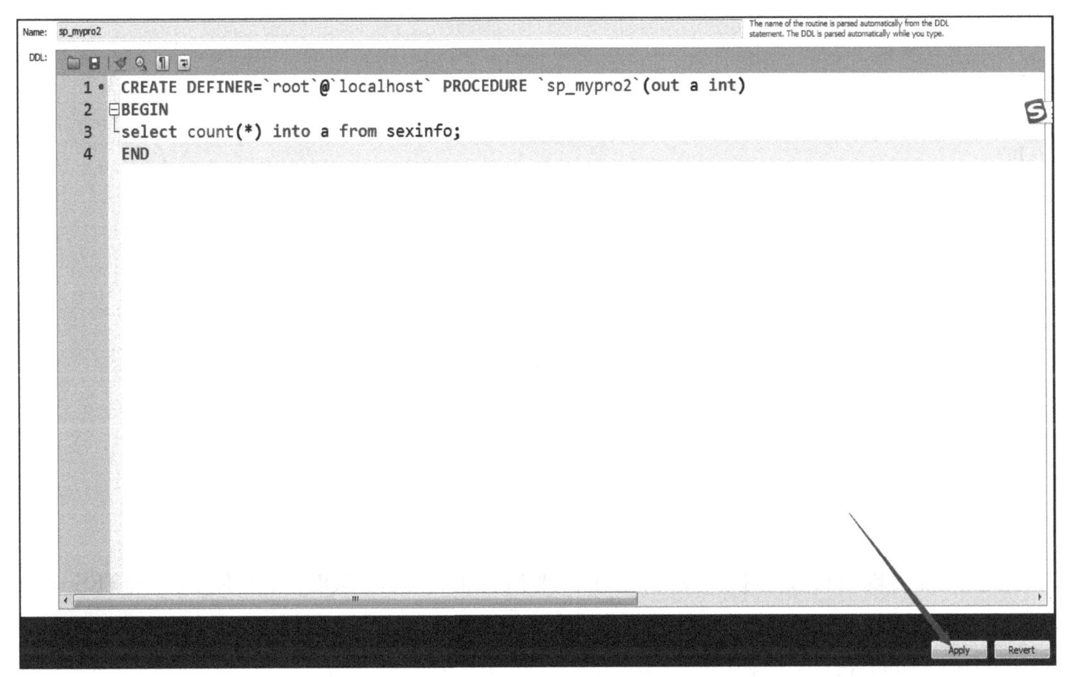

图 51　Workbench 图形界面创建存储过程

存储过程创建成功图，如图 52 所示。

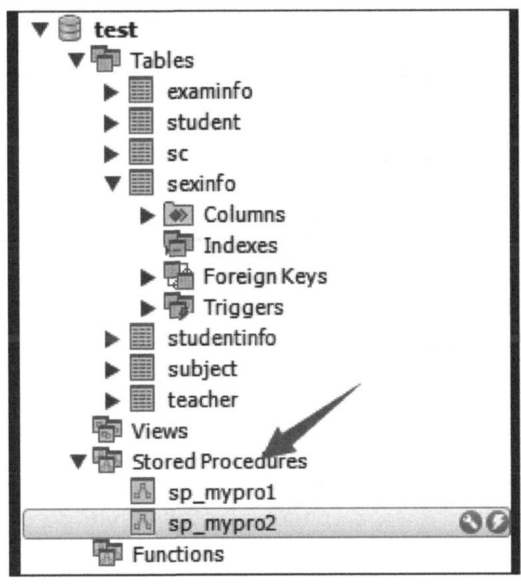

图 52　存储过程创建成功图

②创建带有 in 参数的存储过程

创建得分表 scoreinfo：

```
create table scoreinfo(
student_id int primary key,
scores int,
subject varchar(10),
remarks varchar(20)
);
```

创建存储过程：

```
delimiter //
create procedure sp_mypro3(in a int)
begin
if(a is not null)then
update scoreinfo set remarks=' 一般' where scores<=70;
end if;
end//
```

调用存储过程：

```
call sp_mypro3(1);
```

注意：若出现 safe 安全模式无法更改，则执行命令 SET SQL_ SAFE_ UPDATES = 0; 即可。

查看 scoreinfo 表：

```
select * from scoreinfo;
```

in 参数存储过程，如图 53 所示。

Result Grid | Filter Rows: | Export: | Wrap Cell Content:

student_id	scores	subject	remarks
1	92	英语	
1	91	数学	
1	69	计算机	一般
1	45	物理	一般

图 53　in 参数存储过程

③创建带有 inout 参数的存储过程

创建存储过程：

```
delimiter //
create procedure sp_mypro4(inout a int)
begin
if(a is not null)then
select count(* )into a from scoreinfo;
end if;
end//
```

给参数 *a* 赋值：

```
delimiter //
set @ a=1;
```

调用存储过程：

```
call sp_mypro4(@ a);
```

查看表记录：

```
select @ a;
```

inout 参数存储过程，如图 54 所示。

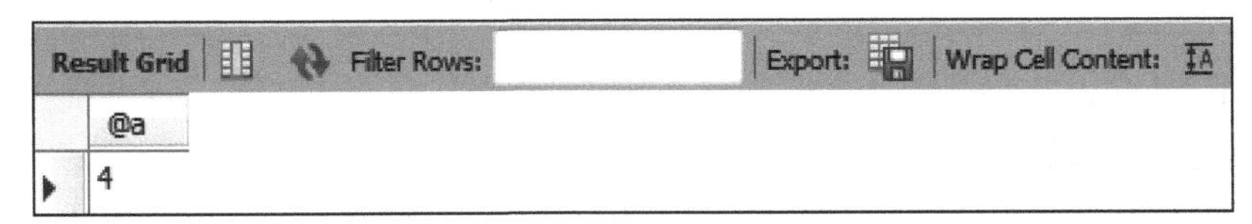

@a
4

图 54　inout 参数存储过程

④创建无参数的存储过程

创建存储过程：

```
delimiter //
create procedure sp_mypro5()
begin
update scoreinfo set remarks=' 优秀' where scores>=90;
end//
```

调用存储过程：

```
call sp_mypro5;
```

查看 scoreinfo 表：

```
select * from scoreinfo;
```

无参数存储过程，如图 55 所示。

student_id	scores	subject	remarks
1	92	英语	优秀
1	91	数学	优秀
1	69	计算机	一般
1	45	物理	一般

图 55　无参数存储过程

（2）修改存储过程。

在 Workbench 中，使用图形界面修改存储过程，右击选择“Alter Stored Procedure”。可以修改存储过程的名称、有无参数、in 参数、out 参数、inout 参数等，如图 56 所示。

（3）删除存储过程。

```
drop procedure sp_name;
```

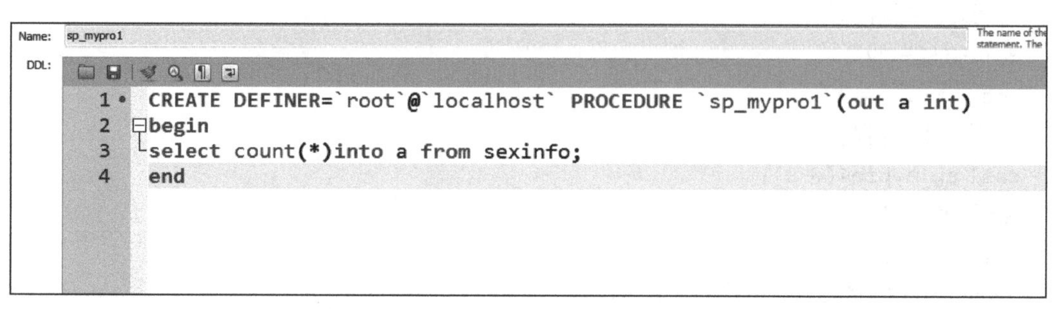

图 56　修改存储过程

2）使用 Navicat

（1）创建存储过程。

①创建带有 out 参数的存储过程

创建 sexinfo 表：

```
create table sexinfo(
id int primary key,
sex varchar(4)
);
```

向 sexinfo 表中添加两条记录：

```
insert into sexinfo values(1,' 男' ),(2,' 女' );
```

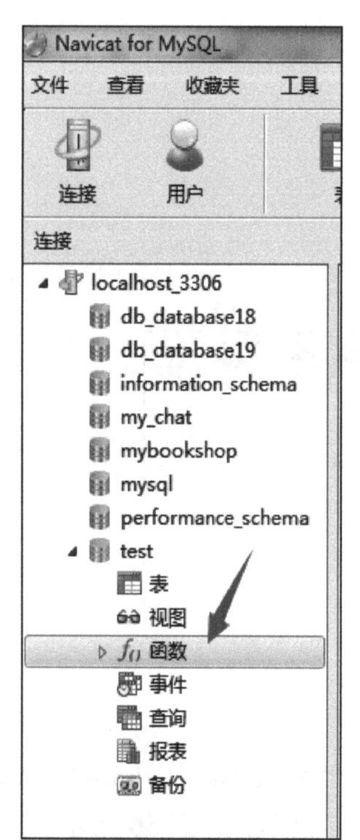

图 57　查看存储过程

创建存储过程：

```
delimiter //
create procedure sp_mypro1(out a int)
begin
select count(* )into a from sexinfo;
end//
```

查看存储过程（在 Navicat 中）：

在文件栏左侧，单击“函数”，如图 57 所示。

右侧函数栏会出现 sp_ mypro1，这就是创建的存储过程，说明创建成功，如图 58 所示。

②创建带有 in 参数的存储过程

创建一个得分表进行说明：

```
create table scoreinfo(
student_id int primary key,
scores int,
subject varchar(10),
remarks varchar(20)
);
```

向得分表中插入数据，查看 in 参数的存储结果：

```
insert into scoreinfo values(1,89,' 数据库设计' ,'
' ),(2,89,' 遥感' ,' ' ),(3,67,' 数据库应用' ,'
```

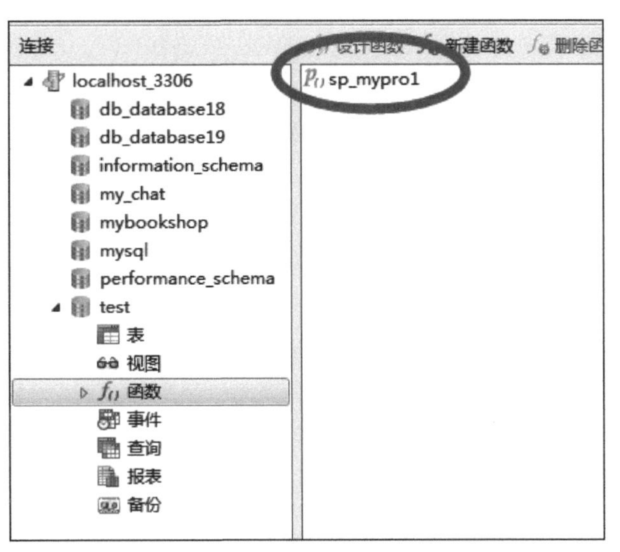

图 58　存储过程创建成功

```
' ),(4,66,' 英语' ,' ' );
```

创建存储过程：

```
delimiter //
create procedure sp_mypro2(in a int)
begin
if(a is not null)then
update scoreinfo set remarks=' 一般' where scores<=70;
end if;
end//
```

调用存储过程：

```
call sp_mypro2(1);
```

查看 scoreinfo 表：

```
select * from scoreinfo;
```

Navicat 中 in 参数存储过程，如图 59 所示。

```
mysql> select *from scoreinfo;
+------------+--------+------------+---------+
| student_id | scores | subject    | remarks |
+------------+--------+------------+---------+
|          1 |     89 | 数据库设计 |         |
|          2 |     89 | 遥感       |         |
|          3 |     67 | 数据库应用 | 一般    |
|          4 |     66 | 英语       | 一般    |
+------------+--------+------------+---------+
4 rows in set
```

图 59　Navicat 中 in 参数存储过程

③创建带有 inout 参数的存储过程

创建存储过程：

```
delimiter //
create procedure sp_mypro3(inout a int)
begin
if(a is not null)then
select count(* )into a from scoreinfo;
end if;
end//
```

给参数 *a* 赋值：

```
delimiter //
set @ a=1//
```

调用 sp_ mypro3 存储过程：

```
call sp_mypro3(@ a);
```

查看结果：

```
select @ a;
```

Navicat 中 inout 参数存储过程，如图 60 所示。

```
mysql> select @a//
+----+
| @a |
+----+
|  4 |
+----+
1 row in set
```

图 60　Navicat 中 inout 参数存储过程

④创建无参数的存储过程

创建存储过程：

```
delimiter //
create procedure sp_mypro4()
begin
update scoreinfo set remarks = ' 优秀 ' where scores>=80;
end//
```

调用存储过程：

```
call sp_mypro4;
```

查看 scoreinfo 表：

```
select *  from scoreinfo;
```

Navicat 中无参数存储过程，如图 61 所示。

```
mysql> select *from scoreinfo;
+------------+--------+------------+---------+
| student_id | scores | subject    | remarks |
+------------+--------+------------+---------+
|          1 |     89 | 数据库设计 | 优秀    |
|          2 |     89 | 遥感       | 优秀    |
|          3 |     67 | 数据库应用 | 一般    |
|          4 |     66 | 英语       | 一般    |
+------------+--------+------------+---------+
4 rows in set
```

图 61　Navicat 中无参数存储过程

（2）修改存储过程。

在 Navicat 中，使用图形界面修改存储过程，右击“设计函数”，进入修改页面，如图 62 所示。

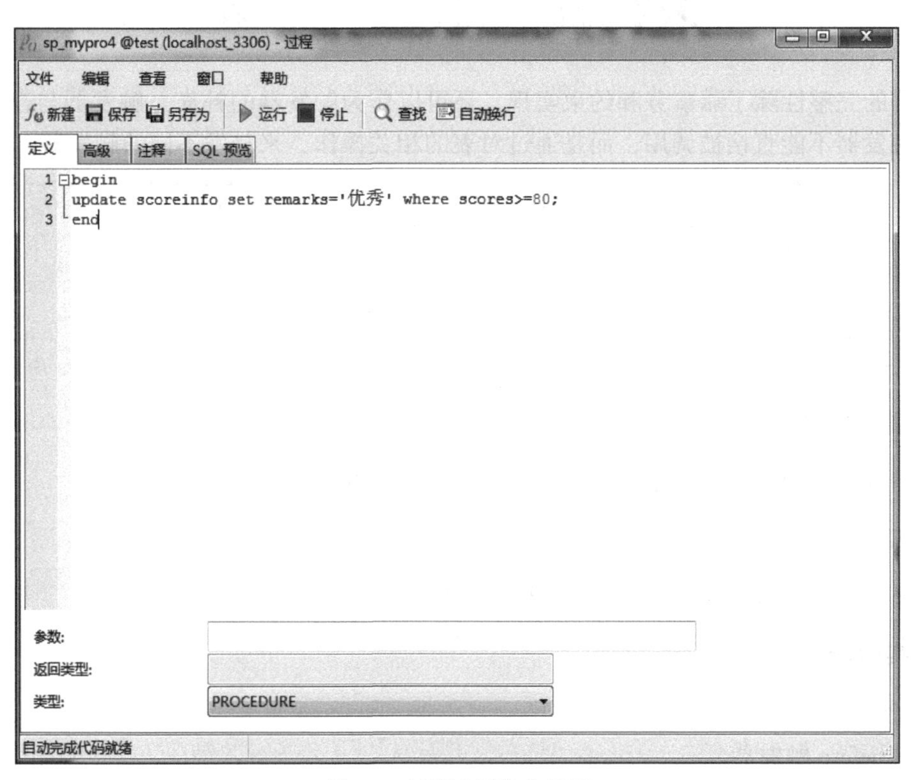

图 62　存储过程修改界面

也可以找到创建的存储过程，右击“重命名”，对存储过程进行重新命名。

（3）删除存储过程。

在 Navicat 图形界面中，找到已创建的存储过程，右击“删除函数”即可删除创建的存储过程。

实验五　触　发　器

数据的完整性除了靠事务和约束实现，还可以作为触发器的补充。触发器与存储过程不同，触发器不能直接被调用，而是通过对表的相关操作，来触发不同的触发器。

本实验需要掌握的知识点（请在掌握的内容方框前面打钩）

☐了解触发器

☐创建触发器

☐管理触发器

1. 实验目的

掌握触发器的设计和使用方法，以及如何创建触发器。

2. 实验内容

创建 before、after 触发器，对触发器进行管理。

3. 实验步骤及代码

1）使用 Workbench

（1）before 触发器。

创建数据库 newtest：

```
create database newtest default character set utf8  default collate utf8_general_ci;
use newtest;
```

创建一个触发器测试表 logtab：

```
create table logtab(
id int primary key auto_increment,
oname varchar(20),
otime varchar(20)
);
```

创建学生信息表：

```
create table studentinfo(
id int primary key auto_increment,
name varchar(20),
age int(20)
);
```

创建 before 触发器：

```
delimiter //
```

```
create trigger mytri1
before insert on studentinfo
for eachrow
begin
insert into logtab values(null,' test' ,sysdate());
end//
```

对 studentinfo 表未做任何操作，查询测试表 logtab：

```
select * from logtab;
```

Workbench 查询 logtab 结果，如图 63 所示。

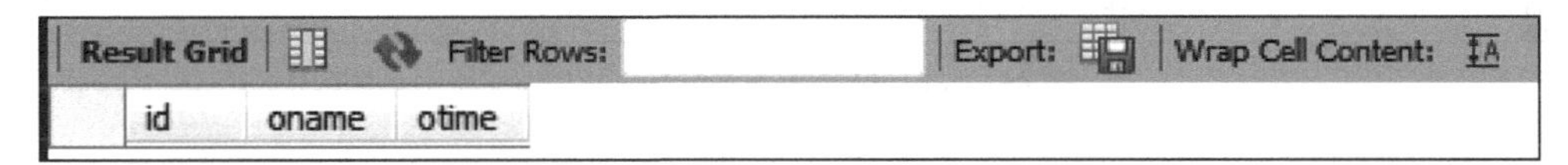

图 63 Workbench 查询 logtab 结果

插入一条记录到 studentinfo：

```
insert into studentinfo values(1,' 李四' ,24);
```

查询 logtab 表：

```
select * from logtab;
```

Workbench 插入记录后查询 logtab 结果，如图 64 所示。

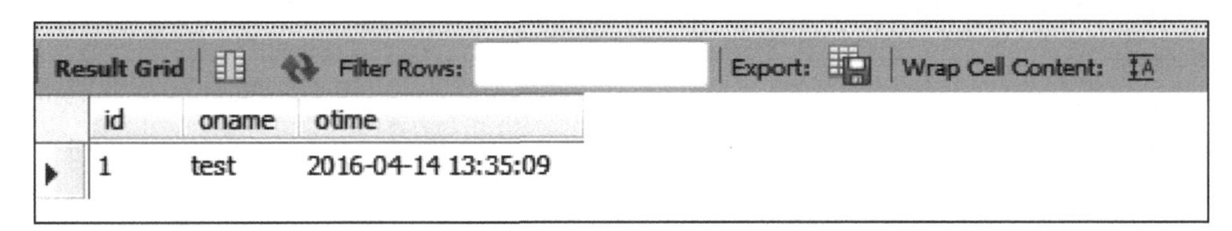

图 64 Workbench 插入记录后查询 logtab 结果

这时，可看到 logtab 中得到一条记录。

（2） after 触发器。

创建 after 触发器：

```
delimiter //
create trigger mytri2
after insert on studentinfo
for each row
begin
insert into logtab(oname,otime)values(null,' test' ,sysdate());
end//
```

再次插入一条记录到 studentinfo：

```
insert into studentinfo values(2,' 李四' ,24);
```

查询 logtab 表：

```
select * from logtab;
```

这时可看到三条记录，第一条是向 studentinfo 表插入第一条记录时 before 触发器增加的，另外两条记录是向 studentinfo 表插入第二条记录时 before 和 after 触发器分别增加的。

after 触发器查询 logtab 结果，如图 65 所示。

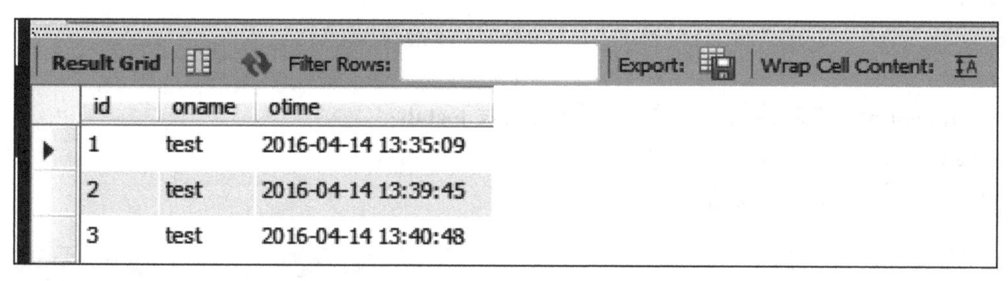

id	oname	otime
1	test	2016-04-14 13:35:09
2	test	2016-04-14 13:39:45
3	test	2016-04-14 13:40:48

图 65　after 触发器查询 logtab 结果

2）使用 Navicat

（1）before 触发器。

创建数据库 newtest2：

```
create database newtest2 default character set utf8  default collate utf8_general_ci;
use newtest2;
```

创建一个触发器测试表 logtab：

```
create table logtab(
id int,
oname varchar(20),
otime varchar(20)
);
```

创建学生信息表：

```
create table studentinfo(
id int,
name varchar(20),
age int(20)
);
```

创建 before 触发器：

```
delimiter //
create trigger mytri1
before insert on studentinfo
for eachrow
begin
insert into logtab(oname,otime)values(' test' ,sysdate());
end//
```

对 studentinfo 表未做任何操作时，查询 logtab 测试表：

```
select * from logtab;
```

Navicat 查询 logtab 结果，如图 66 所示。

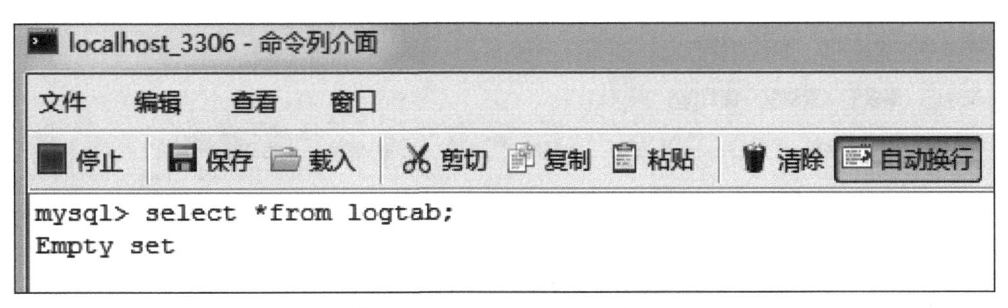

图 66 Navicat 查询 logtab 结果

插入一条记录到 studentinfo 表：

```
insert into studentinfo values(1,' 李四' ,24);
```

查询 logtab 测试表：

```
select * from logtab;
```

Navicat 插入记录后查询 logtab 结果，如图 67 所示。

```
mysql> select *from logtab;
+------+--------+---------------------+
| id   | oname  | otime               |
+------+--------+---------------------+
| NULL | test   | 2016-04-21 17:01:43 |
+------+--------+---------------------+
1 row in set
```

图 67 Navicat 插入记录后查询 logtab 结果

此时，可看到测试表 logtab 中已得到一条记录，记录由触发器完成。

（2） after 触发器。

```
delimiter //
create trigger mytri2
after insert on studentinfo
for eachrow
begin
insert into logtab(oname,otime)values(' test' ,sysdate());
end//
```

对 studentinfo 不做任何操作，执行查询语句：

```
select * from logtab;
```

Navicat 查询 logtab 结果，如图 68 所示。

在 studentinfo 中再次插入一条记录，来查看 after insert 的情况：

```
insert into studentinfo values(2,' 李珊珊' ,24);
```

再对测试表 logtab 进行查询：

```
select * from logtab;
```

查询 logtab 表，如图 69 所示。

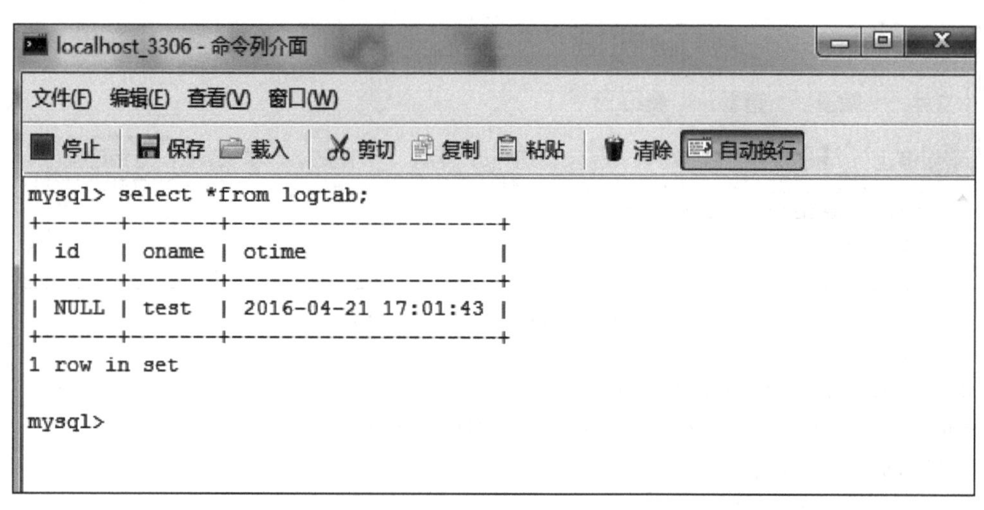


```
mysql> select *from logtab;
+------+-------+---------------------+
| id   | oname | otime               |
+------+-------+---------------------+
| NULL | test  | 2016-04-21 17:01:43 |
+------+-------+---------------------+
1 row in set

mysql>
```

图 68　Navicat 查询 logtab 结果

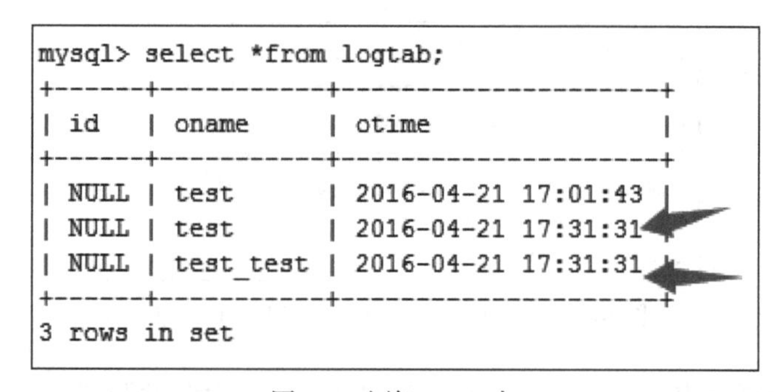

```
mysql> select *from logtab;
+------+-----------+---------------------+
| id   | oname     | otime               |
+------+-----------+---------------------+
| NULL | test      | 2016-04-21 17:01:43 |
| NULL | test      | 2016-04-21 17:31:31 |
| NULL | test_test | 2016-04-21 17:31:31 |
+------+-----------+---------------------+
3 rows in set
```

图 69　查询 logtab 表

从图 69 我们可以看出，logtab 表中增加的两条数据的顺序是按照触发器的触发时间来排的，即先激发 before 触发器，后激发 after 触发器。

实验六　性 能 优 化

性能优化是通过某些有效的方法提高 MySQL 数据库的性能。性能优化的目的是使 MySQL 数据库运行速度更快、占用磁盘空间更小。性能优化主要包括查询速度、数据库结构优化等。

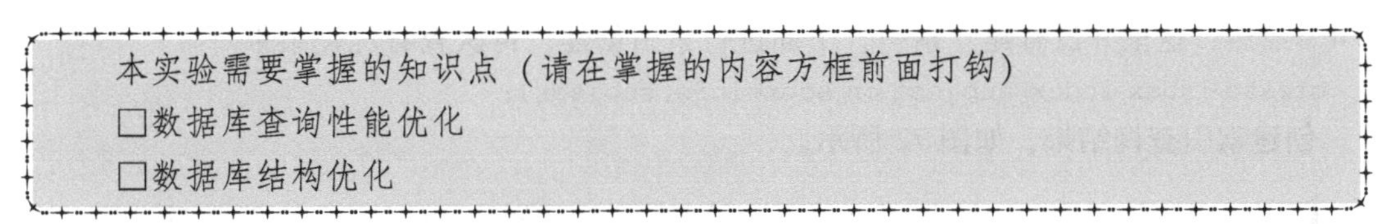

本实验需要掌握的知识点（请在掌握的内容方框前面打钩）

□数据库查询性能优化

□数据库结构优化

实验 6.1　数据库查询性能优化

由于 MySQL 数据库中进行大量的查询操作，所以需要对查询语句进行优化。

1. 实验目的

理解和掌握数据库查询性能优化的基本原理和方法。

2. 实验内容和要求

学会使用 explain 命令分析查询执行计划，利用索引优化查询性能、SQL 语句，以及理解和掌握数据库模式规范化对查询性能的影响。同时，针对给定的数据库模式，设计不同的实例验证查询性能优化效果。

3. 实验步骤

1）使用 Workbench

（1）分析查询语句。

查询实验四中得分表 scoreinfo：

```
explain select *  from scoreinfo;
```

分析查询语句结果，如图 70 所示。

Result Grid | Filter Rows: | Export: | Wrap Cell Content:

id	select_type	table	partitions	type	possible_keys	key	key_len	ref	rows	filtered	Extra
1	SIMPLE	scoreinfo	NULL	ALL	NULL	NULL	NULL	NULL	4	100.00	NULL

图 70　分析查询语句结果

（2）索引对查询速度的影响。

explain 执行语句如下：

```
explain select * from scoreinfo where subject='数据库设计';
```

未创建索引查询结果，如图 71 所示。

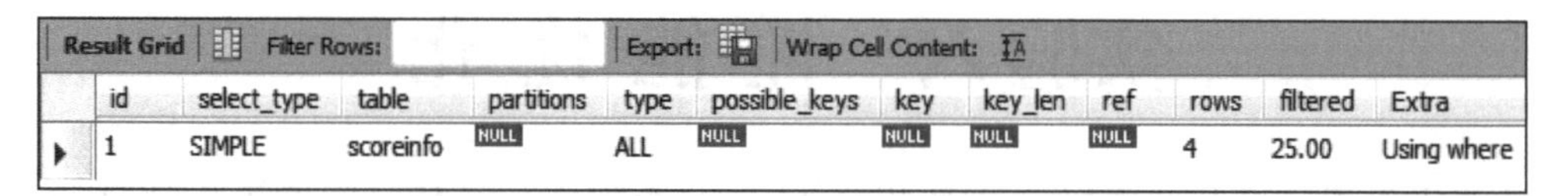

id	select_type	table	partitions	type	possible_keys	key	key_len	ref	rows	filtered	Extra
1	SIMPLE	scoreinfo	NULL	ALL	NULL	NULL	NULL	NULL	4	25.00	Using where

图 71　未创建索引查询结果

查询结果显示 rows 参数值为 4，即 MySQL 认为必须检查的用来返回请求数据的行数为 4。当然，这里并没有建立索引，下面进行索引创建，再次查看优化结果。

```
create index index_subject on scoreinfo(subject);
```

创建索引查询结果，如图 72 所示。

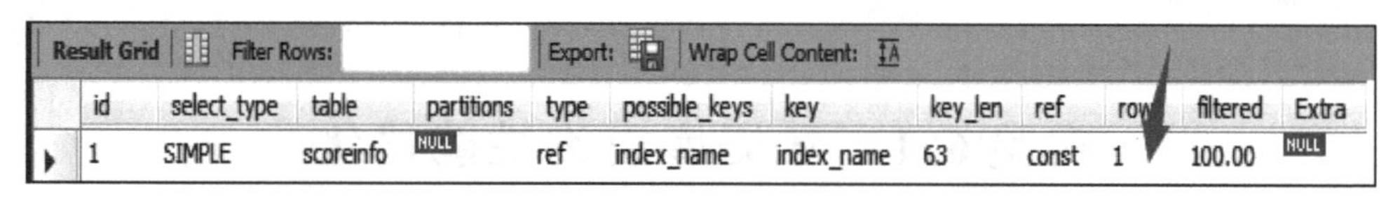

id	select_type	table	partitions	type	possible_keys	key	key_len	ref	rows	filtered	Extra
1	SIMPLE	scoreinfo	NULL	ref	index_name	index_name	63	const	1	100.00	NULL

图 72　创建索引查询结果

结果显示，rows 参数值为 1。这表示只查询了 1 条记录，查询速度比之前的 4 条记录快，而且 possible_ keys（查询中可能使用的索引）和 key（查询使用的索引）的值都是 index_ name，说明查询时使用了 index_ name 这个索引，从而使得查询性能得到优化。

从上面的实例可见，索引可以提高性能优化，但是有些时候即使创建索引，也并不能起到相应的效果，下面将一一进行讲解。

①使用 like 关键字查询

查询语句中使用 like 关键字进行查询时，如果匹配字符串的第一个字符是“%”，则索引不会被使用；如果不在第一个位置，则索引会被使用。

例 1　下面查询语句中使用 like 关键字，并且匹配的字符串中含有“%”符号。

explain 语句执行代码如下：

```
explain select * from scoreinfo where subject like '%理';
```

like 关键字位置不正确查询结果，如图 73 所示。

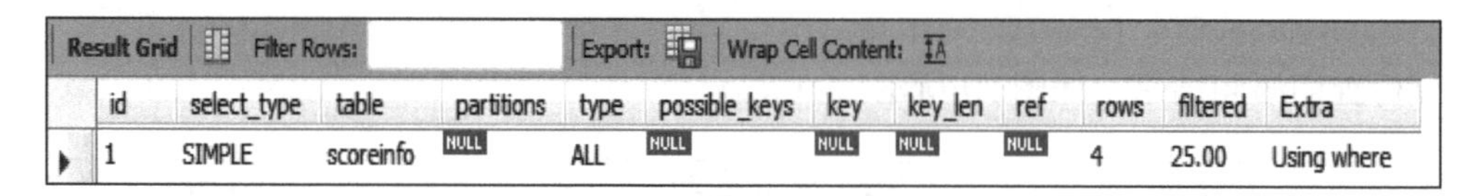

id	select_type	table	partitions	type	possible_keys	key	key_len	ref	rows	filtered	Extra
1	SIMPLE	scoreinfo	NULL	ALL	NULL	NULL	NULL	NULL	4	25.00	Using where

图 73　like 关键字位置不正确查询结果

```
explain select * from scoreinfo where subject like '物%';
```

like 关键字位置正确查询结果，如图 74 所示。

从查询结果中可以看到，执行第一个语句时，rows 值为 4，说明查询了 4 条记录。执行第二条语句时，rows 值为 1，说明查询了 1 条记录。同样是 name 字段，第一个查询语句

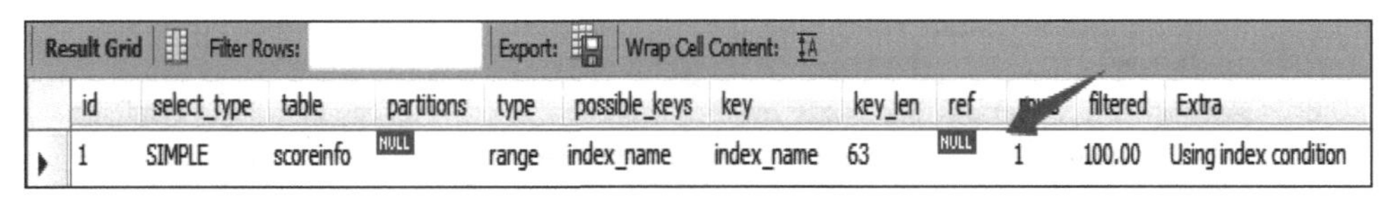

id	select_type	table	partitions	type	possible_keys	key	key_len	ref	rows	filtered	Extra
1	SIMPLE	scoreinfo	NULL	range	index_name	index_name	63	NULL	1	100.00	Using index condition

图 74　like 关键字位置正确查询结果

的 possible_ keys 和 type 均为空，并未使用索引；而第二个查询语句使用了索引，这是因为“%”不在第一个位置。

②使用多列索引查询

多列索引是在表的多个字段上创建一个索引。只有查询条件中使用了这些字段的第一个字段，索引才会被引用。

例 2　在 scoreinfo 表中 subject 和 remarks 两个字段上创建索引，然后验证多列索引的应用情况。

```
create index index_subject_remarks on scoreinfo(subject,remarks);
explain select *  from scoreinfo where subject='  英语'  ;
```

首个索引查询结果，如图 75 所示。

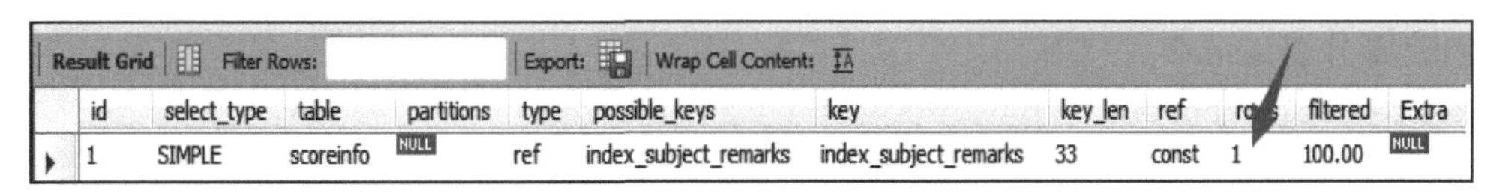

id	select_type	table	partitions	type	possible_keys	key	key_len	ref	rows	filtered	Extra
1	SIMPLE	scoreinfo	NULL	ref	index_subject_remarks	index_subject_remarks	33	const	1	100.00	NULL

图 75　首个索引查询结果

```
explain select *  from scoreinfo where remarks='  优秀'  ;
```

非首个索引查询结果，如图 76 所示。

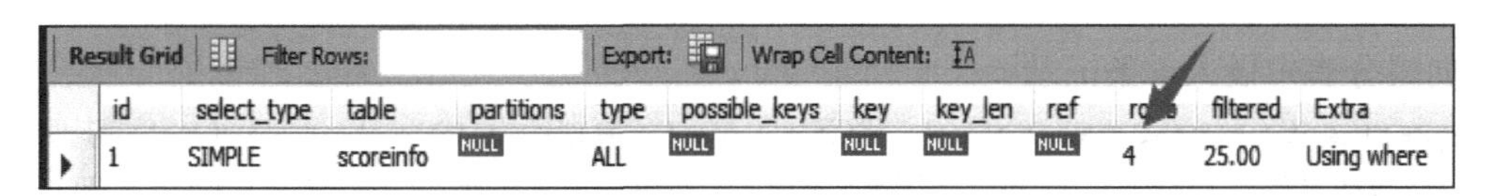

id	select_type	table	partitions	type	possible_keys	key	key_len	ref	rows	filtered	Extra
1	SIMPLE	scoreinfo	NULL	ALL	NULL	NULL	NULL	NULL	4	25.00	Using where

图 76　非首个索引查询结果

结果显示，subject 字段索引查询结果中，其 rows 值为 1，而且 possible_ keys 和 type 均为 index_ subject_ remarks；在 remarks 字段索引查询结果中，其 rows 值为 4，而且 possible_ type 和 type 均为空。因为 subject 字段是多列索引的第一个字段，所以只有查询条件中使用了这些字段的第一个字段，索引才会被引用。

③使用 or 关键字查询

查询语句只有 or 关键字时，如果 or 前后的两个条件都是索引，则查询中将使用索引，如果 or 前后有一个条件的列不是索引，则查询中将不使用索引。

例 3　在 scoreinfo 表中使用 or 关键字。

```
explain select *  from scoreinfo where student_id=5 or subject='  物理'  ;
```

or 前后均是索引查询结果，如图 77 所示。

```
explain select *  from scoreinfo where name='  张三'   or scores=92;
```

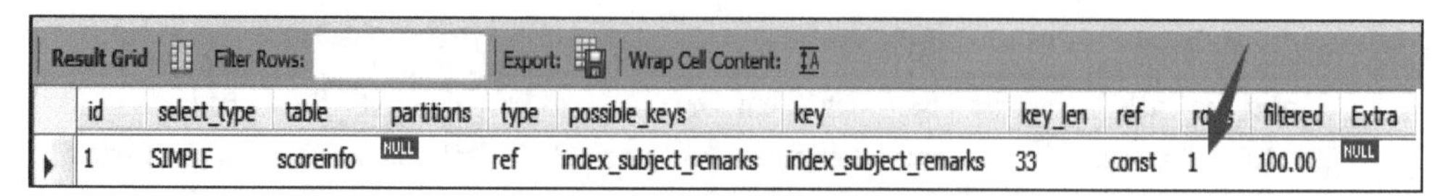

Result Grid | Filter Rows: | Export: | Wrap Cell Content:

id	select_type	table	partitions	type	possible_keys	key	key_len	ref	rows	filtered	Extra
1	SIMPLE	scoreinfo	NULL	ref	index_subject_remarks	index_subject_remarks	33	const	1	100.00	NULL

图 77　or 前后均是索引查询结果

or 后是索引查询结果，如图 78 所示。

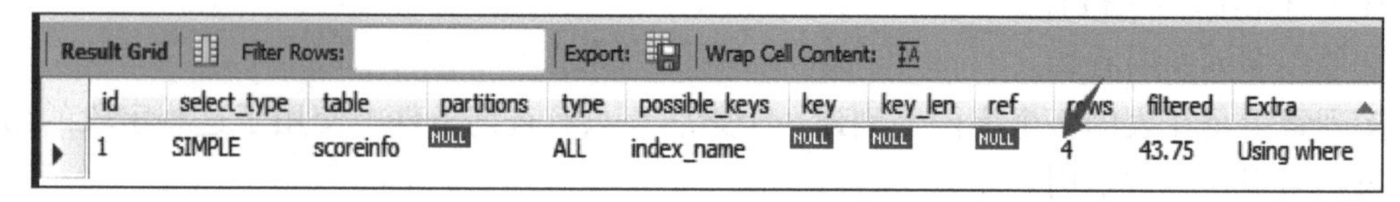

Result Grid | Filter Rows: | Export: | Wrap Cell Content:

id	select_type	table	partitions	type	possible_keys	key	key_len	ref	rows	filtered	Extra
1	SIMPLE	scoreinfo	NULL	ALL	index_name	NULL	NULL	NULL	4	43.75	Using where

图 78　or 后是索引查询结果

2）使用 Navicat（分析部分省略）

（1）分析查询语句。

对学生成绩 score2（与上面实例 Workbench 中建立的 score 表区分开，防止创建表报错）进行查询。

创建得分表 score2：

```
create table score2(
id int,
name varchar(20),
scores int,
subject varchar(10),
remarks varchar(20)
);
```

向得分表中插入 4 条记录：

```
insert into score2 values(1,'张三',87,'数据库设计','  '),(2,'李四',87,'计算机基础','  '),(3,'王五',87,'地理信息系统','  '),(4,'刘六',87,'英语','  ');
```

对得分表 score 进行查询：

```
explain select * from score2;
```

Navicat 分析查询结果，如图 79 所示。

```
mysql> explain select *from score2;
+----+-------------+--------+------+---------------+------+---------+------+------+-------+
| id | select_type | table  | type | possible_keys | key  | key_len | ref  | rows | Extra |
+----+-------------+--------+------+---------------+------+---------+------+------+-------+
|  1 | SIMPLE      | score2 | ALL  | NULL          | NULL | NULL    | NULL |    4 | NULL  |
+----+-------------+--------+------+---------------+------+---------+------+------+-------+
1 row in set
```

图 79　Navicat 分析查询结果

（2）索引对查询速度的影响。

explain 执行语句如下：

```
explain select * from score2 where name='　张三'　;
```

Navicat 未创建索引查询结果，如图 80 所示。

```
mysql> explain select *from score2 where name='张三';
+----+-------------+--------+------+---------------+------+---------+------+------+-------------+
| id | select_type | table  | type | possible_keys | key  | key_len | ref  | rows | Extra       |
+----+-------------+--------+------+---------------+------+---------+------+------+-------------+
|  1 | SIMPLE      | score2 | ALL  | NULL          | NULL | NULL    | NULL |    4 | Using where |
+----+-------------+--------+------+---------------+------+---------+------+------+-------------+
1 row in set
```

图 80　Navicat 未创建索引查询结果

下面创建索引，查看优化结果：

```
create index index_name on score2(name);
```

explain 执行语句如下：

```
explain select * from score2 where name='　张三'　;
```

Navicat 创建索引查询结果，如图 81 所示。

```
mysql> explain select *from score2 where name='张三';
+----+-------------+--------+------+---------------+------------+---------+-------+------+-----------------------+
| id | select_type | table  | type | possible_keys | key        | key_len | ref   | rows | Extra                 |
+----+-------------+--------+------+---------------+------------+---------+-------+------+-----------------------+
|  1 | SIMPLE      | score2 | ref  | index_name    | index_name | 63      | const |    1 | Using index condition |
+----+-------------+--------+------+---------------+------------+---------+-------+------+-----------------------+
1 row in set
```

图 81　Navicat 创建索引查询结果

例 4　下面查询语句中使用 like 关键字，并且匹配的字符串中含有“%”符号。

explain 语句执行代码如下：

```
explain select * from score2where name like '　%四'　;
```

Navicat 中 like 查询结果 1，如图 82 所示。

```
mysql> explain select *from score2 where name like '%四';
+----+-------------+--------+------+---------------+------+---------+------+------+-------------+
| id | select_type | table  | type | possible_keys | key  | key_len | ref  | rows | Extra       |
+----+-------------+--------+------+---------------+------+---------+------+------+-------------+
|  1 | SIMPLE      | score2 | ALL  | NULL          | NULL | NULL    | NULL |    4 | Using where |
+----+-------------+--------+------+---------------+------+---------+------+------+-------------+
1 row in set
```

图 82　Navicat 中 like 查询结果 1

```
explain select * from score2 where name like '　李%　'　;
```

Navicat 中 like 查询结果 2，如图 83 所示。

例 5　在 score2 中的 subject 和 remarks 两个字段上创建索引，然后验证多列索引的应

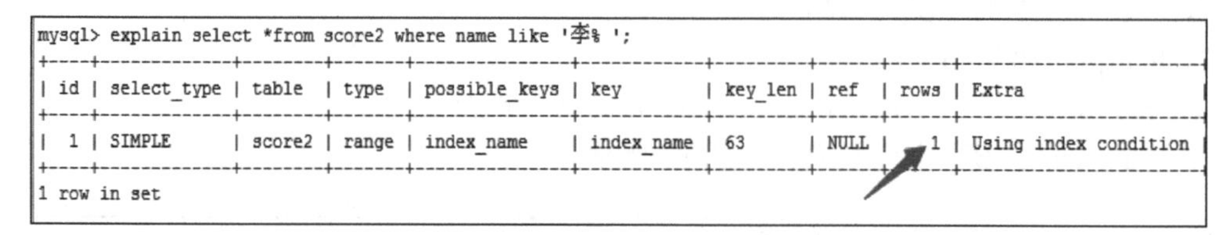

```
mysql> explain select *from score2 where name like '李% ';
+----+-------------+--------+-------+---------------+------------+---------+------+------+-----------------------+
| id | select_type | table  | type  | possible_keys | key        | key_len | ref  | rows | Extra                 |
+----+-------------+--------+-------+---------------+------------+---------+------+------+-----------------------+
|  1 | SIMPLE      | score2 | range | index_name    | index_name | 63      | NULL |    1 | Using index condition |
+----+-------------+--------+-------+---------------+------------+---------+------+------+-----------------------+
1 row in set
```

图 83　Navicat 中 like 查询结果 2

用情况。

```
create index index_subject_remarks on score2(subject,remarks);
explain select * from score2 where subject='英语';
```

首个索引查询结果，如图 84 所示。

```
mysql> explain select *from score2 where subject='英语';
+----+-------------+--------+------+-----------------------+-----------------------+---------+-------+------+-----------------------+
| id | select_type | table  | type | possible_keys         | key                   | key_len | ref   | rows | Extra                 |
+----+-------------+--------+------+-----------------------+-----------------------+---------+-------+------+-----------------------+
|  1 | SIMPLE      | score2 | ref  | index_subject_remarks | index_subject_remarks | 33      | const |    1 | Using index condition |
+----+-------------+--------+------+-----------------------+-----------------------+---------+-------+------+-----------------------+
1 row in set
```

图 84　首个索引查询结果

```
explain select * from score2 where remarks='英语';
```

Navicat 非首个索引查询结果，如图 85 所示。

```
mysql> explain select *from score2 where remarks='优秀';
+----+-------------+--------+------+---------------+------+---------+------+------+-------------+
| id | select_type | table  | type | possible_keys | key  | key_len | ref  | rows | Extra       |
+----+-------------+--------+------+---------------+------+---------+------+------+-------------+
|  1 | SIMPLE      | score2 | ALL  | NULL          | NULL | NULL    | NULL |    4 | Using where |
+----+-------------+--------+------+---------------+------+---------+------+------+-------------+
1 row in set
```

图 85　Navicat 非首个索引查询结果

例 6　在 scoreinfo 表中使用 or 关键字。

```
explain select * from score2 where name='李四' or subject='数据库设计';
```

Navicat 中 or 关键字查询结果 1，如图 86 所示。

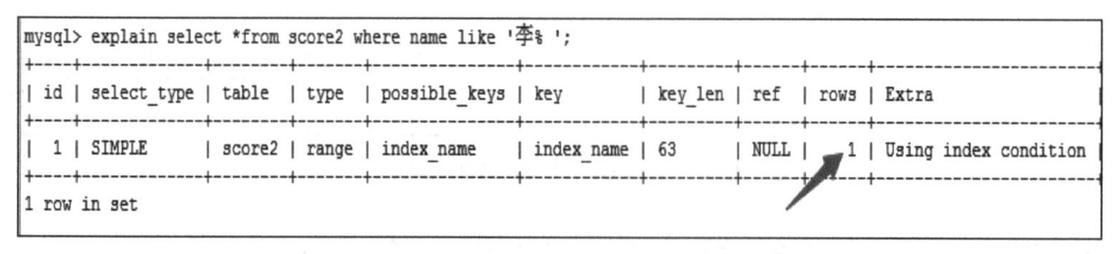

```
mysql> explain select *from score2 where name like '李% ';
+----+-------------+--------+-------+---------------+------------+---------+------+------+-----------------------+
| id | select_type | table  | type  | possible_keys | key        | key_len | ref  | rows | Extra                 |
+----+-------------+--------+-------+---------------+------------+---------+------+------+-----------------------+
|  1 | SIMPLE      | score2 | range | index_name    | index_name | 63      | NULL |    1 | Using index condition |
+----+-------------+--------+-------+---------------+------------+---------+------+------+-----------------------+
1 row in set
```

图 86　Navicat 中 or 关键字查询结果 1

```
explain select * from score2 where name=' 张三' or scores=87;
```

Navicat 中 or 关键字查询结果 2，如图 87 所示。

```
mysql> explain select *from score2 where name='张三' or scores=87;
+----+-------------+--------+------+---------------+------+---------+------+------+-------------
| id | select_type | table  | type | possible_keys | key  | key_len | ref  | rows | Extra       |
+----+-------------+--------+------+---------------+------+---------+------+------+-------------
|  1 | SIMPLE      | score2 | ALL  | index_name    | NULL | NULL    | NULL |    4 | Using where |
+----+-------------+--------+------+---------------+------+---------+------+------+-------------
1 row in set
```

图 87　Navicat 中 or 关键字查询结果 2

实验 6.2　数据库结构优化

1. 增加中间表

现有 student 表和 score 表，结构如下：

```
describe student;
```

增加中间表 1，如图 88 所示。

Result Grid　Filter Rows:　Export:　Wrap Cell Content:

Field	Type	Null	Key	Default	Extra
id	int(10)	NO	PRI	NULL	
name	varchar(20)	YES		NULL	
sex	varchar(4)	YES		NULL	
birth	date	YES		NULL	
department	varchar(28)	YES		NULL	
adress	varchar(52)	YES		NULL	

图 88　增加中间表 1

```
describe score;
```

增加中间表 2，如图 89 所示。

Result Grid　Filter Rows:　Export:　Wrap Cell Content:

Field	Type	Null	Key	Default	Extra
id	int(10)	NO	PRI	NULL	
stu_id	int(10)	YES		NULL	
c_name	varchar(20)	YES		NULL	
grade	int(10)	YES		NULL	

图 89　增加中间表 2

现实中经常要查学生的学号、姓名和成绩，这时就需要创建一个中间表 temp_ score，存储这些信息，创建语句如下：

```
create table temp_score(
id int not null,
name varchar(20),
grade float
);
```

然后将 student 表和 score 表中的记录导入 temp_ score 表中，使用 insert 语句如下：

```
insert into temp _ score select student.id, student.name, score.grade from student,score where student.id=score.stu_id;
```

将这些数据插入 temp_ score 表中以后，就可以直接从 temp_ score 表中查询学生的学号、姓名和成绩，省去每次查询时进行多表连接，从而提高查询速度、优化数据库性能。

2. 优化插入记录的速度

1）禁用索引

```
alter table table_name disable keys;
```

2）重新开启索引语句

```
alter table table_name enable keys;
```

3）禁用唯一性检查

```
SET unique_checks=0;
```

4）重新开启唯一性检查

```
SET unique_checks=1;
```

5）优化 insert 语句

（1）方法一。

```
insert into student values(1,'张三','m','1980-07-12','',''),(2,'李四','m','1990-07-12','',''),(3,'王五','m','1993-07-12','','');
```

（2）方法二。

```
insert into student values(1,'张三','m','1980-07-12','','');
insert into student values(2,'李四','m','1990-07-12','','');
insert into student values(3,'王五','m','1993-07-12','','');
```

方法一减少了数据库之间的连接操作，其速度比方法二快。

实验七　数据库备份与恢复

数据库备份和恢复的主要作用就是对数据进行保存维护，为了防止数据库意外崩溃或者硬件损伤而导致数据丢失，管理者需定期恢复数据，以备即使发生了意外，也会把损失降到最低，因此数据库的备份与恢复是非常有必要的。

本实验需要掌握的知识点（请在掌握的内容方框前面打钩）
□逻辑备份方法
□物理备份方法
□二进制进行数据库恢复

实验7.1　数据库备份实验

1. 实验目的

掌握数据库备份的方法及命令。

2. 实验内容和要求

列出数据库备份的方法及命令，深刻体会并且熟练运用SQL命令备份数据库。
注意：本节命令代码都在cmd的dos窗口下完成。

3. 实验内容

1）逻辑备份
（1）使用MySQLdump备份单个数据库中所有表。
MySQLdump的基本语法：

```
MySQLdump-u username-p dbname table1 table2…-> BackupName. sql
```

dbname：数据库的名称。
table1和table2：需要备份的表名称，其为空则整个数据库备份。
BackupName. sql：设计备份文件的名称，文件名前面可以加上一个绝对路径，通常将数据库备份成一个后缀名为sql的文件。
例如，使用root用户备份test数据库下的person表：

```
MySQLdump-u root-p test person > D:\backup. sql
```

Workbench中代码如下：

```
create table book(
bookid int(11)NOT NULL,
bookname varchar(255)NOT NULL,
authors varchar(255)NOT NULL,
```

```
  comment varchar(255)DEFAULT NULL,
  year_publication year(4)NOT NULL
)ENGINE=MyISAM DEFAULT CHARSET=utf8;
insert into book VALUES(1,' 数据库' ,' 王淑芬' ,' 还不错' ,2013);
create table student(
  stuno int(11)DEFAULT NULL,
  stuname varchar(60)DEFAULT NULL
)ENGINE=InnoDB DEFAULT CHARSET=utf8;
insert into student VALUES(2,' 张三' ),(3,' 李四' ),(5,' 郝建' );
create table stuinfo(
  stuno  int(11)DEFAULT NULL,
  class varchar(60)DEFAULT NULL,
  city varchar(60)DEFAULT NULL
)ENGINE=InnoDB DEFAULT CHARSET=utf8;
insert into stuinfo VALUES(1,' 1 班' ,' 合肥' ),(2,' 2 班' ,' 武汉' ),(3,
' 7 班' ,' 北京' );
```

数据库的记录，如图 90～图 93 所示。

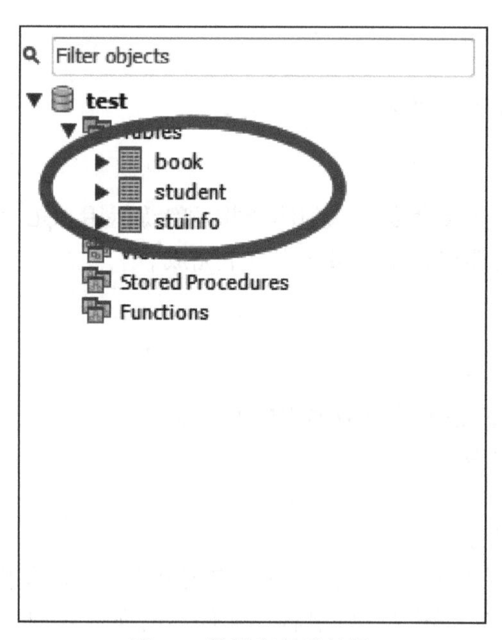

图 90　数据库显示结果

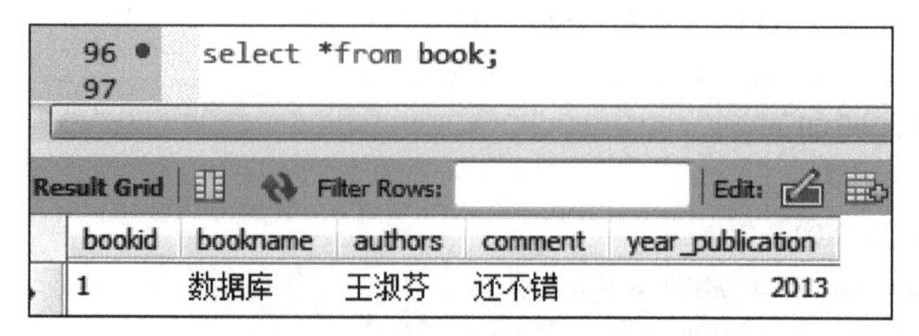

bookid	bookname	authors	comment	year_publication
1	数据库	王淑芬	还不错	2013

图 91　book 表显示结果

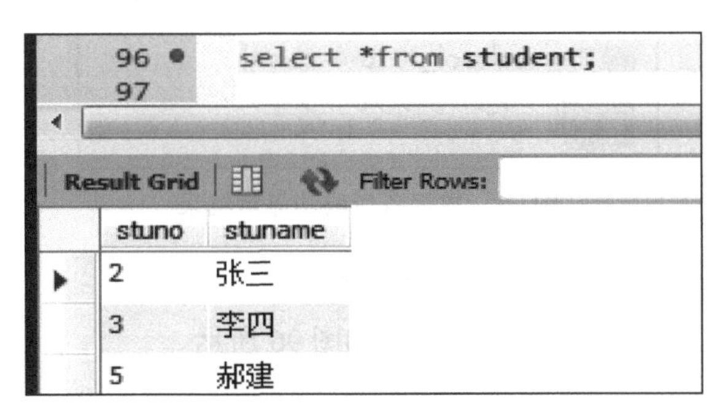

图 92　student 表显示结果

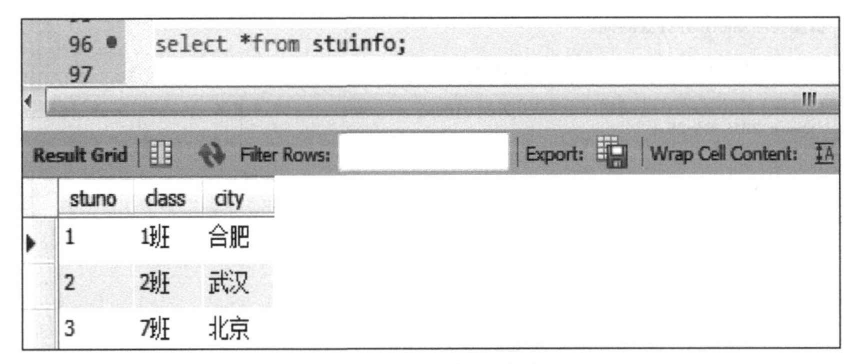

图 93　stuinfo 表显示结果

在 cmd 命令行输入命令，如图 94 所示。

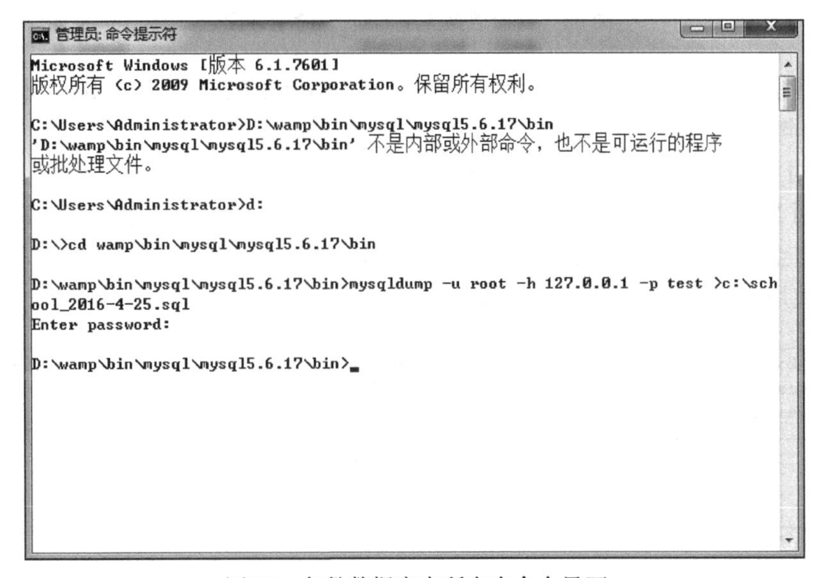

图 94　备份数据库中所有表命令界面

C 盘下面生成 school_ 2016-4-25. sql 文件，如图 95 所示。

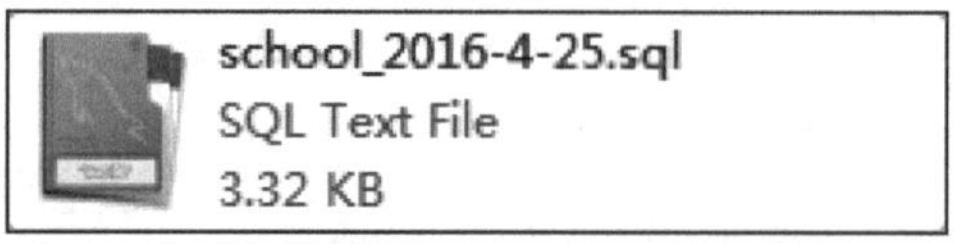

图 95　数据备份成功显示结果

（2）使用 MySQLdump 备份数据库中某个表。

例如，备份 school 数据库里的 book 表，如图 96 所示。

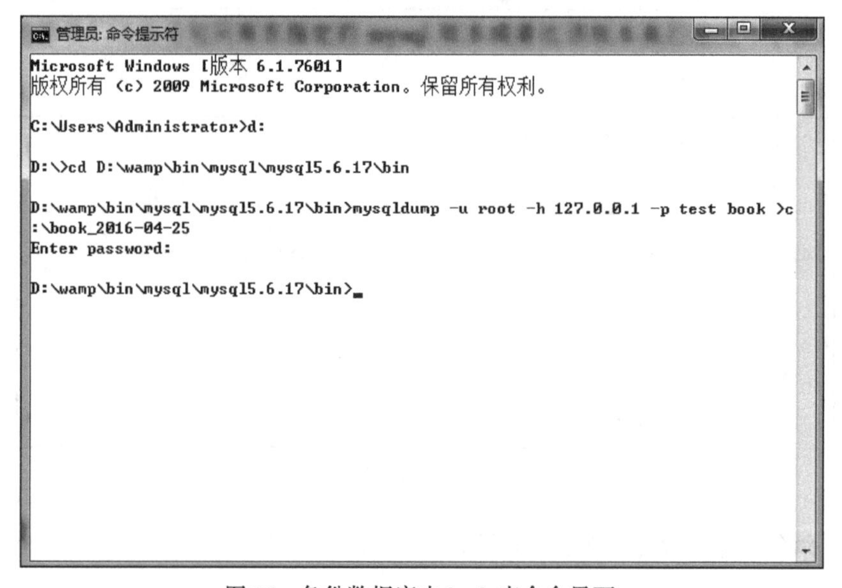

图 96　备份数据库中 book 表命令界面

备份文件中的内容与前面的介绍是一样的，唯一不同的是只包含了 book 表的 create 语句和 insert 语句。

（3）使用 MySQLdump 备份多个数据库。

若需使用 MySQLdump 备份多个数据库，则需 databases 参数。使用 databases 参数之后，必须指定至少一个数据库的名称，多个数据库名称之间用空格隔开。

例如，使用 MySQLdump 备份 school、test 库，如图 97 所示。

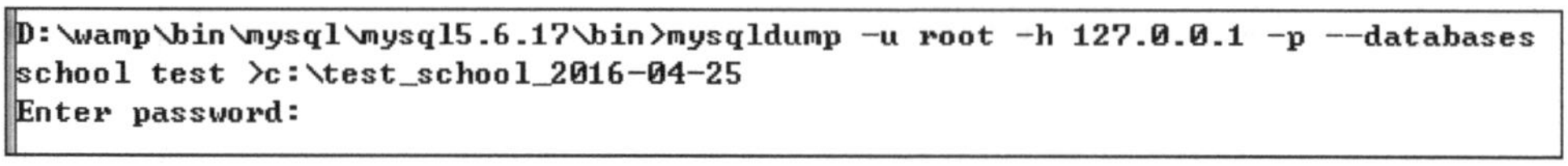

```
D:\wamp\bin\mysql\mysql5.6.17\bin>mysqldump -u root -h 127.0.0.1 -p --databases
school test >c:\test_school_2016-04-25
Enter password:
```

图 97　备份多个数据库命令界面

2）物理备份

（1）直接复制整个数据库目录。

MySQL 保存表为文件方式，直接复制 MySQL 数据库的存储目录及文件就可进行备份。MySQL 的数据库目录位置不一定相同，在 Windows 平台下，MySQL 5.6 存放数据库的目录通常默认为 C：\ Documents and Settings \ All User \ Application \ Data \ MySQL \ MySQL Server 5.6 \ data 或者其他用户自定义的目录；在 Linux 平台下，数据库目录位置通常为/var/lib/MySQL/，不同的 Linux 版本下目录会不同，这是一种简单、快速、有效的备份方式。要想保持备份一致，备份前需要对相关表执行 Lock Tables 操作，然后对表执行 Flush Tables。当复制数据库目录中的文件时，允许其他客户继续查询表，需要 Flush Tables 语句来确保开始备份前将所有激活的索引页写入磁盘。当然，也可停止 MySQL 服务再进行备份操作。

这种方法虽然简单，但并不是最好的方法，对 Innodb 存储引擎的表不适用。使用这种方法备份的数据最好还原到相同版本的服务器中，不同版本可能不兼容。

注意：在 MySQL 版本中，第一个数字表示主版本号，主版本号相同的 MySQL 数据库文件格式相同。

（2）使用 MySQLhotcopy 工具快速备份。

MySQLhotcopy 是一个 perl 脚本，它使用 Lock Tables 、Flush Tables、cp、scp 快速备份数据库。它是备份数据库或单个表的最快途径，但它只能运行在数据库目录所属计算机上，并且只能备份 Myisam 类型的表。

语法如下：

```
MySQLhotcopy db_name_1,…db_name_n /path/to/new_directory
```

db_ name_ 1…n：要备份的数据库的名称。

path/to/new_ directory：备份文件目录。

例如，在 Linux 下面使用 MySQLhotcopy 备份 test 库到/usr/backup：

```
MySQLhotcopy-u root-p test /usr/backup
```

要想执行 MySQLhotcopy，必须可以访问备份的表文件，具有表的 select 权限、reload 权限（以便能够执行 Flush Tables）和 Lock Tables 权限。

注意：MySQLhotcopy 只是将表所在目录复制到另一个位置，只能用于备份 Myisam 和 Archive 表，备份 Innodb 表会出现错误信息。由于复制的是本地格式文件，所以不能移植到其他硬件或操作系统下。

实验 7.2　数据库恢复实验

备份后的数据可以进行恢复操作，本节将介绍如何对备份的数据进行恢复操作。

1. MySQL 命令恢复

```
mysql-u root-p123456 test < D:\backup.sql
```

注意：这种方法不适用于 Innodb 存储引擎的表，而对于 Myisam 存储引擎的表很方便。同时，还原时 MySQL 的版本最好相同。

2. Source 命令恢复

Source 命令需登录 MySQL 数据库才能调用。

登录 MySQL：

```
mysql-u root-p123456
```

选择数据库：

```
use test
```

Source 命令恢复：

```
source  D:\backup.sql
```

恢复数据库命令界面，如图 98 所示。

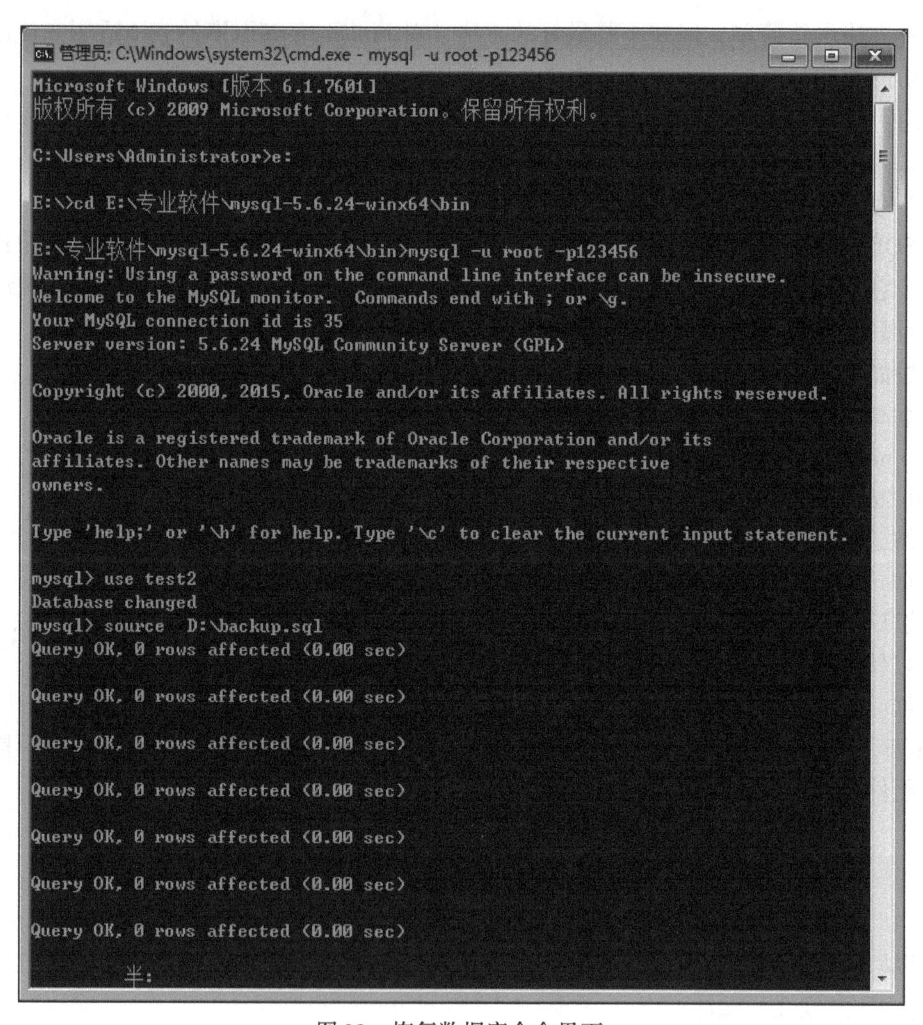

图 98　恢复数据库命令界面

参 考 文 献

[1] 刘金岭，冯万利，周泓，等．数据库系统及应用实验与课程设计指导．北京：清华大学出版社，2013.
[2] 刘金岭，冯万利，周泓，等．数据库系统课程设计．北京：清华大学出版社，2009.
[3] 周爱武，汪海威．数据库课程设计．北京：机械工业出版社，2012.
[4] 秦婧，刘存勇．零点起飞学 MySQL. 北京：清华大学出版社，2013.
[5] 王珊，萨师煊．数据库系统概论．4 版．北京：高等教育出版社，2013.
[6] 王珊，萨师煊．数据库系统概论．5 版．北京：高等教育出版社，2014.
[7] 王珊，张俊．数据库系统概论-习题解析与实验指导．5 版．北京：高等教育出版社，2015.